전자부품장착기능사
핵심정리 및 기출예상문제집

전기전자자격증연구회 편저

마지원

전자부품장착기능사
핵심정리 및 기출예상문제집

CONTENTS

PART 01

전자부품장착기능사 핵심정리

01 SMT 일반

1 SMT 개요

① SMT 발전과정 및 장단점

  ㉠ 실장기술의 발전 흐름
- 초창기 전자기판 실장은 주로 스루홀 방식으로, 축방향 부품과 방사형 부품의 리드를 기판의 구멍에 끼워 넣고 납땜하는 방식이 사용되었음
- 스루홀 방식은 납땜 강도가 크고 기계적 고정이 우수하여 전원부 · 커넥터 · 변압기와 같은 비교적 큰 부품에 적합한 방식이었음
- 그러나 회로 동작 주파수가 상승하고, 제품의 소형 · 경량화 요구가 커지면서 긴 리드와 넓은 패턴이 가진 기생 성분이 문제로 인식되기 시작함
- 부품 점수가 증가하고 회로가 복잡해지면서 스루홀 방식만으로는 실장 밀도와 생산성을 동시에 만족시키기 어려워졌고, 이를 해결하기 위해 표면실장 기술이 도입되었음
- 표면실장 기술은 부품 리드를 기판의 구멍에 넣지 않고, 기판 표면의 패드 위에 직접 부품을 올려 실장하는 개념으로 발전하였음
- 이후 칩 저항 · 칩 콘덴서 · SOP · QFP · BGA 등 다양한 표면실장 패키지가 표준화되면서 본격적인 SMT 전용 라인이 구축되었음
- 최근에는 고집적 메모리와 모바일 기기 수요 증가에 따라 패키지 적층, 3차원 실장, 초미세 피치 패키지 등 더욱 고밀도의 실장기술로 발전하고 있음

  ㉡ SMT 도입 배경
- 소비자용 전자제품은 기능이 복잡해지면서도 크기와 무게는 줄어들어야 했기 때문에 고밀도 배선과 부품 소형화가 필수 조건이 되었음
- 고주파 회로에서는 긴 리드와 넓은 루프가 신호 왜곡 · 노이즈 · 전자파 간섭의 원인이 되므로, 짧은 리드와 짧은 배선 길이가 중요한 설계 요소로 자리 잡았음
- 생산 현장에서는 인건비 상승과 품질 경쟁 심화로 인해 수작업 중심 공정을 자동화 공정으로 전환해야 했고, 이에 적합한 표면실장 부품과 전용 장비가 요구되었음
- 이러한 배경 때문에 SMT는 단순한 실장 방식 변경이 아니라, 부품 규격 · PCB 설계 · 생산 라인 구성 · 검사 방식이 함께 바뀌는 종합적인 생산기술로 자리 잡게 되었음

© SMT의 주요 장점

- 부품 크기가 작고 리드 피치가 좁기 때문에 동일 면적에 더 많은 회로를 실장할 수 있어 고밀도·고기능 회로 구현이 가능함
- 기판의 양면에 부품을 실장할 수 있고, 다층 PCB와 결합하면 제품의 소형·경량 설계에 큰 이점을 가짐
- 리드가 짧거나 무리드 구조이기 때문에 기생 인덕턴스와 기생 용량이 줄어들어 고주파 특성과 고속 동작 특성이 향상됨
- 테이프·트레이·스틱과 같은 표준화된 부품 공급 형식을 사용하므로, 자동 장착기와 결합했을 때 높은 생산성과 균일한 품질을 확보할 수 있음
- 스크린프린터·마운터·리플로우 등 각 공정이 인라인으로 연결되면, 생산량 관리·불량 추적·조건 관리가 체계적으로 이루어져 공정 관리가 효율적이 됨
- 표면실장 부품은 부피 대비 전기적 성능이 우수한 경우가 많아서, 저항·콘덴서·IC 등 많은 부품에서 SMT 전용 패키지가 표준이 되고 있음

② SMT의 단점과 한계

- 부품 피치가 매우 미세한 경우에는 인쇄·장착·리플로우 조건이 조금만 틀어져도 브리지, 솔더볼, 미납땜과 같은 미세 불량이 발생하기 쉽고, 이를 관리하기 위한 기술 수준이 요구됨
- BGA·CSP와 같이 납땜부가 기판 아래에 숨겨진 패키지는 외관에서 납땜 상태를 직접 확인하기 어려워 X선 검사와 같은 전용 검사 장비가 필요함
- SMT 부품은 크기가 작고 리드가 가늘어 수작업 수리와 재작업이 어렵고, 열 재가열에 따른 부품 손상과 패턴 박리 위험이 커질 수 있음
- SMT 라인을 구축하기 위한 초기 설비 투자비가 크고, 설비 유지보수·프로그램 관리·부품 관리 등 운영 비용도 함께 고려해야 함
- 생산 라인과 설계가 SMT 중심으로 구성되므로, 일부 대형 부품이나 특수 부품은 별도의 스루홀 공정이나 혼합 공정을 추가해야 하는 제약이 존재함

② 실장형태의 구분

③ 스루홀 실장(IMT)의 개념

- 스루홀 실장은 PCB에 미리 가공된 구멍에 부품의 리드를 삽입하여, 기판 반대편에서 납땜하는 방식의 실장 형태임
- 대표적인 부품 형태로는 축방향 저항·방사형 콘덴서·핀 타입 커넥터·변압기·릴레이 등이 있으며, 비교적 크기와 질량이 큰 부품에 적합함
- 기계적 고정력이 우수하여 진동이나 충격이 큰 환경에서도 납땜부와 리드가 기판을 견고하게 지지하는 장점이 있음

- 자삽기라 불리는 자동 삽입 장비를 사용하면 대량 생산에 대응할 수 있으나, SMT에 비해 기판 양면 활용과 실장 밀도 면에서는 불리함

ⓛ 표면실장(SMT)의 개념
- 표면실장은 PCB에 구멍을 뚫지 않고, 기판 표면에 형성된 패드 위에 부품을 직접 올려 실장하는 형태임
- 부품의 리드 또는 터미널이 패드 위에 그대로 놓인 상태에서 리플로우 납땜을 통해 접합되므로, 패턴 설계와 부품 패키지 설계가 밀접하게 연관됨
- 칩 저항 · 칩 콘덴서 · 소형 트랜지스터 · IC 패키지 등 대부분의 신형 부품이 SMT 패키지를 지원하며, 모바일 · 가전 · 통신기기 등 거의 모든 분야에서 사용됨
- 기판 양면에 부품 실장이 가능하고, 미세 피치 패키지를 사용하면 스루홀 방식보다 훨씬 높은 실장 밀도를 얻을 수 있음

ⓒ 혼합실장(Mixed Mounting)
- 실제 제품은 고집적 소형 부품과 대형 전력 부품, 커넥터 등이 함께 사용되므로, SMT와 스루홀을 함께 사용하는 혼합실장 구조가 일반적임
- 회로 기판 앞면에는 주로 칩 소자와 IC와 같은 SMT 부품을 실장하고, 뒷면 또는 일부 영역에는 커넥터 · 대형 콘덴서 · 기구 부품 등을 스루홀로 실장하는 구성이 자주 사용됨
- 혼합실장 라인에서는 먼저 SMT 부품을 장착하고 리플로우를 진행한 후, 스루홀 부품을 삽입하고 웨이브 솔더링 또는 수작업 납땜을 실시하는 순서가 일반적임
- 공정 설계 시 각 부품의 내열 온도, 납땜 방식, 기판 뒤틀림, 열 충격 등을 고려해 공정 순서를 정하고, 생산성 · 품질 · 비용 균형을 맞추는 것이 중요함

ⓔ 양면실장과 다층기판
- SMT를 이용하면 하나의 기판 양면을 모두 실장 면으로 활용할 수 있어, 부품 배치 자유도와 실장 밀도가 크게 향상됨
- 양면 실장은 앞뒤 면의 부품 높이와 납땜 조건, 기판의 열 변형을 함께 고려해야 하므로, 부품 배치와 생산 순서를 설계 단계에서부터 계획해야 함
- 다층기판은 내부에 여러 층의 배선을 포함하여 전원층 · 접지층 · 신호층을 나누어 구성함으로써, 배선 밀도와 신호 품질을 동시에 확보하는 실장 형태임
- 고속 디지털 회로와 고주파 회로에서는 다층기판과 표면실장을 결합한 구조가 일반 적이며, 임피던스 제어와 노이즈 억제가 중요한 설계 요소가 됨

ⓜ 입체실장과 고집적 패키징
- 입체실장은 기판 위에 패키지를 수직 방향으로 쌓거나, 모듈 내부에 여러 기판을 적층하여 실장하는 방식으로, 매우 높은 기능 집적도를 얻기 위한 형태임

- 패키지 온 패키지, 적층 메모리 모듈, 기구와 기판이 결합된 3차원 구조 등 다양한 방법이 있으며, 모바일 기기와 고성능 컴퓨팅 분야에서 활용되고 있음
- 실장 밀도는 크게 향상되지만, 열 방출·신뢰성·검사·수리 난도가 함께 상승하므로, 설계와 생산 단계에서 높은 수준의 기술과 관리가 요구됨

③ 실장방식

㉠ 실장 방식의 분류 개념
- 실장방식은 개별 부품이 기판에 장착되는 형태뿐 아니라, 생산 라인 구성과 장착기 동작 방식에 의해서도 구분됨
- 장착기의 방식은 기판 이송과 부품 장착이 어떤 흐름으로 이루어지는가에 따라 분류되며, 생산량·제품 종류·라인 유연성에 영향을 줌
- 시험에서는 장착기의 대표적인 방식과, 그 중 어느 것이 실장기의 방식이 아닌지 구분하는 형태의 문제가 자주 출제됨

㉡ 인라인(IN-LINE) 방식
- 인라인 방식은 스크린프린터·마운터·리플로우·검사장비 등 SMT 공정을 한 줄로 연결하여, 기판이 컨베이어를 따라 연속적으로 이동하면서 작업이 진행되는 방식임
- 생산량이 많고 제품 종류가 비교적 제한적인 양산 라인에서 적합하며, 라인의 택트 타임에 맞추어 각 장비의 처리 속도를 조정함
- 인라인 구성에서는 라인 중 한 장비에서 문제가 발생하면 전체 흐름에 영향을 주므로, 설비 보전과 예방점검이 매우 중요함
- 보통 양산 공장에서는 여러 개의 인라인 라인을 병렬로 구성하여, 제품별 혹은 모델별로 라인을 나누어 운용함

㉢ 원 바이 원(ONE BY ONE) 방식
- 원 바이 원 방식은 장착기가 부품을 한 점씩 순차적으로 픽업하여 지정된 위치에 장착하는 방식으로, 구조가 비교적 단순하고 제어가 직관적인 특징이 있음
- 생산 속도는 인라인 고속 장착 방식에 비해 느릴 수 있으나, 제품 변경과 프로그램 수정이 용이하여 다품종 소량 생산이나 개발·시제품 제작에 적합함
- 셋업 변경과 피더 교환이 유연하고, 장착 순서와 위치를 세밀하게 제어할 수 있어 교육용·연구용으로도 활용됨
- 매우 복잡한 회로보다는 중간 수준의 실장 밀도를 가진 제품에 적용하는 경우가 많으며, 전체 생산량보다 유연성이 더 중요한 경우에 선택되는 방식임

㉣ 멀티(MULTI) 방식
- 멀티 방식은 여러 개의 장착 헤드 또는 복수의 장착축을 동시에 운용하여, 한 번의

동작으로 여러 부품을 장착하거나 여러 기판을 병렬로 처리하는 방식임
- 칩 전용 고속 마운터에서는 다수의 노즐이 장착된 로터리 헤드나 다축 구조를 사용하여, 짧은 시간에 많은 칩 부품을 장착함
- 멀티 방식은 생산성을 극대화할 수 있지만, 장비 구조와 제어 알고리즘이 복잡해지고, 장착 프로그램 최적화와 피더 배치 최적화가 필수가 됨
- 고속 장착 구간과 범용 장착 구간을 분리하여, 칩 전용 멀티 마운터와 범용 마운터를 조합한 라인 구성이 자주 사용됨

◎ 오프라인(OFF-LINE) 개념
- 오프라인은 장착기의 또 다른 실장 방식이 아니라, 라인과 분리된 상태에서 프로그램 작성 · 셋업 준비 · 점검 및 보전을 수행하는 운용 개념을 의미함
- 오프라인 프로그램 작성 장비를 사용하면, 실제 라인을 멈추지 않고도 새로운 제품 데이터를 준비할 수 있어 생산성 향상에 도움이 됨
- 피더 셋업 · 노즐 교환 · 기기 점검 등을 오프라인으로 처리하면, 본 라인의 정지 시간을 줄이고 생산 흐름을 매끄럽게 유지할 수 있음
- 시험에서는 인라인 · 원 바이 원 · 멀티가 실장기의 방식으로 분류되고, 오프라인은 실장 방식이 아니라 운용 개념임을 구분하는 것이 중요함

2 SMT 장비 개요

① 로더 · 언로더 및 부대설비

㉠ 로더(Loader)의 역할과 종류
- 로더는 생산 시작 지점에서 PCB를 장비 라인으로 자동 공급하는 장치임
- 기본 동작은 매거진 또는 적재된 PCB를 한 장씩 분리하여 컨베이어 위로 이송하는 역할을 수행함
- 매거진 타입 로더는 여러 장의 PCB를 수직으로 적재한 후 엘리베이터와 푸셔를 이용해 한 장씩 라인으로 내보내는 구조를 가짐
- 단판 로더 또는 랙 로더는 단일 PCB를 적재하여 소량 생산이나 시제품 운전에 적합한 형태로 사용됨
- 로더는 전 공정의 택트와 동기화되어야 하며, 센서와 인터록을 통해 PCB 유무 · 위치 · 정렬 상태를 확인함

㉡ 언로더(Unloader)의 역할과 종류
- 언로더는 공정을 마친 PCB를 라인 말단에서 회수해 매거진 또는 적치대에 자동 적재하는 장치임

- 리플로우 후 검사·후공정을 거친 기판을 안전하게 쌓아 불량 방지와 운반 효율을 높이는 역할을 수행함
- 매거진 타입 언로더는 로더와 반대 개념으로, 컨베이어에서 올라온 PCB를 한 장씩 매거진 내 슬롯에 차례대로 쌓아 올리는 구조를 가짐
- 스택 언로더는 기판을 수평으로 차곡차곡 쌓는 방식으로, 두께가 일정하고 휨이 적은 PCB에 적합함
- 언로더에서도 포토센서·리밋 스위치 등을 사용해 매거진 유무, 꽉 찬 상태, 오동작 등을 감시함

© 버퍼(Buffer) 장치

- 버퍼는 라인 내에서 일시적으로 PCB를 저장해 앞뒤 공정 간 택트 차이를 흡수하는 장치임
- 스크린프린터·마운터·리플로우 등의 처리 속도가 서로 다를 때, 버퍼를 통해 공정 간 정체와 공백을 줄일 수 있음
- 일반적으로 엘리베이터·멀티 레벨 컨베이어 구조를 사용하여 일정 수량의 PCB를 저장하고 필요 시 순차적으로 공급함
- 라인 정지나 장비 점검 시에도 버퍼에 남은 PCB를 이용해 단기 생산을 유지하거나, 반대로 라인을 안전하게 비우는 데 활용함

② 인버터·플리퍼(Inverter/Flipper) 및 기타 이송 장치

- 인버터 또는 플리퍼는 PCB의 앞뒤 면을 뒤집어 양면 실장 공정을 구성할 때 사용하는 장치임
- 한 면의 SMT 실장과 리플로우를 마친 후 기판을 반전시켜 반대면 공정으로 이송하는 데 사용되며, 기판 휨과 낙하를 방지하는 구조를 가짐
- 턴테이블, 곡선 컨베이어, 분기·병합 컨베이어 등은 라인 레이아웃에 맞게 PCB의 방향과 동선을 조정하는 부대 설비로 사용됨
- 이러한 이송 장비들은 전체 라인의 유연성과 생산 효율을 좌우하므로, 부하 분산과 유지보수 용이성을 고려해 배치함

② 스크린프린터·디스펜서

㉠ 스크린프린터의 역할과 구성

- 스크린프린터는 PCB 패드 위에 솔더 페이스트(또는 접착제)를 일정 두께와 형상으로 인쇄하는 장비임
- 기본 구성은 메탈마스크(또는 스텐실), 스퀴지, 클램핑 장치, 이송 컨베이어, 비전 정렬 시스템 등으로 이루어짐
- PCB를 정해진 위치에 고정한 뒤, 메탈마스크를 밀착시켜 스퀴지로 솔더 페이스트

를 눌러주면 패턴 형상대로 페이스트가 패드에 도포됨
- 인쇄 품질은 페이스트 점도, 온·습도, 마스크 두께, 개구 형상, 스퀴지 속도·압력
·각도, 반복 인쇄 횟수 등에 영향을 받음

ⓛ 스크린 인쇄 조건과 관리
- 적정 점도와 틱소트로피를 가진 솔더 페이스트를 사용해야 패턴 가장자리가 깨끗하고 도포 두께가 균일하게 유지됨
- 온도가 너무 낮으면 페이스트 점도가 높아져 인쇄성이 떨어지고, 너무 높으면 페이스트 건조·산화가 빨라져 브리지·미납땜 등의 불량이 증가함
- 메탈마스크는 일정 주기마다 세정해 잔류 페이스트와 플럭스를 제거해야 하며, 개구 막힘과 오염을 방지해 인쇄 품질을 유지해야 함
- 비전 시스템을 이용해 기판의 기준 마크를 읽고, 인쇄 전에 오프셋·회전을 자동 보정하여 패턴 정렬 오차를 최소화함

ⓒ 디스펜서(Dispenser)의 역할
- 디스펜서는 노즐을 이용해 소량의 솔더 페이스트 또는 접착제를 점 도포하는 장비임
- 인쇄가 어려운 국부 영역, 보강이 필요한 위치, 특수 부품 주변 등 제한된 영역에 선택적으로 재료를 공급할 때 사용됨
- 펌프 방식, 피스톤 방식, 제트 방식 등 다양한 원리로 소량의 재료를 고속·고정밀로 토출할 수 있음
- 디스펜서 공정에서는 점 크기, 토출량, 사이클 타임, 재료 점도, 온도 관리가 품질에 큰 영향을 미침

ⓓ 스크린프린터와 디스펜서의 조합 운용
- 기본적으로 대다수 패턴은 스크린프린터로 일괄 인쇄하고, 국부 보정이나 특수 부품용 도포는 디스펜서로 보완하는 방식이 사용됨
- 양면 실장 공정에서는 하부 부품 고정을 위해 접착제를 디스펜스로 도포한 후, 상부 리플로우 공정을 거치는 조합 공정이 적용되기도 함
- 시험에서는 스크린프린터와 디스펜서의 역할 차이, 메탈마스크·스퀴지·패드 인쇄와 관련된 용어, 불량 요인과의 연관성을 묻는 문제가 반복 출제됨

③ 칩마운터

㉠ 칩마운터의 역할
- 칩마운터는 테이프·트레이·벌크 등으로 공급되는 표면실장부품을 픽업하여 지정된 패드 위치에 고속으로 장착하는 장비임
- 주로 칩 저항, 칩 콘덴서, 소형 트랜지스터, 다수의 핀을 가진 IC 등을 라인 택트에 맞추어 자동으로 배치함

- 생산성 향상을 위해 고속 장착 기능과 정밀한 위치 보정 기능이 동시에 요구되며, 비전 시스템을 통해 부품 위치와 방향을 검사하고 보정함

ⓒ 칩마운터의 주요 구성
- 피더(Feeder)는 테이프에 감긴 부품이나 트레이에 놓인 부품을 장착기에 공급하는 장치로, 공급 속도와 안정성이 생산성에 직접 영향을 줌
- 노즐 또는 흡착 헤드는 진공을 이용해 부품을 흡착하고, 장착 위치까지 이송한 후 정확한 위치에 놓는 역할을 수행함
- X · Y축 이송 시스템은 기판과 헤드를 이동시켜 원하는 좌표에 부품을 배치하며, 서보 모터와 리니어 가이드 등을 사용해 고속 · 고정밀 위치 제어를 수행함
- 비전 카메라는 부품의 중심과 각도를 인식하고, PCB 기준 마크를 읽어 오차를 보정하여 장착 정밀도를 높임

ⓒ 고속 마운터와 범용 마운터
- 고속 마운터는 주로 칩 저항 · 콘덴서와 같은 소형 부품을 매우 높은 속도로 장착하는 장비로, 다수의 노즐과 회전 헤드를 사용함
- 범용 마운터는 크기가 크고 형상이 복잡한 IC, 커넥터, 특수 부품 등을 장착하는 장비로, 장착 속도는 다소 낮지만 유연성이 높음
- 실제 라인에서는 고속 마운터와 범용 마운터를 직렬로 배치하여, 칩류 부품과 IC류 부품을 분담 실장하는 방식으로 생산성을 최적화함
- 시험에서는 마운터의 역할, 피더 · 노즐 · 비전 시스템의 기능, 고속기와 범용기의 차이 등이 주요 출제 포인트가 됨

ⓔ 마운터 운용과 셋업
- 제품 변경 시 피더 위치, 프로그램 데이터, 노즐 종류 등을 변경해야 하며, 이를 셋업 작업이라고 함
- 셋업 시간은 라인 비가동 시간과 직결되므로, 피더 공용화, 오프라인 셋업, 제품 그룹화 등을 통해 시간을 줄이는 것이 중요함
- 노즐과 피더, 비전 파라미터 등은 정기적인 점검과 보정이 필요하며, 오염 · 마모 · 손상이 장착 불량의 원인이 되지 않도록 관리해야 함

④ 솔더링장비 및 경화장비

㉠ 리플로우(Reflow) 솔더링 장비
- 리플로우 장비는 인쇄된 솔더 페이스트를 가열하여 녹이고, 냉각하면서 부품 리드와 패드를 영구적으로 접합시키는 역할을 함
- 일반적으로 예열 구간, 활성화 구간, 피크 구간, 냉각 구간으로 이루어진 온도 프로파일을 사용하여, PCB와 부품에 가해지는 열 스트레스를 관리함

- 컨벡션 방식, 적외선 방식, 복합 방식 등 다양한 가열 원리가 있으며, 최근에는 온도 균일성과 에너지 효율이 높은 컨벡션 방식이 많이 사용됨
- 프로파일 설정 시 솔더 합금의 융점, 부품 내열 온도, PCB 두께, 패턴 밀도 등을 고려하여 소정 시간 동안 적절한 온도 범위를 유지해야 함

ⓛ 웨이브 솔더링 장비

- 웨이브 솔더링 장비는 스루홀 부품이 실장된 PCB를 납 웨이브 위로 통과시켜 하부 리드와 패턴을 한 번에 납땜하는 장비임
- 플럭스 도포, 예열, 솔더 웨이브 통과, 냉각 순으로 공정이 진행되며, 플럭스량과 예열 온도, 웨이브 높이와 속도가 품질을 좌우함
- SMT와 혼합실장 구조에서는 SMT 리플로우 후 스루홀 부품 납땜 공정으로 웨이브 솔더를 추가 구성하는 경우가 많음
- 양면 실장의 경우, 하부 SMT 부품이 웨이브에 직접 닿지 않도록 마스킹, 전용 지그, 전용 설계 기법을 함께 사용함

ⓒ 경화장비(Curing Oven)

- 경화장비는 접착제나 일부 코팅 재료를 열 또는 자외선으로 굳히는 역할을 하는 장비임
- 하부 부품 고정을 위해 사용된 접착제를 경화시켜, 이후 공정에서 부품이 떨어지거나 움직이지 않도록 고정하는 데 사용됨
- 열경화 오븐은 일정 온도에서 정해진 시간 동안 기판을 가열하여 접착제를 완전히 경화시키며, UV 경화기 등 자외선 경화 방식도 사용됨
- 경화 조건이 적절하지 않으면 접착 강도가 부족하거나 과도한 열이 PCB와 부품에 부담을 줄 수 있으므로, 재료 사양에 맞는 프로파일 설정이 중요함

ⓔ 납 품질과 솔더링 불량

- 리플로우와 웨이브 공정에서는 브리지, 미납땜, 솔더볼, 핀홀, 크랙 등 다양한 솔더링 불량이 발생할 수 있음
- 솔더 페이스트의 품질, 플럭스 활성도, 온도 프로파일, 컨베이어 속도, 기판 설계가 서로 영향을 주어 불량 여부를 결정함
- 시험에서는 리플로우 프로파일의 각 구간 역할, 예열 시간·피크 온도 범위, 대표적인 솔더링 불량 원인과 대책을 묻는 문제가 자주 등장함

⑤ 검사기 및 기타 후공정 장비

ⓖ 검사기의 종류와 역할

- 생산 라인에서는 AOI, SPI, ICT, 기능검사기 등 다양한 검사 장비를 사용하여 공정 불량을 조기에 검출함

- AOI(Automatic Optical Inspection)는 카메라와 조명을 사용해 납땜 상태, 부품 유무, 극성, 방향 등을 자동 검사하는 장비임
- SPI(Solder Paste Inspection)는 인쇄 직후 솔더 페이스트의 높이·부피·면적 등을 측정해 인쇄 불량을 조기에 검출하는 장비임
- ICT(In-Circuit Tester)는 회로 기판 상의 각 부품과 회로망을 직접 접촉해 전기적 특성을 측정하는 장비로, 회로 단락·개방·부품 값 오차 등을 확인함

ⓛ 기능 검사기 및 번인(Burn-in)
- 기능 검사기는 완성된 기기가 설계된 기능을 제대로 수행하는지 확인하는 장비 또는 설비를 말함
- 특정 입력 신호를 인가하고 출력과 응답을 측정하여 제품 성능과 기능을 시험함
- 장기 신뢰성이 중요한 제품의 경우, 고온·부하 상태에서 일정 시간 구동하는 번인 시험을 통해 초기 불량을 선별하기도 함
- 기능 검사와 번인 설비는 제품별로 구성 방식이 달라지며, 시험 조건과 합격 기준이 명확히 정의되어야 함

ⓒ 세척장비 및 코팅 설비
- 플럭스 잔류물, 이물질, 먼지 등은 기기의 신뢰성을 떨어뜨리고 누설 전류·부식·이온 마이그레이션의 원인이 될 수 있으므로, 필요 시 세척 장비를 사용해 제거함
- 세척 방식에는 수세, 수용성 세정제, 특수 용제 세척 등이 있으며, 환경 규제와 부품 내열성을 고려해 공정을 선택함
- 코팅 설비는 완성된 기판 위에 콘포멀 코팅을 도포하여 습기·오염·염분·화학 물질 등으로부터 회로를 보호하는 역할을 함
- 스프레이, 디핑, 선택 코팅 등 다양한 방식이 있으며, 마스킹·건조·검사 공정과 함께 구성됨

ⓔ 마킹·레이저 가공·포장 설비
- 제품 식별과 추적을 위해 레이저 마킹기, 잉크젯 프린터 등을 사용하여 PCB나 하우징에 로트 번호, 바코드, QR코드 등을 인쇄함
- 필요에 따라 레이저 절단, 디패널링 장비를 사용하여 패널 형태의 PCB를 개별 기판으로 분리함
- 최종 포장 설비는 완성품을 보호 포장하고, 라벨 부착·검수·박스 포장 등을 수행하여 출하 준비를 완료함

ⓜ 라인 통합과 검사 전략
- 전체 SMT 라인은 인쇄·장착·리플로우·검사·후공정 장비가 하나의 흐름으로 통합되어야 하며, 각 공정의 역할과 검사 지점을 효율적으로 배치해야 함

- 앞단에서 SPI, 중간에 AOI, 뒤단에 기능검사·샘플링 검사를 배치하면 불량 전파를 줄이고 재작업량을 최소화할 수 있음
- 시험에서는 각 검사 장비의 역할과 차이, 어느 공정 후에 배치되는지, 검출 가능한 불량 유형을 정확히 구분하는 것이 중요함

3 표면실장부품 개요

① 표면실장부품의 발전과정 및 장단점

㉠ 표면실장부품(SMD)의 등장 배경

- 기존 스루홀 부품은 리드가 길고 기판에 삽입되는 구조이기 때문에, 배선 밀도 증가·소형화·고속화 요구에 대응하기 어려웠음
- 전자제품의 소형화가 급격히 진행되면서, 스마트폰·노트북·휴대 기기 등에서 더 작은 부품과 더 빠른 동작 특성이 필수 요소로 등장함
- 이 과정에서 리드를 기판에 삽입하지 않고, 기판 표면 패드에 직접 장착하는 SMD(Surface Mount Device) 패키지가 본격적으로 개발됨
- 초기에는 단순한 칩 저항·칩 콘덴서 중심이었으나, 이후 SOP, QFP, BGA, CSP, LGA 등 수많은 패키지가 개발되며 SMT 전용 부품이 산업 표준이 됨

㉡ 표면실장부품의 특성 변화(발전 흐름)

- 1세대 : 칩 저항·칩 콘덴서 중심, 크기 축소(R3216 → R1608 → R1005 → R0603 → R0402)
- 2세대 : SOP, QFP 등 다리형 IC 패키지 등장, 미세 피치(1.0mm → 0.8mm → 0.5mm → 0.4mm)
- 3세대 : BGA·CSP와 같은 볼 타입 패키지 도입으로 고집적·고속 동작 구현
- 4세대 : 3D 패키징, PoP(Package on Package), SiP(System in Package) 등 고기능 집적 패키지로 확장

㉢ 표면실장부품의 장점

- 부품 크기가 작고 리드가 짧아 고주파 특성이 우수하고 노이즈 영향이 적음
- 동일 면적에서 더 많은 부품을 실장할 수 있어 고밀도 회로 설계가 가능함
- 패드 중심 실장 구조로 인해 기판 양면 실장이 용이하여 소형·경량 설계가 가능함
- 테이프·트레이·스틱 공급 방식이 표준화되어 자동화 장비(마운터)와의 호환성이 높음
- 리플로우 납땜을 적용하여 납땜 품질이 균일해지고 생산성이 높음
- 패키지 수명이 길고 산업 표준화가 잘 되어 있어 교체·정비 및 생산 전환이 용이함

ⓔ 표면실장부품의 단점
- 크기가 매우 작고 피치가 미세하기 때문에 수작업 교체·수리가 어렵고, 재작업 난도가 높음
- BGA, QFN 등 하부 접합 구조는 외관 검사로 불량을 확인하기 어려워 X-ray 검사와 같은 전용 검사 장비가 필요함
- 납땜 조건·온도 프로파일·정렬 정밀도가 조금만 틀어져도 브리지, 솔더볼, 크랙 등의 불량이 발생하기 쉬움
- 정전기(ESD)에 민감한 부품이 많아, SMT 라인은 항상 ESD 규격을 유지해야 함
- 매우 작은 패키지는 열 방출 문제가 발생하기 쉬워, 방열 구조와 PCB 설계가 함께 최적화되어야 함

② 표면실장부품의 종류 및 규격

㉠ 칩 저항(Chip Resistor)
- 대표적인 SMD 표준 부품으로, 크기 표기는 가로·세로(mm 단위를 1/100inch로 변환)한 코드 사용

  예 1608(0603 inch), 1005(0402 inch), 0603(0201 inch) 등
- 저전력 회로부터 고정밀 회로까지 폭넓게 사용되며, 온도계수(TCR), 정격전력, 허용 오차 등을 기준으로 선정함

㉡ 칩 콘덴서(MLCC)
- 적층 세라믹 구조로 높은 신뢰성과 작은 크기를 동시에 갖춘 표준 SMT 부품
- 정전용량 범위가 넓고 고주파 특성이 우수해서 디커플링·필터링·타이밍 회로에 필수적임
- 크기 규격은 칩 저항과 동일한 코드를 사용하며, 유전체 종류(X7R, C0G 등)에 따라 특성이 구분됨

㉢ 트랜지스터·다이오드 패키지
- SOT-23, SOT-323, SOD-123 등 소형 패키지가 일반적임
- 전력 트랜지스터는 DPAK, D2PAK 같은 표면 실장 전력 패키지가 사용됨
- 리드가 짧고 접합 면적이 제한적이므로, 방열판과 열 패드 설계가 매우 중요함

㉣ IC 패키지
- SOP, TSOP, SSOP : 양쪽 리드가 빼져 있는 타입
- QFP, LQFP : 사방으로 얇은 리드가 배치된 패키지
- BGA, FBGA, LFBGA : 리드 대신 하부 솔더볼 구조
- QFN, DFN : 리드가 거의 외부로 드러나지 않는 플랫 노출 패드 구조
- 최근에는 CSP, WLP(Wafer Level Package), SiP 등 초소형·고집적 패키지가 보편

화됨

ⓜ 커넥터·모듈류 부품

- SMT 일체형 커넥터는 매트릭스 소켓, FPC 커넥터, RF 커넥터 등 다양한 형태로 제공됨
- Wi-Fi, Bluetooth, 전력 모듈 등 완성형 모듈도 SMT 패키지 형태로 제공되어, 회로 설계와 인증 부담을 줄임

ⓑ 패키지 규격의 표준화

- JEDEC, EIA, IPC 등 국제 표준 기관에서 SMD 패키지 규격을 통일
- 표준화 덕분에 다른 제조사 부품 간 호환성이 높고, 라인 전환과 공급망 운영이 쉬움
- 시험에서는 SMD 규격 명칭, 특성 비교, 칩 크기 표기 방식이 자주 출제됨

③ 부품공급형태 및 관리

㉠ 부품 공급 형태의 종류

- 테이프 & 릴(Tape & Reel)
  - 가장 널리 사용되는 공급 방식으로, 칩형 부품·소형 IC 대부분이 릴 형태로 공급됨
  - 부품을 포켓 안에 일정한 방향으로 배열하며, 자동 피더 장착에 적합함
- 트레이(Tray)
  - QFP, BGA, CSP 등 중·대형 IC 패키지 공급에 사용됨
  - 정전기 방지(ESD) 재질을 사용하며, IC 간 충격·변형을 방지하는 구조임
- 스틱(Stick/Tube)
  - SOP·SOIC 등 리드형 패키지에 사용되며, 중·소량 생산에 적합함
  - 중력 또는 피더 내부 노즐로 밀어 공급됨
- 벌크(Bulk)
  - 저가 부품·특수 부품이 봉투 형태로 제공되며, 자동 장착보다는 수작업 또는 디스펜서용으로 사용됨

㉡ 부품 공급 방향과 극성 표시

- 릴/트레이 공급 시 부품의 픽업 방향·극성 방향이 마운터 프로그램과 일치해야 함
- 극성 있는 부품(다이오드, 전해콘덴서, IC)은 공급 방향 오류가 즉시 장착 불량으로 이어지므로, 작업 전 방향 검증이 필수임
- 생산 전환 시 공급 방향과 회전 각도는 반드시 오프라인에서 검증 후 라인에 투입해야 함

㉢ 피더 관리

- 피더는 릴을 마운터에 장착하여 부품을 한 개씩 공급하는 장치로, 마운터의 속도와 품질에 큰 영향을 줌

- 피더 내부의 스프링 · 기어 · 흡착부가 마모되면 공급 장애, 흡착 불량, 위치 편차가 발생함
- 피더는 번호 관리 · 정기 점검 · 청소 · 윤활이 필수이며, 고속 라인에서는 전용 수리 · 보정 장비를 사용함
- 피더 정합성(Feeder Compatibility)을 유지하면 모델 전환 시 셋업 시간을 크게 절감할 수 있음

ⓔ 자재 · ESD 관리

- 대부분의 SMT 부품은 정전기에 매우 민감하므로, 자재 보관 및 이동 시 ESD 보호 대책이 필수임
- 부품은 습도 · 온도 변화에 민감한 패키지도 많아, 방습 백(MBB), 건조제, 습도카드, 진공 포장이 함께 적용됨
- 특히 BGA, QFN 등 MSL(Moisture Sensitivity Level) 부품은 습기를 머금으면 리플로우에서 "팝콘 현상"이 발생하므로 엄격한 보관 기준이 필요함

ⓜ 부품 로트 추적과 재고 관리

- SMT 라인에서는 부품 바코드 · QR코드를 사용해 로트 · 사용일자 · 부품 위치를 추적함
- 재고는 FIFO(선입선출) 또는 FEFO(선입 · 유통기한 우선) 정책을 사용하여 품질을 유지함
- 재고 시스템과 마운터 프로그램이 연동되면 부품 오투입 · 픽업 오류를 예방할 수 있어 불량률 관리가 크게 향상됨

02 전자부품 생산활동

1 생산 준비

① 생산공정 계획(생산성 · 라인 밸런스 등)

㉠ 생산공정 계획의 개념

- 생산공정 계획은 제품 설계 · 부품 구조 · 공정 특성에 맞게 SMT 전체 라인을 구성하고, 공정 순서 · 장비 배치 · 작업 조건을 최적화하여 생산성과 품질을 확보하는 활동임
- 각 공정의 택트타임, 부품 분포, 설비 능력, 인력 배치 등을 분석하여 가장 효율적인 생산 흐름을 만드는 것이 핵심임
- SMT 라인은 스크린프린터 → 마운터 → 리플로우 → 검사 → 후공정 순으로 구성되며, 공정 간 균형과 흐름이 생산성의 핵심 요소가 됨

㉡ 생산성(Tact Time) 개념

- 택트타임(Tact Time)은 한 장의 PCB가 생산 라인을 통과하는 데 필요한 시간으로, 전체 생산량과 직결되는 지표임
- 각 장비의 처리 속도와 공정별 부하를 고려하여, 라인 전체가 가장 긴 공정의 속도에 맞춰 균형을 이루어야 함
- 스크린프린터 인쇄 시간, 마운터 장착 수량과 속도, 리플로우 프로파일 시간 등은 모두 택트타임에 영향을 줌
- 실제 생산효율(OEE)은 설비가동률 · 품질수율 · 장비속도 등을 종합하여 분석하며, 생산 라인의 손실 요인을 파악하기 위한 핵심 관리 지표로 사용됨

㉢ 라인 밸런싱(Line Balancing)

- SMT 라인에서 가장 중요한 계획 요소 중 하나가 라인 밸런스임
- 라인 밸런싱은 공정별 작업량이 하나의 흐름에서 균형을 이루도록 분배하는 활동으로, 공정 과부하 · 대기 시간을 최소화함
- 예를 들어 마운터 두 대를 직렬로 배치하여, 고속 마운터가 칩류를 장착하고 범용 마운터가 IC · 커넥터를 장착하게 하면 작업 부하를 균등하게 조절할 수 있음
- 스크린프린터와 리플로우 구간은 비교적 택트가 일정하므로, 공정 병목이 발생하는

지점은 주로 마운터 구간임
- 라인 밸런싱의 대표적인 방법
  - 고속 마운터와 범용 마운터를 조합하여 작업을 분배
  - 피더 배치를 최적화하여 노즐 이동 경로를 최소화
  - 비전 검사 · 부품 인식 시간을 줄이기 위한 프로그램 개선
  - 공정 전환 시 오프라인 셋업을 통한 비가동 시간 절감

ⓔ 공정 설계 시 고려 요소
- 부품 분포 : PCB의 부품 수, 크기, 패키지 종류에 따라 마운터 배치와 장착 순서를 결정함
- 열 프로파일 : 리플로우 공정은 부품 내열성 · 기판 재질 · 페이스트 종류에 따라 조건을 달리해야 함
- 품질 관리 포인트 : SPI, AOI, ICT 등의 검사 위치는 불량 전파를 최소화하도록 설계됨
- 혼합공정 여부 : SMT 공정 후 스루홀 공정(웨이브솔더 · 수삽)이 필요한지 여부 판단
- 운영비용 : 설비 가동률 · 부품 소요량 · 작업자 투입량 등을 고려하여 전체 생산비를 관리

ⓜ 생산계획과 생산전환(Changeover)
- 생산계획은 제품 종류 · 부품 목록 · 생산량 · 납기 등을 기반으로 주간/일간 라인 계획을 세움
- 셋업 교체(Feeder Changeover)는 생산전환의 핵심으로, 부품 공급 위치와 노즐 · 프로그램 설정을 수정하는 작업임
- 오프라인 셋업 장비를 이용하면 실제 라인을 정지하지 않고 다음 제품 생산 준비를 미리 완료할 수 있어, 비가동 시간을 크게 줄일 수 있음
- 생산전환 시 부품 오투입 · 픽업 방향 오류 · 피더 번호 오류 등의 실수를 방지하기 위해 바코드 시스템 또는 MES 시스템과 연동해 확인 절차를 갖추어야 함

② SMT 프로그램

㉠ SMT 프로그램의 개념
- SMT 프로그램은 마운터 장착 데이터를 기반으로 PCB 각 부품의 위치(X · Y 좌표), 방향(회전각), 부품 번호, 피더 번호, 노즐 번호 등을 포함한 장착 정보 파일임
- 프로그램 정확도는 장착 품질과 생산 성능에 직접 영향을 미치므로, 초기 설정과 검증 과정이 매우 중요함
- SMT 프로그램은 설계 CAD 데이터(Centroid 데이터) 또는 CAM 데이터에서 자동 변환하여 생성하며, 이후 마운터별 최적화 과정을 거침

ⓛ SMT 프로그램 구성 요소

- 좌표 데이터 : 부품 실장 위치의 중심 좌표(X, Y)와 회전각(θ)을 포함함
- 패키지 정보 : 부품 패키지 타입과 마운터에서 사용할 노즐 형태를 지정함
- 피더 정보 : 부품 릴이 장착되는 피더 번호, 픽업 속도, 픽업 위치 등을 설정함
- 비전 파라미터 : 부품 외형 인식 조건, 기준 마크 인식 조건 등을 포함함
- 장착 순서 : 마운터의 이동 경로를 최적화하기 위한 장착 순서와 부품 그룹화 정보가 포함됨

ⓒ 프로그램 생성 절차(CAD → SMT 장착 데이터)

- PCB 설계 데이터를 이용해 부품 목록(BOM)과 centroid 파일을 추출함
- centroid 파일에는 각 부품의 중심 좌표(X, Y), 회전각, 패키지 정보가 기록되어 있음
- SMT 전용 소프트웨어에서 centroid 데이터를 불러와 패키지 매칭, 노즐 설정, 피더 설정을 진행함
- 부품 극성 및 회전 방향을 확인하고, 부품 인식 카메라 조건을 설정한 후 테스트 보드를 이용해 검증함
- 프로그램 검증 후 라인 투입이 가능하며, 오류가 있는 경우 장착 불량이 대량 발생하므로 초기 검증이 매우 중요함

ⓔ 프로그램 최적화

- 헤드 이동 거리 최소화 : 가까운 부품부터 장착하도록 순서를 조정함
- 피더 배치 최적화 : 부품 사용량이 많거나 반복 장착이 많은 부품을 마운터 앞쪽 피더에 배치해 장착 시간을 단축함
- 노즐 교환 최소화 : 동일 노즐을 필요로 하는 부품끼리 장착 순서를 묶어 교환 횟수를 최소화함
- 비전 검사 시간 단축 : 불필요한 부품 인식 항목을 줄이고, 기준 마크 인식 횟수를 최적화함

ⓜ 프로그램 오류와 주의사항

- 극성 오류 : 다이오드 · IC 등 극성이 있는 부품의 방향이 잘못 입력되면 즉시 기능 불량 발생
- 회전각 오류 : 90° 또는 180° 방향이 틀리면 외형은 정상이라도 납땜 불량이 발생함
- 피더 위치 오류 : 피더 번호가 잘못되면 완전히 다른 부품이 장착되어 대량 불량이 발생함
- 노즐 설정 오류 : 부품 흡착이 불안정해 픽업 실패 · 투척 불량 · 튐 현상이 발생할 수 있음
- 좌표 오프셋 오류 : CAD 데이터와 실제 PCB 생산 데이터 불일치 시 전체 좌표 오프셋 문제 발생

ⓗ SMT 프로그램의 유지관리
- 라인에서 사용된 프로그램은 생산 중 변경 사항을 즉시 반영하여 최신 상태를 유지해야 함
- 부품 변경, 대체 부품 적용, 회로 개정 등에 따라 관련 부품 데이터와 피더 배치를 함께 업데이트해야 함
- 생산이 끝난 프로그램은 버전 관리·백업을 통해 추적 가능하도록 정리해야 하며, 필요 시 동일 모델 재생산을 빠르게 재개할 수 있게 함
- MES 시스템과 연동하여 부품 사용량·불량 정보·작업 이력 등을 데이터로 남기면 생산 품질 향상과 불량 추적에 큰 도움이 됨

2 SMT 공정

① 로더·언로더 공정

  ㉠ 로더 공정(PCB 공급)
  - SMT 라인의 시작 지점이며, 생산할 PCB를 한 장씩 자동으로 장비 라인에 투입하는 공정임
  - 매거진 타입 로더는 여러 장의 PCB가 적재된 매거진을 엘리베이터로 상·하 이동시키며 PCB를 한 장씩 꺼내어 컨베이어에 공급함
  - 단판 로더는 한 장씩 적재된 PCB를 직접 공급하며 시제품 생산·다품종 소량 생산에 적합함
  - 로더는 센서로 PCB 두께·유무를 확인하고, 공급 간격과 택트를 라인 전체와 동기화함

  ㉡ PCB 정렬·이송
  - 로더에서 투입된 PCB는 컨베이어 위에서 기준 마크(피두시얼) 인식 및 라인 정렬 장치에 의해 정확한 위치로 맞춰짐
  - PCB 두께·휨 정도에 따라 클램핑 압력과 이송 속도를 조정해야 장착기와 인쇄기에서 적절한 정렬이 가능함
  - 방향 전환이 필요할 경우 인버터(Flipper) 또는 회전 이송 장치를 이용하여 양면 공정이 가능하도록 뒤집기 작업을 수행함

  ㉢ 언로더 공정(PCB 배출)
  - 라인 후단에서 완성된 PCB를 매거진 또는 적치대(Stack)에 정리하여 쌓아 올리는 공정임
  - 매거진 타입 언로더는 슬라이드나 엘리베이터를 이용하여 PCB를 각 슬롯에 차례대로 적재함

- 스택 언로더는 얇고 변형이 적은 기판을 층층이 쌓는 방식으로 처리함
- 언로더는 라인 정지 · 오류 발생 시 PCB를 안전하게 회수할 수 있도록 센서와 인터록이 구성됨

② 인쇄공정(Screen Printing)

㉠ 솔더 페이스트 인쇄의 역할
- PCB 패드 위에 적정량의 솔더 페이스트를 균일하게 도포하여 부품이 장착된 후 리플로우에서 납땜을 형성하게 하는 핵심 공정임
- 전체 SMT 품질의 60% 이상이 인쇄 공정에서 좌우될 만큼 중요도가 높음

㉡ 스크린프린터 구성
- 메탈마스크(스텐실) : 패드 형상대로 개구가 가공된 금속판으로, 형상 · 두께는 납땜 품질에 결정적 영향을 줌
- 스퀴지 : 페이스트를 개구부에 눌러 넣는 도구로, 재질 · 각도 · 압력 · 속도가 인쇄 품질을 좌우함
- 비전 시스템 : PCB 기준 마크를 인식하여 오프셋 · 회전 오차를 자동 보정함
- 클램핑 장치 : PCB를 고정해 진동 · 미세 이동을 방지함

㉢ 인쇄 조건 관리
- 페이스트 점도는 작업 환경(온도 · 습도)에 따라 변화하므로, 일정 범위 내로 유지해야 패턴 가장자리가 깨끗하게 형성됨
- 스퀴지 속도가 너무 빠르면 개구 충진 부족이 발생하고, 너무 느리면 퍼짐 · 번짐 현상이 나타남
- 메탈마스크는 일정작업 후 세정하여 잔류물 · 막힘을 제거해야 인쇄 품질 유지 가능
- 인쇄 후 SPI(솔더페이스트 검사)로 높이 · 부피 · 면적을 검사하여 불량을 초기 차단함

㉣ 인쇄 불량 유형
- 브리지(Bridge) : 인접 패드 간 과도한 인쇄
- 미인쇄 : 개구 막힘 · 위치 불량
- 페이스트 번짐 : 점도 저하 · 압력 과다
- 디포짓 불량 : 개구 내 충진 부족

③ 장착공정(Placement)

㉠ 장착공정 개요
- 스크린프린터에서 인쇄된 PCB를 마운터로 이송하여 부품을 지정된 위치에 배치하는 공정임
- 고속 마운터와 범용 마운터를 조합하여 칩류와 IC류 부품을 나누어 실장함

    ⓛ 장착공정 구성 요소
- 피더(Feeder) : 릴 · 트레이 · 스틱으로 공급된 부품을 마운터에 공급하는 장치
- 노즐 헤드 : 진공 흡착으로 부품을 픽업하고 지정 위치에 놓는 핵심 부품
- 비전 카메라 : 부품 중심 · 각도를 인식하고 좌표 보정 수행
- X-Y 테이블 : 장착 위치로 이동시키는 구동 장치

    ⓒ 장착 순서 최적화
- 회전량이 많은 부품을 먼저 배치해 이동 경로를 줄임
- 동일 노즐을 사용하는 부품끼리 연속 장착하여 노즐 교환 시간을 최소화
- 대량 장착되는 칩 부품은 고속 마운터, 대형 IC · 커넥터는 범용 마운터에서 처리

    ⓔ 장착 불량
- 픽업 실패 : 진공 부족 · 노즐 오염
- 위치 불량 : 좌표 · 회전각 오류
- 방향 불량 : 극성 · 패키지 방향 오류
- 부품 튐 현상 : 가속 · 감속 제어 불량 또는 페이스트 점착력 부족

④ 리플로우 및 경화공정

    ㉠ 리플로우(Reflow) 공정
- 솔더 페이스트를 녹여 부품 단자와 패드를 접합하는 SMT 핵심 공정임
- 일반적인 리플로우 프로파일
  - 예열 구간 : PCB와 부품 온도를 서서히 상승(60~120초)
  - 활성화 구간 : 플럭스 활성화, 산화막 제거(150~180℃ 부근)
  - 피크 구간 : 솔더 합금 녹는 온도 이상(약 230~250℃) 도달
  - 냉각 구간 : 서서히 온도 하강하여 접합부 형성

    ㉡ 리플로우의 품질 요인
- 피크 온도가 너무 낮으면 미납땜, 너무 높으면 부품 손상 · 변형 발생
- 가열 · 냉각 속도는 열 충격 · 보이드 · 패드 박림에 영향을 줌
- PCB 두께 · 부품 밀도 · 납량 · 부품 내열성이 전체 프로파일 선정 기준이 됨

    ㉢ 경화(Curing) 공정
- 접착제를 사용해 하부 부품을 고정하는 경우, 열 또는 UV 경화 장비를 사용해 완전
  히 굳히는 공정임
- 양면 실장 시 하부 부품이 리플로우에서 떨어지지 않도록 고정하는 용도로 활용됨
- 경화 온도 · 시간이 지나치면 PCB 변형, 부품 변색 등의 문제가 발생할 수 있어 적정
  공정 조건이 중요함

  ② 웨이브 솔더링(혼합공정 시)

   • SMT 후 스루홀 부품이 있는 혼합실장 제품은 웨이브 솔더링으로 후공정을 수행

   • 플럭스 도포 → 예열 → 솔더 웨이브 접촉 → 냉각 순서

   • 하부 SMT 부품이 납 웨이브에 노출되지 않도록 마스킹 · 지그 · 방열판 등을 사용

⑤ 검사공정

  ㉠ SPI(솔더 페이스트 검사)

   • 인쇄 직후 솔더 페이스트의 높이 · 부피 · 면적을 3D 검사 방식으로 측정

   • 인쇄 불량을 가장 빠르게 검출할 수 있어, 생산 불량의 절반 이상을 조기 차단함

  ㉡ AOI(자동광학검사)

   • 카메라 · 조명으로 납땜 품질, 부품 유무, 방향, 극성, 패턴 결함 등을 검사

   • 리플로우 직후 즉시 배치하여 초기 납땜 불량을 잡아내는 데 유리함

  ㉢ ICT(회로 검사)

   • 테스트 핀을 통해 회로망을 직접 측정하여 단락 · 개방 · 부품 값 오류 등을 검사

   • BGA와 같이 가려진 부품의 내부 접합 상태도 전기적으로 판단 가능

  ㉣ 기능 검사(FCT)

   • 완성된 기기의 기능이 정상 작동하는지 시험

   • 신호 입력 → 출력 확인 → 동작 안정성 검사 순으로 진행

   • 번인(Burn-in)으로 장시간 고온 조기 불량을 제거하기도 함

⑥ 기타 공정

  ㉠ 세척(Cleaning) 공정

   • 플럭스 잔류물 제거 목적

   • 물기반, 수용성 세정제, 특수 용제 세척 등 방식

   • 잔류물이 남으면 부식 · 누설전류 · 이온 마이그레이션 발생 가능

  ㉡ 코팅(Conformal Coating) 공정

   • 제품의 습기 · 오염 · 화학물질 보호 목적

   • 스프레이 · 디핑 · 선택코팅 방식 사용

   • 마스킹 · 건조 공정이 함께 포함됨

  ㉢ 디패널링(Depaneling) 공정

   • 패널 형태의 PCB를 개별 기판으로 절단하는 공정

   • 라우터 · 펀치 · 레이저 방식 사용

   • 과도한 응력은 패드 박리 · 크랙 유발 가능

      ② 라벨 · 마킹 공정
- 바코드 · QR코드를 인쇄해 생산 추적을 위한 식별 정보 기록
- 레이저 마킹 · 잉크젯 사용

⑦ 불량의 유형 및 검사 방법

      ㉠ 인쇄 공정 불량
- 브리지 : 과도 인쇄-패턴 과량
- 미인쇄 : 개구 막힘, 스퀴지 압 부족
- 페이스트 퍼짐 : 점도 저하
- 페이스트 높이 불균일 : 인쇄 환경 · 마스크 상태 불량

      ㉡ 장착 공정 불량
- 실장 위치 오차 : 좌표 · 기준점 오류
- 부품 뒤집힘 : 극성 설정 오류
- 픽업 실패 : 진공 · 노즐 오염
- 부품 튐 : 가속제어, 페이스트 점착력 문제

      ㉢ 리플로우 공정 불량
- 브리지 : 과량 페이스트 · 패턴 간격 좁음
- 미납땜/냉땜 : 피크온도 부족
- 솔더볼 : 급가열 · 급냉각
- 보이드(Void) : 페이스트 내 플럭스 휘발 문제
- 패드 박리 : 과열 · 기판 품질 문제

      ㉣ 검사 방법
- SPI : 인쇄 패턴의 3D 검사
- AOI : 외관 · 납땜 · 극성 오류 검출
- X-ray : BGA · QFN 하부 접합 검사
- ICT/FCT : 전기적 특성 · 기능 검사
- 샘플링 검사 : 대량 생산에서 효율적 관리

03 설비 관리 및 생산안전

1 설비 점검

① 설비 유지보수

ㄱ 설비 유지보수의 개념

- 유지보수는 장비의 고장 예방 · 성능 유지 · 수명 연장을 위해 정기적으로 수행하는 운영 관리 활동임
- SMT 라인은 장비 간 연속성이 매우 크므로, 단일 장비의 고장은 전체 라인 정지로 이어지기 때문에 예방 중심의 유지보수가 필수임
- 유지보수는 예방보전(PM), 예지보전(PdM), 사후보전(CM) 세 가지 관점에서 관리함

ㄴ 예방보전(Preventive Maintenance, PM)

- 정해진 주기에 따라 장비를 정기 점검하여 고장을 미리 차단하는 방식임
- 필터 교체, 윤활, 벨트 장력 점검, 이송 시스템 청소, 냉각 팬 점검 등과 같이 사전에 수행하는 작업이 포함됨
- 스크린프린터 · 마운터 · 리플로우 등 장비별로 제조사 매뉴얼에 명시된 PM 항목을 이행하여 장비 신뢰성을 확보함
- 예방보전은 라인 정지를 최소화하고 장비 성능을 일정하게 유지하는 가장 기본적인 보전 방식임

ㄷ 예지보전(Predictive Maintenance, PdM)

- 센서 데이터 · 운전 기록 · 부하 변화 등을 분석하여 고장 징후를 예측하고, 그 시점에 맞춰 보전을 수행하는 방식임
- 이송 모터 전류, 베어링 진동, 온도 변화, 노즐 부하량 등을 분석하여 이상을 조기에 탐지함
- 예지보전은 생산성 저해 요인을 줄이고 계획적 정비가 가능하므로 비용 절감 효과가 큼
- 현대 SMT 라인에서는 모터 상태 진단 · 비전 카메라 자가 점검 등 일부 기능이 자동화되어 적용됨

ⓔ 사후보전(Corrective Maintenance, CM)
- 장비가 실제로 고장 또는 기능 저하를 일으킨 뒤 수행하는 보전 방식임
- 긴급 복구, 부품 교환, 오정렬 조정 등이 포함되며, 장비 정지 시간이 길어질수록 생산 손실이 커짐
- 사후보전이 반복되는 장비는 근본원인분석(RCA)을 통해 설계·부품·작업 조건을 다시 검토해야 함

ⓜ 설비 점검 항목(장비 공통 관리 요소)
- 청정도 관리 : 금속 분진, 페이스트 잔류물, 먼지는 센서·비전·흡착 성능을 저하시킴
- 윤활 및 마찰 부품 점검 : 스크류, 리니어 가이드, 체인 등은 주기적 윤활이 필수
- 공압장치 점검 : 필터·레귤레이터·윤활기 상태 점검, 에어 누설 확인
- 전원·배선 점검 : 케이블 단선·변형, 커넥터 접촉불량 여부 확인
- 온도·냉각 장치 관리 : 리플로우 히터·송풍 모터·팬 필터 상태 점검
- 센서·카메라 보정 : 마운터 비전 센터링, 스크린프린터 기준 마크 인식 보정
- 비상정지·인터록 기능 확인 : 안전 기능은 정기적으로 작동 확인해야 함

ⓗ 설비 수명 및 관리 문서화
- 장비 수명은 사용 시간·부품 교환 이력·이상 발생 기록을 기반으로 관리함
- 유지보수 결과를 작업표(작업일지)에 기록하여 정비 이력·경향 분석에 활용
- 문서화된 기록은 품질 인증·감사·제조 이력 추적에서 중요한 근거 자료가 됨

② SMT 툴 관리(노즐·메탈마스크 등)

㉠ 노즐(Nozzle) 관리
- 노즐은 마운터에서 부품을 흡착·이송·장착하는 핵심 툴이며, 오염·마모에 매우 민감함
- 노즐 끝단에 페이스트·먼지·산화물 등이 쌓이면 픽업 실패·미세 회전 오차·부품 튐 등이 발생함
- 노즐 관리 항목
  - 정기 세척(초음파 세척 또는 전용 솔 세척)
  - 노즐 흡착 테스트(진공 압력·픽업 안정성 확인)
  - 마모·변형 여부 점검
  - 노즐 내부 진공 통로 막힘 점검
- 노즐은 크기별·형상별로 관리해야 하며, 잘못된 노즐 사용은 IC 실장 불량·칩 파손을 유발함

㉡ 피더(Feeder) 관리
- 피더는 부품 공급을 담당하는 장치로, 공급 불량은 즉시 대량 실장 불량으로 이어짐

- 피더별 고유 번호를 관리하고, 피더 장착 위치 실수(오투입)를 예방하기 위해 바코드 · MES 연동이 사용됨
- 점검 항목
  - 피딩 기어 · 스프링 탄성 체크
  - 텐션(장력) 조정
  - 커버 테이프 박리 각도 및 저항 점검
  - 흡착 위치 정렬 확인
- 피더는 분실 · 혼동을 막기 위해 제품군별로 전용 랙에 보관하며, 노후 피더는 바로 수리 · 교체해야 함

ⓒ 메탈마스크(Stencil) 관리
- 메탈마스크는 인쇄공정 품질에 절대적 영향을 미치므로, 관리 기준이 매우 엄격함
- 관리 항목
  - 사용 후 즉시 세척(페이스트 잔류 막힘 방지)
  - 개구부 손상 여부 확인(모서리 변형 · 버 발생 여부)
  - 두께 확인(스펙과 일치해야 인쇄 두께 유지)
  - 보관 시 습기 · 충격 · 변형 방지
- 개구부가 막히거나 변형되면 브리지 · 미인쇄 · 패턴 번짐 등 불량이 즉시 발생함
- 마스크 수명은 사용 횟수 · 세척 조건에 따라 결정되며, 일정 주기마다 검사해 교체함

ⓡ 스퀴지(Squeegee) 관리
- 스퀴지는 솔더 페이스트를 스텐실 개구부에 눌러 채워 넣는 도구로, 마모 · 변형의 영향이 매우 큼
- 스퀴지 관리 항목
  - 스퀴지 날(edge) 마모 상태 확인
  - 날 각도와 압력의 균일성 점검
  - 스퀴지 고정 홀더의 평행도 유지
- 스퀴지가 손상되면 페이스트가 일정하게 도포되지 않고, 패턴 가장자리가 흐려지며 미충전 또는 오버 인쇄가 발생함

ⓜ 마운터 비전 렌즈 · 카메라 관리
- 비전 시스템은 부품 중심 · 각도 · 패키지 외형을 인식하는 마운터 핵심 기능임
- 렌즈 오염 · 조명 열화 · 카메라 포커스 불량은 위치 오차 · 회전 오차로 직결됨
- 관리 항목
  - 렌즈 · 조명 정기 청소
  - 카메라 캘리브레이션(기준 패턴 · 기준 마크로 보정)

- 조명 밝기 · 색온도 균일성 점검
- 비전 불량은 BGA · QFN 같은 미세 패키지에서 치명적 불량을 유발하므로 장비 운영 중 항상 모니터링해야 함

ⓑ 자재 · 공압 · 전기 계통 점검
- SMT 장비는 공압 · 전기 · 센서 · 조명 등 다양한 계통이 조합된 복합 장비임
- 공압 관리 : 필터 막힘 · 압력 저하 · 누설 여부 점검
- 전기 관리 : 케이블 단선 · 접촉 불량 · 노이즈 유입 여부 확인
- 기구부 관리 : 리니어 가이드 · 볼스크류 윤활, 벨트 장력 균일성 유지
- 장비 내부 먼지 · 플럭스 잔류물 제거는 미세 센서 오동작 · 정전기 문제를 예방함

ⓐ SMT Tool 보관 원칙
- 노즐 · 피더 · 스퀴지 · 메탈마스크 등은 전용 보관대를 사용하여 충격 · 오염 · 습기 노출을 방지해야 함
- 특히 메탈마스크는 휨 · 변형 방지를 위해 수평 보관 또는 전용 랙 보관이 필수이며, 습도 관리가 중요함
- 노즐은 크기별 · 모델별로 분류하여 정리해야 하며, 분실 · 혼동을 방지하기 위해 라벨링 · 바코드 관리가 필요함
- 피더는 부품 오투입 위험을 줄이기 위해 제품군별 전용 영역에 보관하며, 사용 후 반드시 원래 위치로 되돌림

ⓞ SMT 유지보수 문서화
- 모든 점검 · 보수 내역은 정해진 양식에 따라 기록하고, 향후 불량 분석 · 설비 개선에 활용함
- 유지보수 주기, 교체 이력, 이상 발생 시간 등을 문서화하여 장비별 고장 패턴을 파악함
- MES(제조실행시스템)와 연동 시 점검 이력 자동 기록, 예방보전 알림 기능이 가능하여 생산 안정성을 크게 높일 수 있음

2 안전 관리

① 산업안전

㉠ 산업안전의 기본 개념
- 산업안전은 작업자가 설비 · 자재 · 환경에 의해 발생할 수 있는 재해를 예방하고, 안전한 작업 조건을 유지하는 활동임
- SMT 라인은 전기 · 공압 · 열원 · 화학물질이 모두 사용되는 복합 작업 환경이므로,

안전기준 준수가 필수 요소임
- 안전관리의 목표는 사고 예방, 작업자 보호, 설비 안정성 확보, 생산 중단 최소화임

ⓛ SMT 현장의 주요 위험 요인
- 전기 위험 : 장비 내부 고전압, 노이즈, 접지 불량
- 공압 위험 : 급격한 압력 변화, 배관 탈락·누설 시 휘둘림
- 고온 위험 : 리플로우 히터, 경화 오븐, 솔더 웨이브
- 기구적 위험 : X/Y 테이블 이동부, 피더 이송부, 모터 회전부
- 화학물질 위험 : 플럭스·세척제·접착제·코팅액·IPA
- ESD 위험 : 정전기에 의한 부품 손상

ⓒ 안전작업 절차
- 작업 전 장비 점검 → 장비 내부 접근 시 전원 차단 → 회전체·이송부 잠금 (Lockout/Tagout)을 적용
- 고온 구역(리플로우·웨이브·경화기)의 작업은 완전 냉각 확인 후 진행
- 화학물질 취급 시 환기·국소배기장치(LEV) 사용
- 공압계통 분리·배관 연결 작업은 배압 제거 후 실행

ⓔ 작업자 교육 및 위험성 평가
- 신규 작업자 교육 : 장비 작동 절차·비상정지(E-Stop)·장비 Alarm 해석·ESD 절차
- 정기 교육 : 안전보호구 사용법, 화학물질 SDS 읽기, 장비 주변 위험요인 파악
- 작업공정별로 위험성 평가를 실시하여 고위험 작업은 관리대책(보호구·가드 설치·작업절차서) 마련

② 안전점검 및 관리

ⓛ 정기 안전점검
- 장비 가동 전(일상점검) → 월간점검 → 분기점검 순으로 단계적으로 수행
- 확인 항목
  - 비상정지(E-Stop)·인터록 기능 정상 작동 여부
  - 전원 케이블·커넥터의 단선·변형
  - 리플로우 히터·냉각팬 먼지·막힘 확인
  - 공압 호스 균열·누설 여부
  - 컨베이어 센서·리미트 스위치 작동 상태
- 장비 점검 기록을 유지해 고장 패턴을 분석하고 예방보전 주기 설정에 활용함

ⓒ 화재 예방 관리
- 리플로우·경화기 등 고온 장비는 가연성 물질(종이·헌납·수건 등) 접근 금지
- 과열·배기 불량·플럭스 휘발 잔류물은 화재 원인이 될 수 있어 주기적 청소 필요

- 불연성 장갑 · 보호복 사용 권장
- 소화기 · 자동소화설비(전기패널 내부 미스트 소화기, 감온식 소화 시스템) 점검 필수

© 공압 · 전기 안전관리

- 공압 차단 밸브는 "On/Off"가 명확히 표시되어야 하며, 정비 시 반드시 차단 상태 유지
- 전기 패널 점검 시 절연장갑 · 보안경 · 절연 매트 사용
- 접지선(PE) 불량은 장비 오동작 · 감전 사고를 유발하므로 분기점마다 접지 저항 측정 수행

② Lockout/Tagout(LOTO)

- 장비 내부 수리 · 센서 조정 · 노즐 교체 · 피더 유지보수 작업 시 전원 · 공압을 확실히 차단하고 작업자가 태그(Tag)를 부착해 오작동을 방지하는 절차임
- SMT 장비의 이동부(X/Y축, 테이블, 카메라 모듈)는 예기치 않은 동작이 매우 위험하므로 LOTO 필수

③ 환경유해물질

㉠ 화학물질 관리(플럭스 · 세척제 · 코팅액 등)

- SMT에서 사용되는 주요 화학물질 : 플럭스, 솔더 페이스트 용제, IPA, 세척제(알코올계 · 수용성), 접착제, 코팅액
- 모든 화학물질은 SDS(물질안전보건자료)에 따라 보관 · 취급해야 함
- SDS에는 인화점, 독성, 환기조건, 보호구, 응급조치 등 모든 안전 정보가 포함됨

㉡ 보관 및 사용 원칙

- 인화성 물질은 방폭구역 또는 전용 보관함(금속 캐비닛)에 보관
- 용기에는 라벨(물질명 · 위험등급 · 유통기한)을 부착
- 스프레이 · IPA 사용 시 국소배기장치(LEV) 가동
- 고온 장비 주변에 화학물질 배치 금지

㉢ 납 · 유해물질 규제(RoHS/REACH)

- SMT 생산품은 대부분 RoHS(유해물질 제한지침) 규제를 준수해야 함
- 납(Pb), 카드뮴(Cd), 수은(Hg), 6가 크롬(Cr6+), 브롬계 난연제(PBB, PBDE) 사용 제한
- RoHS 대응을 위해 무연 솔더(SAC305 등) 사용이 일반화됨
- 납땜 온도가 높아지므로 리플로우 프로파일 · 부품 내열성 관리가 더욱 중요함
- REACH 규제는 특정 유해 화학물질의 제조 · 수입 제한을 규정하며, SMT 세척제 · 플럭스의 화학 성분 관리에도 영향

㉣ 환경오염 방지

- 납땜 잔류물 · 세척 폐액 · IPA 폐액 등은 일반 폐기물로 배출할 수 없으며 지정폐기

물로 분류되어 전문 업체에 위탁 처리해야 함
- 배기덕트 · 필터는 정기 청소가 필요하며, 플럭스 연기(Flux Fume)는 작업자 호흡기 질환을 예방하기 위해 흡입 제거 설비를 가동해야 함

④ 안전보호구

㉠ 보호구 착용의 원칙
- 보호구는 위험요인(전기 · 열 · 화학물질 · 공압 · ESD)을 차단하는 최종 안전 장치임
- SMT 라인은 기계 · 전기 · 화학적 위험이 모두 존재하므로 보호구 착용이 기본 규칙임

㉡ SMT 작업에서 사용하는 주요 보호구
- ESD 보호 장비
  - 손목밴드(ESD Wrist Strap)
  - 정전기 방지복, 정전기 방지화
  - ESD 매트, 접지 포인트
- 전자부품은 정전기에 매우 취약하므로 ESD 보호구는 필수 항목임
- 화학물질 보호구
  - 니트릴 장갑, 보안경, 앞치마
  - 세척제 · 플럭스 취급 시 피부 · 눈 보호가 핵심
  - 국소배기장치 활용
- 고온 · 기구적 위험 보호구
  - 내열 장갑(리플로우 · 웨이브 조작 시)
  - 안전화(장비 이동 · 중량물 작업)
  - 보안경(파편 · 플럭스 튐 보호)

㉢ 보호구 점검 · 관리
- 장갑 · 보안경 · ESD 손목밴드는 사용 후 오염 여부 확인
- ESD 손목밴드는 정기적으로 저항 측정을 통해 정상 접지 여부를 확인해야 함
- 보호구는 개인별 지급을 원칙으로 하며, 파손 시 즉시 교체함

04 PCB 제작 및 검사

1 PCB 기초 및 제작

① PCB 기초

  ㉠ PCB(Printed Circuit Board)의 정의
  - PCB는 절연체(기판) 위에 구리(Cu) 도체 패턴을 형성하여 전자부품을 전기적으로 연결하고, 기계적으로 지지하는 전자회로의 기본 플랫폼임
  - 회로 연결, 전원·신호 전달, 방열·차폐·기계적 지지 기능을 동시에 수행함

  ㉡ PCB의 기본 구성
  - 기판(Base Material)
    - FR-4(Glass Epoxy)가 가장 일반적이고, 내열성·절연성·기계강도가 우수함
    - 고온·고주파용 기판: 금속 기판(MCPCB), 세라믹 기판, PTFE(Rogers) 계열 재료 등
  - 도체층(Copper Foil) : 1oz(35㎛), 0.5oz, 2oz 등 구리 두께로 표현하며, 전류 용량·임피던스에 영향
  - 솔더마스크(Solder Mask) : 도체를 보호하고 미납땜·브리지를 방지하며 색상(Green·Blue·Black 등)으로 시각적 구분 제공
  - 실크(Silk Screen)
    - 부품 위치·번호·극성·검사 마킹을 표시하는 글자·기호
  - 표면처리(Surface Finish) : 패드 부식 방지 및 납땜성을 확보하기 위해 ENIG·OSP·HAL 등 표면 마감 적용

  ㉢ PCB의 종류
  - 단면 PCB : 한 면에만 구리 패턴이 형성된 가장 단순한 구조
  - 양면 PCB : 상·하단 두 면에 도체 패턴 형성, 비아(VIA)를 통해 상하층 연결
  - 다층 PCB(Multi Layer)
    - 4층·6층·8층·12층 등 내부에 여러 층의 구리 패턴이 적층된 구조
    - 고속신호·EMI/EMC 설계·파워·그라운드 분리·고집적 회로에서 필수
  - 플렉시블(FPCB) : 폴리이미드 재질을 사용하여 유연성이 높아, 스마트폰·카메라 모듈·웨어러블 기기에 사용

- Rigid-Flex PCB : 딱딱한 부분과 플렉시블部分이 결합된 형태
- 메탈코어 PCB(MCPCB) : LED · 전력 회로에서 방열 성능을 확보하기 위해 금속(Al · Cu) 기판을 사용하는 구조

ⓔ PCB 구조 요소

- 비아(VIA) : 층간 연결을 위한 구멍으로, PTH(관통비아), 블라인드 · 버리드 비아가 있음
- 트레이스(Trace) : 도체 패턴으로 신호 · 전원 라인을 형성함
- 패드(Pad) : 부품이 납땜되는 접촉점
- Ground Plane / Power Plane : 전원 안정성 · 신호 품질 · EMI 대응을 위해 넓은 면적의 구리층 구성

② PCB 제작 공정

ⓐ PCB 제작 개요 : PCB는 기판 준비 → 패턴 형성 → 드릴링 → 도금 → 솔더마스크 → 실크 → 표면처리 → 절단 순서로 제작됨

ⓑ 각 공정은 회로 품질, 부품 장착성, 신호 전달 성능에 직접적 영향을 미침

③ 상세 제작 공정

ⓐ 기판 재료 준비

- 적층판 준비
  - FR-4, CEM-3 기판 준비
  - Prepreg, Copper Foil 구조로 절연/도전 특성 구성
- Layer Stack-up 설계
  - 회로층 수 결정(2층 · 4층 · 6층 등)
  - 유전체 두께 · 동박 두께 설정
  - 고속설계는 임피던스 제어 Stack-up 필수

ⓑ 동박 패턴 형성(회로 제작)

- 감광(포토)공정
  - 감광액 도포
  - 포토필름 노광
  - 현상 후 패턴 형성
  - 미세회로는 포토공정 필수
- 스크린 인쇄 · 에칭
  - 스크린 인쇄 후 에칭
  - 단순 · 저밀도 제품 사용

ⓒ 드릴링(Drilling)
- 비아 · 홀 가공
  - CNC · 레이저 드릴 사용
  - Micro VIA는 레이저 필수
  - 드릴 정확도는 층간 연결 품질 결정

ⓔ 도금(Plating)
- 비아 내부 도금
  - 무전해 → 전해도금 순서
  - 도금 불량 시 개방 · 저항 증가 발생

ⓜ 솔더마스크(Solder Mask)
- 마스크 도포
  - 회로 보호 및 브리지 방지
  - 스크린 · 스프레이 · 라미네이션 방식
  - 패드만 개방되도록 노광 · 현상

ⓗ 실크 인쇄(Silk Screen)
- 실크 마킹
  - 부품 번호 · 극성 · 기호 인쇄
  - SMT 장비의 위치 인식 기준 제공

ⓐ 표면처리(Surface Finish)
- 종류
  - OSP
  - HASL/HAL
  - ENIG
  - Immersion Ag/Sn

ⓞ 최종 절단(Routing / V-Cut / Punch)
- 절단 방식
  - Router : 밀링 방식
  - V-Cut : 대량 생산 유리
  - Punch : 단순 형태 사용
- PCB 제작 시 고려 요소
  - 임피던스 제어
  - 열관리
  - 기판 휨(Warp, Twist)

- 비아 품질
- 협피치 패턴 정밀도 확보
• PCB 품질 문제(제조 단계 불량)
- 패턴 단락(Short)
- 패턴 개방(Open)
- 언더컷
- 미도금
- 솔더마스크 박리
- 실크 번짐
- 표면처리 산화

2 PCB 제작공정

① PCB 제작공정 개요

   ㉠ PCB 제작 전체 흐름 개요 : 재료준비 → 패턴 형성 → 드릴링 → 동도금 → 레지스트 → 에칭 → 스트립 → 솔더마스크 → 실크 → 표면처리 → 외곽 절단 → 최종검사

   ㉡ 각 공정은 회로 형성 · 층간 연결 · 보호 · 식별 · 납땜품질 확보를 위한 필수 단계임.

② 상세 제작 공정

   ㉠ 원판 준비(Lamination / Base Material 준비)

     • FR-4, CEM-3 등 적층판을 준비하고, 설계된 층수(stack-up)에 맞춰 재료를 절단해 라미네이션 준비를 함

     • 다층 PCB의 경우 프리프레그(Prepreg)를 사용해 내부층을 적층하고 가열 · 압착하여 단단한 기판을 형성함

   ㉡ 내부층 패턴 형성(Inner Layer Imaging)

     • 감광막 도포 → 포토필름 노광 → 현상 → 에칭 → 감광막 제거

     • 내부층 회로는 이 공정에서 완성되고, 이후 외층과 적층하여 다층 PCB가 만들어짐

     • 내부층 불량은 최종 단계에서 수정 불가이므로, 정밀도 · 클린환경이 핵심

   ㉢ 적층(Lamination)

     • 내부층 회로판 + 프리프레그 + 외층 동박을 쌓고 고온 · 고압에서 라미네이션

     • 층간 절연 두께 · 평탄도 · 수지 흐름(resin flow)이 품질에 큰 영향을 미침

     • 이 단계에서 다층 PCB 구조가 완성됨

   ㉣ 드릴링(Drilling)

     • CNC 드릴 또는 레이저로 PTH · 비아(VIA) · 부품 홀을 가공함

- 드릴 Bit 마모 · 속도 · 서보 정밀도가 비아 중심 오차 · 홀 가장자리 품질을 결정
- 미세비아(Micro-VIA)는 레이저 드릴로만 가공 가능

◎ 홀벽 준비(Desmear / Plasma)
- 드릴 후 홀벽에는 수지 찌꺼기(Smear)가 남으므로 화학 처리 또는 플라즈마 처리를 통해 제거
- 이 공정이 불량하면 도금 전기적 연결이 약해져 개방(Open) 불량 발생

ⓗ 동도금(Plating)
- 무전해동도금(Seed Layer 형성) → 전해동도금으로 홀 내부와 표면을 구리로 도금
- 도금 두께 부족은 회로 저항 상승 · 오픈 불량을 유발
- 다층 PCB에서는 도금 균일성을 높이기 위해 회전 · 흔들림 기능을 사용

ⓐ 외층 패턴 형성(Outer Layer Imaging)
- 내부층과 동일하게 감광막 → 노광 → 현상 과정을 거쳐 외층 회로 패턴을 형성
- 이후 에칭 공정에서 불필요한 구리를 제거하여 최종 회로가 완성됨

◎ 솔더마스크(Solder Mask) 도포
- 도체 보호 · 브리지 방지 목적
- 스크린 인쇄 또는 스프레이 방식 후 노광 · 현상
- 패드 부분만 열리도록 제작되며, 가장자리 품질 · 막 두께가 납땜 품질에 큰 영향

ⓩ 실크(Silk Screen) 인쇄
- 부품번호, 극성표시, 모델명 등 인쇄
- SMT 장비의 좌표 인식 · 검사 기준 마크 역할도 수행

ⓒ 표면처리(Surface Finish)
- OSP, HAL, ENIG, Immersion Ag/Sn 등 적용
- 표면 산화 방지 · 납땜성 확보 목적
- BGA · QFN 같은 미세 패키지는 ENIG, 칩부품 위주의 보드는 OSP 사용이 많음

ⓚ 최종 절단(Routing · V-cut)
- Router 밀링 · V-cut · Punch 등으로 개별 PCB를 분리
- 응력 집중을 최소화하여 패드 박리 · 기판 휨을 방지

ⓔ 최종 검사(Final Inspection)
- 외관 · 치수 · 전기적 기능을 최종 확인하고 포장
- PCB 제조의 마지막 단계임

3 PCB 검사

① 외관 검사(Visual / AOI)

  ㉠ 패턴 단락 · 개방 · 스크래치 · 솔더마스크 벗겨짐 등 육안 결함을 검사

  ㉡ AOI(자동광학검사)는 카메라 · 광원으로 패턴 단락 · 미세 결함까지 자동 검출

  ㉢ 실크 인쇄 불량 · 패드 변형 · 홀 치수 불량 등을 빠르게 확인할 수 있음

② 전기 검사(Electrical Test, E-Test) : PCB 패턴이 설계대로 연결되었는지(개방/단락 여부)를 검사하는 핵심 공정

  ㉠ Flying Probe Test

    • 고정 지그 없이 프로브가 XY로 이동하며 회로망을 직접 검사

    • 초기 · 소량 생산에 적합

    • 검사 시간은 길지만 유연성이 높음

  ㉡ Fixture Test (Bed of Nails)

    • 많은 핀이 동시에 PCB 패턴을 접촉하여 회로망 검사

    • 대량 생산에 적합하며 검사 시간 짧음

    • 지그 제작 비용은 높지만 반복 생산에는 매우 효율적

  ㉢ 검사 항목

    • 회로 단락(Short)

    • 회로 개방(Open)

    • 임피던스 · 저항 확인(특수 보드)

    • 비아 도통 여부 확인

③ 치수 검사(Dimension / Fabrication Tolerance)

  ㉠ 외곽 치수, 홀 위치 · 직경, 패드 크기 · 간격, 두께(기판 · 구리층 · 솔더마스크)를 측정

  ㉡ 고속신호 PCB는 임피던스 제어를 위한 선폭 · 층간 거리 오차 관리가 필수

④ 솔더마스크 검사

  ㉠ 노출 패드 영역 일치 여부

  ㉡ 마스크 피복이 패턴을 침범하거나 충분히 덮지 못하는지 여부

  ㉢ 마스크 핀홀 · 기포 · 박리 확인

⑤ 표면처리 검사

  ㉠ 도금두께(니켈 · 금 · 주석 · 은)

  ㉡ 산화 · 오염 · 스크래치 여부

    ⓒ BGA 패드의 평탄도 확인

⑥ 신뢰성 검사(Reliability Test) : PCB 제작업체에서 요구하는 품질 보증 항목으로, SMT과는 구분되는 영역임.

    ㉠ 열충격(Thermal Shock) : 납땜 패드 · 비아 · 적층 구조의 열 스트레스 내구성
    ㉡ 습도 · 온도 시험 : 흡습 · 절연 저항 변화 확인
    ㉢ 솔더링 내열성 시험 : 패드 박리 · 변형 여부
    ㉣ 절연 저항(Insulation Resistance) : 도체 간 절연 성능 확인
    ㉤ 박리 강도(Peel Strength) : 구리층이 기판에서 떨어지지 않는지 검사

⑦ 포장 · 출하 검사

    ㉠ 패널/단품 누락 여부
    ㉡ 바코드 · Lot 표시 확인
    ㉢ ESD 포장 · 방습 포장 실시
    ㉣ 출하 전 샘플링 검사로 품질 일관성 확인

05 하드웨어 부품 선정

1 전자 및 반도체 부품의 개요

① 전자부품의 역할

　㉠ 전자부품 기능

　　• 전자부품은 회로에서 전류·전압·주파수·신호를 제어하며 회로 동작의 핵심 요소임

　　• 전원 공급·신호 처리·증폭·연산·스위칭·저장 등 다양한 기능 수행

　㉡ 능동소자(반도체)와 수동소자(저항·콘덴서·인덕터)로 구분됨

② 수동소자(Passive Components)

　㉠ 기능 : 회로에서 에너지를 생성하지 않으며 전압·전류를 분배·저장·지연시키는 역할

　㉡ 종류

　　• 저항(R) : 전류 제한·분압

　　• 콘덴서(C) : 정전용량·필터링·노이즈 제거

　　• 인덕터(L) : 전류 변화 억제·필터 기능

③ 능동소자(Active Components)

　㉠ 특징 : 외부 에너지를 받아 전기 신호를 증폭·변조·스위칭하는 부품

　㉡ 종류

　　• 트랜지스터(BJT·FET)

　　• 다이오드류

　　• 집적회로(IC)

　　• 전력반도체

　㉢ 특성 : 반도체 기술은 집적도 향상·소형화·저전력화 방향으로 발전

④ 반도체 기본 구조

　㉠ 구조 : PN접합 기반으로 전압 방향에 따라 전류 제어

　㉡ 종류

　　• N형 : 전자가 다수

- P형 : 정공이 다수
- ⓒ 응용 : 스위칭·증폭 기능을 수행하는 트랜지스터류는 회로 설계의 핵심
⑤ 부품 선정 시 기본 고려 요소
- ㉠ 고려 기준
  - 정격 전압·정격 전류
  - 허용오차
  - 동작온도 범위
  - 패키지 형태
  - 가격 및 공급 안정성
  - 회로 적용 목적(전원·신호·고주파·센서 등)

2 전자부품 종류 및 기능

① 저항(Resistor)
- ㉠ 기능
  - 전류 제한
  - 분압
  - 바이어스 설정
  - 임피던스 매칭
- ㉡ 종류
  - 칩 저항(MLR)
  - 가변저항(Trimmer·VR)
  - 전력저항
- ㉢ 주요 사양
  - 저항값(Ω)
  - 공차($\pm 1\% \cdot \pm 5\%$)
  - 정격전력(W)
  - 온도계수(TCR)
- ㉣ 고장 요인
  - 과전류
  - 과열
  - 습기
  - 크랙

② 콘덴서(Capacitor)

   ㉠ 기능
- 전하 저장
- 필터링
- 디커플링
- 타이밍 기능

   ㉡ 종류
- MLCC(적층세라믹)
- 전해콘덴서(Al · Ta)
- 필름콘덴서
- 탄탈 · 폴리머 콘덴서

   ㉢ 주요 사양
- 정전용량(F)
- 정격전압(V)
- ESR
- 내열성
- 유전체 종류(X7R · C0G 등)

③ 인덕터(Inductor)

   ㉠ 기능
- 전류 변화 억제
- 필터링
- 스위칭 전원회로의 에너지 저장

   ㉡ 종류
- 칩 인덕터
- 파워 인덕터
- 공심 인덕터

   ㉢ 주요 사양
- 인덕턴스(μH)
- 정격전류
- 직류저항(DCR)
- 자기포화 특성

④ 다이오드(Diode)

  ㉠ 기능
   • 정류
   • 보호
   • 스위칭

  ㉡ 종류
   • 정류 다이오드(1N400x)
   • 쇼트키 다이오드(전압강하 낮고 고속)
   • 제너 다이오드(기준전압 생성)
   • LED

  ㉢ 주요 사양
   • 순방향 전압(Vf)
   • 역전압(Vr)
   • 정격전류

⑤ 트랜지스터(Transistor)

  ㉠ 기능
   • 증폭
   • 스위칭

  ㉡ 종류
   • BJT
   • MOSFET

  ㉢ 특징
   • MOSFET은 Rds(on)이 낮아 전력 회로에 광범위하게 사용됨

  ㉣ 주요 사양
   • 정격전압 · 정격전류
   • 게이트 전하(Qg)
   • 스위칭 속도

⑥ 집적회로(IC)

  ㉠ 종류
   • 논리 IC(74HC · CMOS)
   • OP-AMP
   • 전원 IC(DC-DC · LDO)

- 메모리 IC(EEPROM · Flash)
- MCU
  ⓒ 선정 기준
  - 기능
  - 전원 사양
  - 핀맵
  - 패키지 형태

⑦ 센서류

ⓐ 종류
- 온도센서(NTC · PTC · IC형)
- 압력센서
- 광센서(포토다이오드)
- 근접센서

ⓑ 사양
- 감도
- 응답속도
- 출력전압 · 전류
- 선형성
- 노이즈 내성

ⓒ SMT 시 주의
- 가장 취약한 부품군
- ESD 보호 필수
- 온도 프로파일 관리 중요

⑧ 커넥터 · 스위치 · 기계요소

ⓐ 종류
- 전원 커넥터
- FPC 커넥터
- RF 커넥터
- USB 커넥터
- 택트 스위치 · 로커 스위치
- 방열판 · 나사류 · 지지대

3 전자부품의 검사 및 관리

① 입고 검사(Receiving Inspection)

   ㉠ 검사 항목
- 라벨 검증(Part No · Lot No · 수량 · 규격)
- 외관 검사(핀 휨 · 오염 · 파손)
- ESD 포장 확인(MBB · 접지 라벨)
- MSL 확인(BGA · QFN 필수)
- 필요 시 샘플링 시험 수행

② ESD 관리(Electro Static Discharge)

   ㉠ 관리 요소
- ESD 손목밴드 사용
- 정전기 매트 · 방지복 착용
- ESD 파우치 보관
- 습도 40~60% 유지

③ MSL 관리(수분 민감도 등급)

   ㉠ 중요성 : 습기 머금은 패키지는 리플로우에서 팝콘 현상 발생
   ㉡ 관리 기준
- MSL 1~6 등급
- 보관 온 · 습도 준수
- 개봉 날짜 기록 · 사용 시간 제한
- 건조 오븐 사용

④ 재고 관리(FIFO · FEFO)

   ㉠ 원칙
- FIFO: 선입선출
- FEFO: 유효기간 우선
- LOT 혼입 방지

   ㉡ 피더 번호 · 부품 번호 연동 시 오투입 방지 효과 큼

⑤ SMT 실장 전 검사(Pre-production Check)

   ㉠ 검사 항목
- 부품 극성 확인

- 피더 번호 · 부품 매칭
- 노즐 호환성 확인
- 트레이 · 릴 방향 점검

⑥ 출고 · 라인 투입 검사(Line Feeding Control)

ㄱ 관리 절차
- 라벨 스캔 후 MES와 매칭
- 대체 부품 투입 시 사양 일치 확인

ㄴ Re-Reel 릴은 라벨 · 극성 · 단차 재검사

⑦ 부품 보관 조건

ㄱ 조건
- 온도 · 습도 제어
- 방습 포장(건조제 · 습도카드 포함)
- 창고 ESD 구역 유지

ㄴ 빛 · 열 · 진동 민감 센서는 전용 보관함 사용

⑧ 불량 부품 관리

ㄱ 관리 기준
- 외관 손상
- 핀 휘어짐
- 도금 벗겨짐
- 전기적 특성 불일치
- 불량품은 정상 자재와 격리

ㄴ LOT 추적관리로 재발 방지

06 자동제어

1 자동제어의 기초

① 자동제어의 개념

  ㉠ 자동제어의 정의
- 자동제어란 입력 · 출력 · 피드백을 이용해 시스템을 원하는 상태로 자동 유지하는 기술임
- SMT 라인에서도 공압 · 모터 · 히터 · 센서 · 피드백 제어가 모두 자동제어 기반으로 동작함

  ㉡ 목적은 정확성 향상 · 반복성 확보 · 안정성 유지 · 생산 일정 준수임

② 제어계의 기본 요소

  ㉠ 제어계 구성
- 입력(Input)은 목표 값 · 설정값(Set Point)을 의미함
- 조작부(Control Device)는 밸브 · 모터 · 히터 등이 실제 제어를 수행하는 부분임
- 제어기(Controller)는 PLC · 마이컴 등이 입력과 출력을 비교 · 계산하고 명령을 생성함
- 센서(Sensor)는 온도 · 압력 · 위치 · 속도 · 전류 등 시스템 상태를 측정함
- 출력(Output)은 실제 결과로 속도 · 온도 · 압력 등 실제 값임

  ㉡ 피드백(Feedback)은 출력 값을 다시 제어기에 전달해 오차를 줄이는 과정임

③ 개방제어와 폐루프제어

  ㉠ 개방제어(Open Loop Control)
- 출력 값을 다시 측정해 보정하지 않는 제어 방식임
- 예시는 타이머로 일정 시간 히터를 가동하는 제어 방식임
- 구조가 단순하고 비용이 낮다는 장점이 있음
- 부하 변화에 민감하고 정확도가 낮다는 단점이 있음

  ㉡ 폐루프제어(Closed Loop · Feedback Control)
- 센서가 출력 값을 감지하고 제어기가 오차를 즉시 보정하는 방식임
- 예시는 온도 센서와 PID 제어를 이용해 설정 온도를 유지하는 제어임
- 안정도가 높고 정밀도가 우수하다는 장점이 있음

- 비용이 높고 구조가 복잡하다는 단점이 있음

④ PID 제어(P·I·D)

　㉠ PID 제어 개요
- 많은 산업 자동화에서 가장 널리 사용하는 제어 방식임
- P·I·D 세 요소를 조합해 응답 속도·정밀도·안정성을 조정함

　㉡ P 제어(비례 제어)
- 오차 크기에 비례해 제어량을 변화시키는 방식임
- 오차가 클수록 제어량도 크게 변화함

　㉢ I 제어(적분 제어)
- 시간이 지나도 남아 있는 잔류 오차를 제거하는 역할을 함
- 오차가 지속될수록 보정량이 누적됨

　㉣ D 제어(미분 제어)
- 오차의 변화율을 이용해 제어하는 방식임
- 급격한 변화·오버슈트를 줄이는 역할을 함

　㉤ PID 조정의 중요성
- P·I·D 값을 어떻게 설정하느냐가 제어 성능을 좌우함
- 과도하게 설정하면 진동·불안정이 발생하고 너무 작으면 응답이 느려짐

⑤ 자동제어의 적용 분야

　㉠ SMT 및 자동화 설비에서의 적용
- SMT 장비의 X축·Y축 정밀 위치 제어에 서보 모터와 피드백 제어가 사용됨
- 리플로우 오븐의 온도 제어에 온도 센서와 PID 제어가 사용됨
- 공압 제어에서 압력·유량 센서를 이용해 일정 압력·유량을 유지함
- 컨베이어 속도 제어에 인버터·모터 제어가 사용됨

　㉡ 산업용 로봇 제어에 위치·속도·토크 피드백 제어가 사용됨

2 센서 및 모터

① 센서 종류와 특성

　㉠ 센서 개요 : 이 절은 전자부품 종류가 아니라 제어 신호용·위치 검출용 센서를 중심으로 정리함

　㉡ 근접센서(Proximity Sensor)
- 금속·비금속 물체의 접근 여부를 비접촉 방식으로 감지함
- 유도형 근접센서는 금속을 감지하며 내구성이 높음

- 정전용량형 근접센서는 금속 · 비금속 모두 감지 가능함
- 기계적 마모가 없고 먼지 · 기름 등 환경 영향이 비교적 적음
- SMT 장비의 한계 위치 검출 · 기판 유무 검사 등에 사용됨

ⓒ 광센서(Photo Sensor)
- 빛의 차단 · 반사를 이용해 물체를 감지하는 센서임
- 종류는 투과형 · 반사형 · 리플렉터형 등으로 구분됨
- SMT에서는 PCB 존재 여부 · 부품 통과 여부 · 피더 테이프 유무 감지에 사용됨
- 고속 응답이 가능하고 비접촉 방식이라는 장점이 있음
- 외부광 · 먼지 · 오염에 따라 감도가 저하될 수 있다는 단점이 있음

ⓔ 엔코더(Encoder)
- 모터의 회전각 · 속도를 디지털 펄스로 변환하는 센서임
- Incremental Encoder는 기준점에서의 상대 위치를 나타냄
- Absolute Encoder는 전원이 꺼져도 절대 위치 정보를 유지함
- X축 · Y축 서보 모터 제어의 핵심 센서임
- 고정밀 위치 제어가 필요한 Pick and Place 공정에 필수임

ⓜ 온도센서
- 리플로우 오븐 · 경화기 내부 온도를 측정하는 센서임
- 열전대는 넓은 온도 범위 측정에 사용되며 비용이 비교적 저렴함
- RTD는 온도에 따른 저항 변화를 이용하며 정밀 측정에 사용됨
- PID 제어와 연동해 열 프로파일을 정확히 유지하는 데 사용됨

ⓗ 압력센서 · 유량센서
- 공압 회로에서 압력과 유량을 측정하는 센서임
- 공압 밸브 · 실린더 · 노즐의 흡착력을 모니터링하는 데 사용됨
- SMT에서는 흡착 불량 · 압력 저하를 검출하는 데 필수임

ⓢ 전류 · 전압 센서
- 모터 과전류 · 히터 전류 변화 · 전원 불안정을 감지하는 센서임
- 과부하 예방과 고장 진단에 활용되며 예지보전 도구로 사용됨

ⓞ 특수 센서
- 레이저 센서는 PCB 휨을 비접촉 방식으로 측정함
- 카메라 비전 센서는 부품 중심 · 각도 · 미세 패턴을 인식함
- Force Sensor는 로봇 · 프레스 장비에서 압력 · 힘을 측정함

② 모터 종류와 특성
ⓐ 모터 개요 : 이 절은 공압 실린더 · 밸브가 아닌 전기적 구동 모터를 중심으로 정리함

ⓒ DC 모터
- 직류 전원을 받아 회전하는 모터임
- 속도 제어가 쉽고 구조가 단순하다는 장점이 있음
- 브러시 마모와 전기적 노이즈가 발생한다는 단점이 있음
- 소형 장비 · 송풍팬 등에서 사용됨

ⓒ BLDC 모터(브러시리스 DC 모터)
- 브러시 없이 전자식 전환으로 회전하는 모터임
- 수명이 길고 소음이 적으며 고속 · 고효율이라는 장점이 있음
- SMT 장비 내부 팬과 일부 축 구동에 사용됨

ⓔ 스텝모터(Step Motor)
- 입력 펄스마다 일정 각도씩 회전하는 모터임
- 개방형 위치 제어가 가능해 제어 구조가 간단함
- 정지 토크가 크고 구조가 단순하다는 장점이 있음
- 고속에서 토크가 떨어지고 진동이 크다는 단점이 있음
- 프린터 · 소형 이송 장치 등에 사용됨

ⓜ 서보모터(Servo Motor)
- 엔코더를 포함한 폐루프 제어 방식 모터임
- 고정밀 위치 · 속도 제어가 가능해 자동화 장비의 핵심 구동원으로 사용됨
- X축 · Y축 마운터 헤드와 고정밀 장비에 사용됨
- 반복정밀도가 우수하고 고속 응답성이 좋으며 부하 변화에도 안정적임
- 비용이 높고 제어기가 복잡하다는 단점이 있음

ⓑ AC 모터(유도전동기)
- 교류 전원을 사용하는 일반 산업용 모터임
- 내구성이 좋고 가격이 저렴하다는 장점이 있음
- 회전수 · 토크의 정밀 제어는 어렵다는 단점이 있음
- 공정 이송 장비 · 컨베이어 · 펌프 등에 널리 사용됨

ⓢ 모터 선정 시 고려 요소
- 필요한 출력과 토크
- 응답 속도와 가 · 감속 특성
- 반복정밀도 요구 수준
- 부하 형태와 관성 · 마찰 조건
- 사용 환경의 온도 · 먼지 · 진동 조건
- 제어기와의 호환성 및 인터페이스 방식

07 공기압 제어

1 공기압 기초

① 공기압의 기본 개념

  ㉠ 공기압의 정의

    • 공기압(Pneumatics)은 압축공기의 에너지를 이용하여 기계적 힘이나 신호를 전달하는 제어 기술임

    • 공기의 압축성 덕분에 반응이 빠르고 구조가 단순해 자동화 장비에서 널리 사용됨

  ㉡ 전기 대비 안전하고 유지관리 비용이 낮아 다양한 산업용 제어 시스템에서 필수적임

② 기본 물리량

  ㉠ 압력(Pressure)

    • 절대압력(Pabs) = 대기압 + 게이지압력

    • 게이지압력(Pg) = 절대압 ~ 대기압

    • 진공압력 = 대기압 ~ 절대압

    • 단위: Pa · kPa · bar · kgf/cm² 등

  ㉡ 유량(Flow Rate)

    • 단위 시간당 공기의 흐름량

    • 단위: L/min · m³/min

    • 유량 부족 시 실린더 추진력 · 속도 모두 저하됨

  ㉢ 온도

    • 공기 압축 시 온도가 상승하므로 냉각 과정이 필요함

    • 공기 중 수분량은 장비 내부에 직접적인 영향을 주며 녹 · 오일 분리 · 밸브 오염을 유발함

③ 공기의 성질

  ㉠ 압축성 : 힘 · 속도 제어가 부드럽지만 정밀 위치제어는 어려움

  ㉡ 청정성 : 누설 시 위험이 적고 인화 · 감전 위험이 없음

  ㉢ 경량성 : 배관 · 밸브 · 액추에이터가 소형화됨

④ 공기 생산 과정

㉠ 흡입 → 압축 → 냉각 → 저장(에어탱크) → 건조(드라이어) → 여과(FR Unit) → 공급

㉡ 공기 품질이 낮으면 밸브 막힘 · 실린더 씰 손상 · 동작 불안정 등 고장이 증가함

⑤ 공기의 등온변화 · 단열변화

㉠ 실제 압축기에서는 단열압축 성분이 커서 온도 상승이 발생함

㉡ 온도관리와 드레인 관리가 필요한 이유임

2 공기압 제어회로

① 제어회로의 구성 원리

㉠ 공압 회로 동작 흐름

- "신호 → 밸브 → 액추에이터"의 기본 구조로 동작함
- 조작 신호는 전기식(솔레노이드) · 공기지령 · 기계식 · 수동식 등으로 발생함

㉡ 회로 설계 핵심은 논리 제어 · 안전 확보 · 속도 및 압력 조정임

② 기본 회로

㉠ 단동 실린더 제어회로

- 3/2 밸브 사용
- 전진은 압력 공급
- 후퇴는 스프링 복귀
- 구조 단순해 클램핑 용도로 많이 사용됨

㉡ 복동 실린더 제어회로

- 5/2 또는 4/2 밸브 사용
- 전진: P→A, 배기(B→R)
- 후퇴: P→B, A→R
- 실린더 속도는 스피드컨트롤러로 조정

③ 논리회로(AND · OR)

㉠ AND 회로

- 두 신호가 모두 들어와야 출력 발생
- 양손 버튼 등 안전 회로에 사용됨

㉡ OR 회로

- 두 신호 중 하나만 있어도 출력 발생
- 수동 · 자동 전환 회로에서 많이 사용됨

④ 시퀀스 제어회로

  ㉠ 시퀀스 밸브(Sequence Valve)
- 설정 압력 도달 시 다음 동작 발생
- **예** : 실린더 A의 부하 밀림 → 압력 상승 → 실린더 B 동작

  ㉡ 타이머 회로
- 공기식 타임딜레이 밸브 사용
- 일정 시간 후 신호가 지연 또는 발생함

⑤ 속도 제어 회로

  ㉠ 스피드 컨트롤러
- 실린더 속도 조절
- 안정성과 정밀성을 위해 배기측 조절 방식이 일반적임

  ㉡ 체크밸브 + 니들밸브 조합

⑥ 압력 제어 회로

  ㉠ 감압 회로 : 레귤레이터로 필요한 압력만 공급

  ㉡ 릴리프 회로
- 설정 압력 초과 시 자동 배기
- 안전밸브 역할 수행

  ㉢ 백프레셔 회로 : 역압 유지 → 실린더 속도 안정

⑦ 인터록(Interlock) 회로

  ㉠ 간섭 · 오작동 방지
- 한 장치 동작 중 다른 장치가 동작하지 않도록 제한
- 안전 기능 필수 요소임

⑧ 진공 회로(특수)

  ㉠ 진공 발생
- Venturi 방식으로 진공 생성
- 흡착 이송용으로 사용

  ㉡ 진공 검출 : 진공 센서와 조합하여 누설 검사 가능

3 공기압기기 관리

① 공기 품질 관리

   ㉠ 필터 관리
- 먼지 · 수분 · 오일 제거
- 엘리먼트 오염 시 압력 저하 · 밸브 막힘 발생
- 일정 주기 교환 필요

   ㉡ 드라이어 관리
- 냉동식은 응축수 배출 확인
- 흡착식은 흡착제 교체
- 수분은 공압장치 고장의 1순위 요인임

   ㉢ 윤활 관리
- 윤활기(Lubricator) 적정량 유지
- 과윤활 시 밸브 오염 · 점착 발생

② 배관 · 피팅 관리

   ㉠ 배관 점검
- 누설 여부 확인(비눗물 · 초음파 누설기)
- 배관 길이 · 굽힘 최소화
- PU · 나일론 호스의 변색 · 균열 점검

   ㉡ 피팅 관리
- 체결 토크 확인
- 틈새 또는 틀어짐 여부 점검

③ 실린더 관리

   ㉠ 실린더 상태 점검
- 로드 오염 · 스크래치 확인
- 씰 마모 시 내부 누설 → 속도 감소

   ㉡ 쿠션 밸브 조정 확인

④ 밸브 관리

   ㉠ 밸브 점검
- 솔레노이드 코일 발열 · 소손 여부 확인
- 밸브 내 슬러지 · 오염물 제거
- 스프링 파손 여부 점검

ⓛ 배기 소음기 오염 시 교체

⑤ 압축기 유지관리와 안전관리

㉠ 압축기 점검
- 오일 관리 및 유막 유지
- 오일필터 · 에어필터 정기 교환
- 드레인 자동배출기 점검
- 토출 압력 정상 여부 확인
- 벨트 장력 · 베어링 소음 점검

㉡ 공기압 안전 기준
- 압력용기 정기검사
- 배관 폭발 위험 방지
- 과압 방지(세이프티 밸브)
- 고압부 접근 금지
- 정전기 · 오일 미스트 관리

⑥ 고장 진단(트러블슈팅)

㉠ 주요 고장 증상
- 실린더 불완전 동작 → 누설 · 유량 부족 · 스피드컨트롤러 막힘
- 밸브 응답 지연 → 이물 · 슬러지 · 오일 점착
- 압력 강하 → 필터 막힘 · 배관 누설

㉡ 압축기 과열 → 냉각 불량 · 오일 부족

08 공기압장치 조립

1 공기압 회로도면 파악

① 공기압 회로도 이해의 중요성

    ㉠ 공기압 회로도를 이해하는 것은 공기압 장치 조립의 가장 기본 단계임

    ㉡ 회로도(symbol) 해석 능력이 있어야 밸브·실린더·레귤레이터 등 모든 공압장치를 정확하게 연결할 수 있음

② 공기압 회로도 기본 기호

    ㉠ 에어공급원(Air Supply)

        • 공기압축기(Compressor) 또는 공기 공급 라인을 원형 기호로 표시함

        • 필터(F) → 조절기(R) → 윤활기(L)로 이어지는 FRL 유닛 구성이 기본임

    ㉡ 배관·포트 표기

        • P는 압력 공급 포트임

        • A·B는 실린더 작동 포트임

        • R·S·T는 배기 또는 탱크 포트를 의미함

        • Y·M은 솔레노이드 코일을 의미함

        • 조절기는 삼각형 또는 막대형 기호로 압력·유량 조절 방향을 표시함

③ 방향제어밸브(DCV) 판독

    ㉠ 위치 수 판독

        • 사각형 개수는 밸브의 위치 수를 의미함

        • 2-position은 사각형 2개로 표시함

        • 3-position은 사각형 3개로 표시함

    ㉡ 포트 수 판독

        • 포트 수는 입·출력 포트의 개수임

        • 3/2-way는 포트 3개·위치 2개 구조임

        • 5/2-way는 포트 5개·위치 2개 구조임

        • 5/3-way는 포트 5개·위치 3개 구조임

ⓒ 조작 기호 판독
- 솔레노이드는 사각형 위 사선 기호로 표시함
- 스프링 복귀는 삼각형 기호로 표시함
- 기계식 롤러는 ∧ 형태 기호로 표시함
- 푸시버튼은 막대 또는 원형 기호로 표시함

④ 액추에이터 기호 판독

ⓐ 단동 실린더는 한쪽에 스프링 복귀 기호가 표시됨
ⓑ 복동 실린더는 양쪽에 작동 포트 2개가 표시됨
ⓒ 로터리 액추에이터는 회전형 기호로 표시됨

⑤ 공압 회로 기본 흐름

ⓐ 공기 흐름 경로 : 압축기 → 공기 저장탱크 → 필터 · 레귤레이터(FR) → 방향제어밸브 (DCV) → 액추에이터(실린더 · 모터) → 배기(소음기 장착) 순으로 구성됨
ⓑ 공기 품질이 낮으면 밸브 막힘 · 실린더 씰 손상 · 동작 불안정 등 고장이 증가함

⑥ 회로도 판독 예시

ⓐ 솔레노이드 밸브와 복동 실린더 : P → 5/2 솔레노이드 밸브 → A · B → 복동실린더 구조는 전기 신호로 실린더 왕복 제어를 수행함
ⓑ 푸시버튼 밸브와 단동 실린더 : 3/2 푸시버튼 밸브 → 단동 실린더 구조는 버튼을 누르면 전진하고 스프링으로 후퇴함

2 공기압 장치 조립 및 장치 기능

① 조립 시 중점 사항 : 실제 장치 조립 시에는 구조 · 기능 · 연결 방법 · 유지관리 포인트를 함께 고려해야 함

② 공기압축기(Compressor)

ⓐ 기능
- 대기 공기를 압축하여 공기압 회로의 에너지원으로 공급함
- 공기압 장치의 성능은 압축기의 토출량 · 압력 · 건조 능력에 크게 영향받음
ⓑ 종류
- 왕복동식 압축기는 피스톤 왕복운동으로 공기를 압축하며 높은 압력과 안정성이 장점이나 소음 · 진동이 큼
- 로터리식 스크류 압축기는 스크류 회전으로 연속 압축을 수행하며 소음이 적고 대

유량 공급이 가능해 SMT 라인 · 자동화 설비에서 일반적으로 사용됨
- 베인 타입 압축기는 회전하는 로터와 베인으로 공기를 압축하며 중소형 장치에 많이 사용됨

ⓒ 구성 요소
- 구동 모터
- 압축부
- 냉각기
- 오일필터 · 에어필터
- 드레인
- 안전밸브
- 압력 스위치

ⓔ 설치 · 조립 시 주의점
- 환기 · 배기가 충분한 장소에 설치함
- 온도 · 습도가 낮고 건조한 장소를 선택함
- 드레인 자동 배출기를 설치해 응축수를 제거함
- 압력 스위치 상한 · 하한 설정 값을 점검함
- 소음 · 진동 방지 패드를 설치해 진동을 완화함

ⓜ 압축기 유지관리
- 오일을 주기적으로 교체함
- 필터를 정기적으로 교환함
- 드레인을 주기적으로 배출함
- 벨트 장력을 점검함
- 토출 압력이 정상 범위인지 확인함

③ 공기압 밸브(Air Valves)

㉠ 밸브의 역할
- 압력과 유량을 조절하고 공기의 흐름 방향을 결정함
- 공기압 회로의 논리 제어를 수행하는 핵심 부품임

㉡ 종류
- 방향제어밸브는 2/2 · 3/2 · 4/2 · 5/2 · 5/3 방식이 있으며 솔레노이드 · 스프링 · 레버 · 캠 · 롤러 · 공기 신호 등으로 조작함
- 유량제어밸브는 속도조절밸브 · 니들밸브 · 체크밸브 · 스피드컨트롤러 등이 포함되며 실린더 속도 제어에 사용함
- 압력제어밸브는 감압밸브 · 릴리프 밸브 · 시퀀스 밸브 · 백프레셔 밸브 등이 있으며

압력 유지와 과압 보호를 담당함

ⓒ 밸브 조립 시 주의점
- 포트 방향 P · A · B · R 표기를 정확히 맞추어 배관함
- 배기 포트에는 반드시 소음기를 설치함
- 솔레노이드 밸브는 전압과 코일 규격을 확인 후 배선함
- 압력 · 속도 조절 볼트는 Locking 처리하여 임의 변동을 방지함

ⓔ 밸브 유지관리
- 밸브 내부 이물질과 슬러지를 주기적으로 제거함
- 솔레노이드 코일의 발열 · 소손 여부를 점검함
- 배기구 막힘 여부를 확인함
- 가스켓 · O링 마모 상태를 점검해 필요 시 교체함

④ 공기압 액추에이터(Pneumatic Actuators)

㉠ 역할 : 공기압 에너지를 직선 · 왕복 · 회전 운동으로 변환하는 장치임
㉡ 종류
- 단동실린더는 한쪽 방향은 압력으로 구동되고 반대 방향은 스프링 복귀 방식으로 동작하며 구조가 단순하지만 복귀력이 약하고 스프링 피로가 단점임
- 복동실린더는 양쪽에 압력을 인가해 왕복 운동을 수행하며 산업 자동화에서 가장 일반적인 액추에이터로 사용됨
- 로터리 액추에이터는 회전 운동을 발생시켜 클램핑 · 타각 제어 등에 사용됨
- 로드리스 실린더는 긴 스트로크 이송 공정에 사용되며 자력식 · 기계연결식 구조를 가짐

㉢ 실린더 선정 요소
- 스트로크 길이
- 사용 압력
- 필요 추진력
- 부하 질량
- 설치 방향과 설치 환경

㉣ 실린더 조립 시 주의점
- 로드 축을 정확히 정렬해 편심 하중을 방지함
- 스피드 컨트롤러로 속도를 적절히 조절함
- 쿠션 조절로 끝단 충격을 완화함
- 피스톤 로드에 적절한 윤활 상태를 유지함

⑤ 공기압 기타 기기(Others)

   ㉠ FRL 유닛(Filter · Regulator · Lubricator)
- 필터는 수분 · 먼지 · 오염물을 제거함
- 레귤레이터는 일정한 압력을 유지함
- 윤활기는 밸브 · 실린더 내부 마찰을 줄여 수명을 연장함
- 공기 상태의 품질은 액추에이터 수명과 동작 신뢰성에 큰 영향을 줌

   ㉡ 소음기(Silencer)
- 배기 소음을 감소시키는 장치임
- 내부에 오염물이 축적되면 역류 · 응답 지연이 발생하므로 정기 교환이 필요함

   ㉢ 에어 드라이어(Air Dryer)
- 공기 중 수분을 제거하는 장치임
- 냉동식 드라이어와 흡착식 드라이어가 있으며 SMT 장비 · 정밀장비에서는 필수임

   ㉣ 에어탱크(Air Receiver Tank)
- 압력 변동을 완충하여 안정된 공급 압력을 유지함
- 드레인 배출로 수분을 제거함
- 압력 스위치와 연동해 라인 압력을 안정적으로 유지함

   ㉤ 에어건 · 블로우기
- 공기 분사를 이용해 청소 · 이물 제거에 사용됨
- 과도한 압력 사용 시 PCB · 부품 손상이 발생할 수 있음

   ㉥ 슬라이드 유닛 · 클램프 · 그리퍼
- 공압 모듈 방식 조립에 사용되는 기구 부품임
- 핸들링 장치 및 자동 이송 시스템에서 부품 고정 · 이송 · 클램핑에 활용됨

PART
02

전자부품장착기능사 기출문제

전자부품장착기능사 기출문제
2006. 07. 16.

1과목 : SMT 개론

01 다음 중 에스엠티(SMT) 장점에 대한 서술로 틀린 것은?

① 제품의 신뢰성 및 성능향상　　② 기판 조립의 자동화 용이
③ 요구불량 수정 및 재작업의 용이　　④ 생산성 향상

> **해설** SMT 장점 판별
> - SMT는 소형·경량·고밀도 실장으로 신뢰성과 전기적 성능 향상
> - 부품 표준화와 연속 급지로 자동화 용이하며 라인 처리로 생산성 향상
> - 미세피치·양면실장·BGA 등으로 불량 수정·재작업은 어려움

02 실장기(장착기)의 방식이 아닌 것은?

① IN-LINE 방식　　② OFF-LINE 방식
③ ONE BY ONE 방식　　④ MULTI 방식

> **해설** 실장기 방식 판별
> - IN-LINE 방식은 공정 장비를 일렬로 연결해 연속 흐름으로 장착을 수행함
> - ONE BY ONE 방식은 부품을 한 점씩 순차 장착하는 동작 개념임
> - MULTI 방식은 다수 헤드·노즐 등으로 동시 또는 병렬 장착을 수행함
> - OFF-LINE은 라인 외 준비·보전 상태를 뜻해 장착기의 구동 방식으로 보지 않음

03 PCB내 부품점수가 100점이 장착 되어 진다면 0.1/1점을 장착할 수 있는 설비로 1시간 동안 생산 가능한 PCB 수량으로 맞는 것은?

① 60개　　② 180개
③ 360개　　④ 720개

> **해설** 생산량 계산(장착 사이클 → 시간당 PCB 수)
> - 전제 : 설비 장착속도 0.1 s/점, 1 PCB = 100점
> - 1장당 소요시간 = 100점 × 0.1 s/점 = 10 s
> - 시간당 생산수량 = 3600 s ÷ 10 s = 360장

정답 01 ③　02 ②　03 ③

04 Cream Solder 중 가장 일반적으로 사용되어 지는 합금으로 맞는 것은?

① Sn+Pb+Ag
② Sn+Pb+Ag+B
③ Sn+Pb+Ag+Bi+Cd
④ Sn+Pb+Zn

> **해설** 크림 솔더 합금 구성
> - SMT용 크림 솔더는 주석-납계를 기본으로 소량의 은을 첨가한 Sn-Pb-Ag 계가 일반 적용임
> - Ag 첨가로 젖음성 · 접합강도 · 열피로 특성이 개선됨
> - B · Cd 첨가 조성은 유해성 · 공정적 부적합으로 사용하지 않음
> - Zn 계는 산화성 문제로 페이스트 안정성이 떨어지며 무연 전환 시에는 Sn-Ag-Cu 계를 별도로 적용함

05 표면실장 장치에서 부품을 흡착하는 도구를 무엇이라 하는가?

① 노즐
② 카셋트
③ 헤드
④ 헤드 유니트

> **해설** SMT 장치 흡착 도구 판별
> - 노즐은 진공으로 부품을 흡착 · 이송 · 배치하는 팁이며 부품 크기 · 형상에 따라 교체 사용함
> - 헤드는 노즐을 장착하고 X · Y · Z · θ 구동으로 위치와 각도를 제어하는 구동부임
> - 헤드 유니트는 복수의 헤드 · 노즐을 묶은 모듈로 고속 · 동시 장착에 사용됨
> - 카세트는 피더 모듈의 일종으로 부품 테이프를 공급하는 장착 보조장치임

06 다음 중 표면실장 인라인 구성 설비가 아닌 것은?

① 스크린 프린터
② 마운터
③ 리플로우
④ 솔더 교반기

> **해설** SMT 인라인 구성 식별
> - 기본 인라인은 스크린 프린터 → 마운터 → 리플로우로 구성됨
> - 스크린 프린터는 솔더 페이스트 인쇄 공정을 수행함
> - 마운터는 부품을 픽업해 패드 위에 배치함
> - 솔더 교반기는 페이스트 품질 유지를 위한 보조 장비로 인라인 필수 설비가 아님

07 칩 부품(각진 형태의 부품)중 크기 표기가 올바른 것은?

① 3216(3.0mm×2.16mm)
② 2125(2.0mm×1.25mm)
③ 1608(1.0mm×6.08mm)
④ 1005(1.0mm×0.05mm)

정답 04 ① 05 ① 06 ④ 07 ②

해설 **SMT 칩 사이즈 표기**
- Metric 표기는 가로×세로를 0.1mm 단위로 표시함
- 2125는 2.0mm×1.25mm로 0805(inch) 규격에 해당함
- 3216은 3.2mm×1.6mm인데 보기의 3.0×2.16은 오기임
- 1608=1.6mm×0.8mm, 1005=1.0mm×0.5mm로 보기 수치 오류임

08 다음 그림 중 일반적으로 마운터에서 실장하지 않는 부품은 어느 것인가?

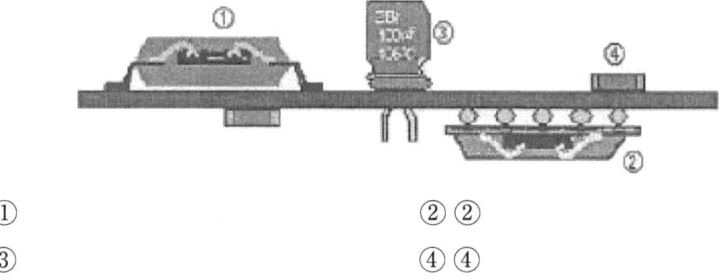

① ①　　　　　　　　　　　　② ②
③ ③　　　　　　　　　　　　④ ④

해설 **마운터에서 실장하지 않는 부품**
- 마운터는 SMT 공정에서 표면실장부품(SMD)을 자동으로 올려주는 장비임
- ③번 부품은 리드가 기판 관통홀을 지나 반대편에서 납땜되는 스루홀(Through-hole) 부품임
- 스루홀 부품은 웨이브솔더링 또는 수삽 공정으로 처리하며 마운터로는 일반적으로 실장하지 않음
- ①·②·④는 모두 기판 표면에 장착되는 SMD 형식으로 마운터 실장 대상임

09 다음 중 스크린프린터의 솔더 인쇄 품질과 관계없는 것은?

① 스퀴지 속도　　　　　　　② 솔더크림 점도
③ 기판재질　　　　　　　　④ 메탈마스크 개구부크기

해설 **솔더 인쇄 품질 요인 판별**
- 인쇄 품질은 스퀴지 속도·압력·각도와 메탈마스크 개구부 설계에 크게 좌우됨
- 크림솔더 점도·칙소성 등 레올로지 특성이 패드 충진·방출에 직접 영향함
- 기판 재질 자체는 인쇄 품질에 직접 영향이 작고 표면처리·평탄도 요인이 더 지배적임
- 따라서 보기 중 인쇄 품질과 관계없는 항목은 기판 재질임

10 부품 카세트 종류 중 맞지 않는 것은?

① 폭8mm×이송피치2mm　　② 폭8mm×이송피치4mm
③ 폭8mm×이송피치8mm　　④ 폭12mm×이송피치4mm

정답　08 ③　09 ③　10 ③

해설 테이프 피더 규격 판별
- 8 mm 테이프의 표준 이송피치는 2 mm 또는 4 mm임
- 12 mm 테이프는 부품에 따라 4 mm 등 4 mm 배수 피치를 사용함
- 8 mm × 8 mm 이송피치는 비표준 규격으로 현장 적용이 어려움
- 따라서 '폭 8 mm × 이송피치 8 mm' 조합은 맞지 않음

11 SMT 신뢰성의 3대 요소가 아닌 것은?

① 내구성
② 보전성
③ 설계 신뢰성
④ 소모성

해설 SMT 신뢰성 3대 요소 판별
- 내구성은 사용 환경에서 고장 없이 견디는 능력으로 신뢰성 핵심 요소임
- 보전성은 고장 시 복구 용이성과 정비성으로 가동 신뢰도에 직결됨
- 설계 신뢰성은 회로 · 부품 · 공정 설계 단계에서의 고장 예방 능력임
- 소모성은 소비 · 마모 특성을 뜻해 신뢰성 3대 요소에 포함되지 않음

12 마운터 공정에서 발생되는 불량 항목이 아닌 것은?

① 부품 틀어짐 불량
② 오장착 불량
③ 일어섬(맨하탄) 불량
④ 뒤집힘 불량

해설 마운터 공정 불량 구분
- 마운터 공정의 대표 불량은 틀어짐 · 오장착 · 미장착 · 뒤집힘 등 장착 위치 · 자세 오류임
- 맨하탄(일어섬)은 리플로우에서 양단 젖음력 불균형으로 한쪽이 들리는 납땜 불량임
- 맨하탄의 주요 원인은 패드 간 솔더량 · 열분포 불균형과 칩 편심 등으로 리플로우 단계 요인임

13 다음 중 에스엠티 공정 작업 환경에 대한 설명으로 옳은 것은?

① 이온아이져(Ionizer)는 유효거리와 이격거리를 확인 하여 설치한다.
② 제전용 매트는 도전층이 표면으로 오도록 설치한다.
③ 작업장의 습도를 가능한 상대습도 30% 이하로 낮춰 정전기발생을 줄인다.
④ 어스링은 손목착용이 발목착용보다 접지효과가 있다.

해설 SMT 작업환경 · ESD 관리
- 이온아이저는 유효거리와 이격거리를 확인해 적정 위치에 설치함
- 제전 매트는 상부 절연층 · 하부 도전층 구조로 접지하며 도전층이 표면으로 나오지 않음
- 작업장 습도는 40~60% 유지가 표준이며 30% 이하 저습은 정전기 증가로 부적합함
- 어스링은 손목 착용이 기본으로 발목형보다 접지 일관성과 모니터링이 우수함

정답 11 ④ 12 ③ 13 ①

14 표면실장 장치에서 부품을 공급하는 장치를 무엇이라 하는가?

① 노즐 ② 카세트

③ 헤드 ④ 인덱스

> **해설** SMT 부품 공급장치 판별
> • 카세트는 테이프 · 트레이 등에서 부품을 이송해 픽업 위치로 공급하는 피더 모듈임
> • 노즐은 헤드에 장착되어 부품을 흡착 · 이송 · 실장하는 집게 역할임
> • 헤드는 노즐을 다수 장착해 부품 픽업과 장착을 수행하는 구동 유닛임
> • 인덱스는 테이프 피치만큼 이송하는 단계 구동 동작을 의미하며 공급장치 자체가 아님

15 다음 솔더 종류 중 무연 솔더가 아닌 것은?

① Sn+Pb+Ag ② Sn+Ag+Cu

③ Sn+Zn+Bi ④ Sn+Ag+Bi+Cu

> **해설** 무연 솔더 합금 판별
> • Sn+Pb+Ag는 납(Pb)을 포함해 무연 솔더가 아님
> • Sn+Ag+Cu는 대표적 무연 솔더(SAC 계열)임
> • Sn+Zn+Bi는 저온 · 무연 솔더 조합으로 사용됨
> • Sn+Ag+Bi+Cu 역시 납을 배제한 무연 합금 조합임

16 부품의 뒤집힘 및 모로섬 불량 발생요인이 아닌 것은?

① 노즐의 흡착 불량
② 부품공급장치 불량
③ 부품공급 장치 Pickup Offset값 틀어짐
④ 부품장착위치에 과납으로 인한 불량

> **해설** 뒤집힘 · 모로섬 불량 요인 판별
> • 노즐 흡착 불량은 픽업 자세 불안정으로 뒤집힘 · 모로섬을 유발함
> • 피더 불량과 픽업 오프셋 오류는 부품 인계 위치 · 자세 오차로 발생함
> • 뒤집힘 · 모로섬은 주로 장착 단계의 픽업 · 이송 · 놓기 동작 이상과 연관됨
> • 과납은 주로 브리지 · 과납 등 리플로우 납땜 불량 원인으로 뒤집힘 · 모로섬과는 거리가 있음

17 에스엠티 부품의 동작 특성상 가장 큰 장점은?

① 열에 약하다. ② 고주파(RF) 특성이 좋다.
③ 진동과 충격에 강하다. ④ 소형부품으로 취급이 쉽다.

정답 14 ② 15 ① 16 ④ 17 ②

해설 SMT 부품 동작 특성의 장점
- 리드가 짧거나 무리드 구조로 기생 인덕턴스 · 캡(acitance)이 작아 고주파 특성이 우수함
- 패드와 부품 간 경로가 짧아 신호 전송 지연 · 반사 · EMI가 감소함
- 고밀도 실장이 가능해 루프 면적이 줄고 전원 · 그라운드 임피던스가 낮아짐
- 동일 성능 대비 소형 · 경량으로 RF 회로의 집적 · 최적 레이아웃에 유리함

18 전자 부품실장 및 납땜 후 랜드 또는 부품주변에 납볼이 있는 불량을 무엇이라 하는가?

① Solder ball
② Solder 과다
③ Solder과소
④ 맨하탄

해설 솔더볼 불량 정의와 원인
- 리플로우 후 랜드 · 부품 주변에 미세 구상 납 입자가 산재한 상태를 솔더볼이라 함
- 원인은 솔더 페이스트 과다 인쇄 · 롤링 불량 · 메탈마스크 오염 · 슬럼핑 등 인쇄 조건 이상임
- 예열 부족 · 급격 승온 등 온도 프로파일 부적정과 플럭스 용매의 급격한 가스화도 주요 원인임
- 대책은 인쇄 조건 최적화, 스텐실 세정 주기 준수, 예열 구간 확보와 적정 피크 · 냉각 관리임

19 납땜 시 예열의 목적이 아닌 것은?

① 납땜 대상물의 예비가열
② 수분과 IPA(이소프로필 알코올)의 증발
③ 작은 납 입자 형성
④ 플럭스(Flux)의 청정화 작용

해설 예열(Preheat) 목적 판별
- 예열은 모재와 부품을 균일 가열해 열충격과 뒤틀림을 억제함
- 플럭스 활성화 · 청정화로 산화막 제거와 젖음성 향상을 도모함
- 솔더 페이스트 내 용매 · 수분 · IPA를 서서히 증발시킴
- 작은 납 입자 형성은 예열 목적이 아니며 급가열 · 인쇄 불량 등에 따른 솔더볼 원인임

20 전자 부품실장 후 부품 전극면 중 한쪽 면이 일어서있는 납땜 상태불량을 무엇이라 하는가?

① 부품 틀어짐
② 맨하탄
③ Solder Ball
④ 부품비산

해설 맨하탄(톰스톤) 불량 판별
- 소형 칩 부품의 한쪽 전극만 솔더가 젖어 올라가며 부품이 세워지는 납땜 불량임
- 양 패드의 젖음력 불균형, 패드 · 열용량 불균형, 솔더 페이스트량 편차, 장착 오프셋 등이 원인임
- 예열 부족 · 급격 승온 등 프로파일 부적정과 리플로우 시 한쪽만 먼저 용융되는 열불균형이 기여함
- 대책은 패드 대칭 · 페이스트량 균일화 · 장착 높이/위치 보정 · 예열 확보와 완만 승온의 프로파일 최적화임

2과목 : 전자기초

21 불량현상 중 솔더링 불량요인에 의해서 발생하는 현상은?

① 미삽   ② 틀어짐

③ 리드 뜸   ④ 오픈

> **해설** 솔더링 불량 발생 현상 판별
> - 오픈은 솔더 미납 · 젖음 불량 · 용융 부족 등 솔더링 요인으로 전기적 접속이 끊긴 상태임
> - 미삽과 틀어짐은 주로 마운트 정렬 · 공급 · 장착 조건 문제로 솔더링 요인과 거리가 멂
> - 리드 뜸은 평탄도 · 장착 높이 · 열불균형 등 복합 원인이며 대표 솔더링 결과로 단정하기 어려움
> - 대책은 페이스트 인쇄성 · 량 균일화와 프로파일 최적화, 패드 청정 · 산화 방지 관리임

22 인쇄불량의 요인이 아닌 것은?

① 스퀴지 속도   ② 판 분리 우선순위 및 속도

③ 열 가열 시간   ④ 솔더 페이스트 열화

> **해설** 솔더 인쇄 불량 요인 판별
> - 스퀴지 속도는 충진 · 배출에 직접 영향하여 미납 · 퍼짐 등 인쇄 품질에 직결됨
> - 판 분리 우선순위 · 속도는 탈형 시 페이스트 끊김과 퍼짐에 영향을 줌
> - 솔더 페이스트 열화는 점도 · 칙소성 저하로 번짐 · 미납 등 인쇄 불량을 유발함
> - 열 가열 시간은 리플로우 조건에 해당하여 인쇄 단계의 직접 요인이 아님

23 다음 중 실장 형태에 대한 설명 중 틀린 것은?

① IMT는 인쇄회로 기판의 스루홀에 부품리드를 삽입 납땜 하는 형태이다.

② IMT는 주로 단면실장의 형태이다.

③ IMT는 SMT의 발전기술이다.

④ SMT는 양면실장 형태이다.

> **해설** 실장 형태 비교
> - IMT는 스루홀에 리드를 삽입해 파형납땜 등으로 접합하는 자삽 방식임
> - IMT는 역사적으로 SMT 이전 기술이며 SMT가 고밀도 · 소형화를 위해 발전한 표면실장 기술임
> - SMT는 패드 위 표면실장으로 양면실장 · 고속자동화에 유리함
> - 따라서 'IMT는 SMT의 발전기술'이라는 진술이 틀림

정답 21 ④ 22 ③ 23 ③

24 다음 중에서 표면 실장 부품의 공급형태로 틀린 것은?

① Taping(reel) ② Tray
③ Stick ④ Paper

> **해설** 표면 실장 부품의 공급 형태
> • SMT 표준 공급 형태는 Tape & Reel, Tray, Stick로 운용함
> • Tape & Reel은 연속 급지에 적합해 고속 자동 실장에 사용됨
> • Tray는 BGA · QFP 등 이형 패키지, Stick은 길이형 소자에 적용됨
> • Paper는 규격화된 공급 형태가 아님

25 다음 설명 중 괄호 안에 들어갈 알맞은 용어로 조합된 것은?

> 리플로우 내부로 이송되는 기판과 부품에는 히터와 가열된 공기에 의해 전도, (   ),
> (   )의 형태로 열에너지가 전달된다.

① 대류, 복사 ② 대류, 반사
③ 반사, 집광 ④ 복사, 집광

> **해설** 리플로우 열전달 방식
> • 리플로우에서 열은 전도 · 대류 · 복사 3가지 방식으로 전달됨
> • 전도는 부품 · 패드 · 기판의 접촉을 통해 열이 이동함
> • 대류는 가열된 공기 흐름으로 열이 전달되어 기판과 부품을 균일 예열함
> • 복사는 히터에서 방출된 적외선이 표면에 흡수되어 가열 효과를 보강함

26 플럭스의 역할이 아닌 것은?

① 청정화 ② 산화방지
③ 재산화 방지 ④ 세척방지

> **해설** 플럭스 기능 판별
> • 금속 표면의 산화물 · 오염을 제거해 청정화 수행
> • 납땜 중 산소 차단막을 형성해 산화 및 재산화 방지 수행
> • 젖음성 향상으로 합금의 퍼짐과 필렛 형성 안정화
> • 세척방지는 기능이 아니며, 플럭스 잔사 제거를 위한 세척 공정이 필요함

정답 24 ④ 25 ① 26 ④

27 아래 그림과 같은 이상적 온도 Profile 중 A-B 구간의 시간 설정으로 알맞은 것은?

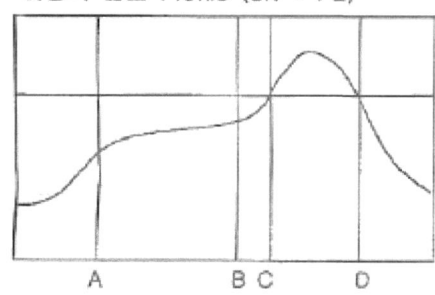

이상적 온도 Profile (SN + PB)

① 60 ~ 120초   ② 120 ~ 180초
③ 180 ~ 240초   ④ 240 ~ 300초

> **해설** 리플로우 온도 프로파일 A~B 구간
> • A~B 구간은 리플로우 공정에서 PCB와 부품을 천천히 데우는 예열(Preheat) 단계에 해당함
> • 이 구간에서는 솔더 페이스트 내 플럭스를 활성화하고 솔벤트를 충분히 증발시키는 시간이 필요함
> • 일반적인 Sn~Pb 및 Pb~Free 리플로우 공정에서 예열 단계 소요 시간은 약 60~120초 범위로 설정함
> • 너무 짧으면 열충격 · 납 풀림 위험이 커지고, 너무 길면 플럭스 열화 · 부품 손상 우려가 있어 60~120초가 적정 범위임

28 Cream Solder의 종류가 아닌 것은?

① 고온 Solder   ② 은주석 Solder
③ 저온 Solder   ④ Wave Solder

> **해설** 크림 솔더 종류 판별
> • 크림 솔더는 인쇄 · 리플로우용 페이스트로 조성 · 융점에 따라 고온형 · 저온형 · 무연형 등으로 분류함
> • 은주석 솔더는 대표적 무연계 조성으로 크림 솔더 종류에 해당함
> • 고온 Solder · 저온 Solder는 융점 범위 기준의 크림 솔더 분류에 해당함
> • Wave Solder는 스루홀 납땜 공정명으로 크림 솔더의 종류가 아님

29 다음 중 양호한 인쇄성을 위한 조건으로 옳지 않은 것은?

① 메탈 마스크(Metal Mask)의 프레임(Frame)에 휨이 없어야 한다.
② 메탈 마스크(Metal Mask)는 가능한 저장력(低張力)이 있어야 한다.
③ 작업 중 크림 솔더(Cream Solder)의 점도 변화가 적어야 한다.
④ 인쇄 후에도 점착성을 유지하여 부품의 탑재가 가능해야 한다.

정답 27 ①   28 ④   29 ②

해설 솔더 인쇄 품질 요인 판별
- 스텐실 프레임의 휨 없음은 정합과 납 빠짐성 확보에 필수임
- 크림 솔더 점도 변화가 작아야 충진성과 박리성이 안정됨
- 인쇄 후 적정 점착성 유지가 부품 탑재 위치 안정성에 기여함
- 메탈 마스크는 높은 장력으로 팽팽히 유지해야 하며 '저장력' 조건은 부적절함

30 칩 부품 실장 시 틀어짐이 발생하였다. 그 해결 방법으로 틀린 것은?

① 장착높이 재설정
② 부품높이 재설정
③ 장착 시 지연시간 재설정
④ 부품인식높이 재설정

해설 칩 틀어짐(스큐) 대책
- 장착높이 재설정은 솔더 페이스트 압착 · 복원 균형을 맞춰 틀어짐을 완화함
- 부품높이(Z 오프셋) 재설정은 부품 · 패드 간 간극과 압력을 적정화함
- 장착 지연시간 조정은 노즐 해제 전 페이스트 점착 안정 시간을 확보함
- 부품인식높이는 비전 인식 조건으로 장착 스큐 원인과 무관하여 대책으로 부적절함

31 주요 무연 솔더(Pb-free Solder) 불량 유형이 아닌 것은?

① 리프트 오프
② 휘스커
③ 솔더포트(Pot) 내부 침식
④ 접합 강도 저하

해설 무연 솔더 불량 유형 판별
- 리프트 오프는 Pb-free 공정에서 열응력 · 젖음성 변화로 발생 가능한 대표 불량임
- 휘스커는 주석 기반 무연계에서 성장해 단락을 유발하는 고유 리스크임
- 솔더 포트 내부 침식은 무연 솔더의 구리 용출 증가로 웨이브 포트가 마모되는 현상임
- 접합 강도 저하는 합금 · 프로파일 · 기판 조건에 좌우되는 공정 변수로 고유 불량 유형으로 보지 않음

32 마운터에서 발생하는 불량이 아닌 것은?

① 미장착
② 틀어짐
③ 솔더부족
④ 부품 일어섬

해설 마운터 공정 불량 판별
- 미장착은 피더 이상 · 좌표 오차 · 흡착 실패 등으로 발생함
- 틀어짐은 비전 보정 불량 · 장착 Z 오프셋 · 흡착 위치 오차로 발생함
- 부품 일어섬은 주로 리플로우 요인이지만 과도한 장착 압력 · 높이 불량과 연계됨
- 솔더 부족은 인쇄 · 도포 · 리플로우의 문제로 마운터 공정 불량이 아님

정답 30 ④ 31 ④ 32 ③

33 다음 중 마운터 공정과 관련이 없는 부속장치는 무엇인가?

① 카셋트 검사 및 교정장치
② 솔더 페이스트 교반기
③ 부품 연결장치
④ 부품습기 제거장치(제습함)

해설 **마운터 공정 부속장치 판별**
- 솔더 페이스트 교반기는 인쇄공정 설비로 마운터와 직접 관련 없음
- 카셋트 검사 및 교정장치는 피더·카세트 급지 정밀도 보정으로 마운터 관련 장치임
- 부품 연결장치는 테이프 스플라이싱 등 연속 급지 유지를 위한 마운터 관련 장치임
- 부품 습기 제거장치(제습함)는 MSL 관리로 급지 품질과 장착 안정성에 직결되는 공정 연계 장치임

34 다음 보기 중에서 도입 시기별 순서가 맞게 되어 있는 것은?

㉮ axial삽입	㉯ radial삽입
㉰ 표면실장	㉱ 입체실장

① ㉯ → ㉰ → ㉱ → ㉮
② ㉮ → ㉯ → ㉰ → ㉱
③ ㉯ → ㉮ → ㉰ → ㉱
④ ㉰ → ㉱ → ㉮ → ㉯

해설 **실장 방식 도입 순서**
- 축방향 삽입(axial) → 방사형 삽입(radial) → 표면실장(SMT) → 입체실장 순 도입이 산업사 연혁과 부합함
- 축방향·방사형 삽입은 스루홀 기반으로 1970년대 자동삽입기 보급과 함께 확산됨
- 표면실장(SMT)은 1980년대 이후 고밀도·고속 자동화 요구로 주류가 됨
- 입체실장(3D, PoP·적층 등)은 2000년대 이후 고집적 패키징 수요로 본격 도입됨

35 오장착을 방지하기 위한 대응 방법과 거리가 먼 것은?

① 바코드 부착관리
② 부품 교환시 용량확인
③ 부품리스트 부착
④ 카세트 검사 및 교정

해설 **오장착 방지 대책 판별**
- 바코드 부착 관리는 자재 식별·투입 이력 관리로 오장착 예방에 직접 기여함
- 부품 교환 시 용량·규격 확인은 동일 패키지 이종 치환을 방지하는 핵심 절차임
- 부품 리스트·위치표 부착은 작업자 착오 삽입을 사전에 차단함
- 카세트 검사·교정은 급지 안정과 장착 정밀도 개선 목적이며 오장착 예방과는 거리가 있음

정답 33 ② 34 ② 35 ④

36 다음 집적회로(IC)의 분류 중 집적 소자의 개수가 가장 많은 것은?

① VLSI   ② LSI

③ MSI   ④ SSI

> **해설** IC 집적도 분류
> - 집적도는 SSI 〈 MSI 〈 LSI 〈 VLSI 순으로 증가함
> - VLSI는 대규모 집적회로로 동일 면적 대비 소자 수가 가장 많음
> - SSI · MSI · LSI는 소자 수와 기능 통합도가 VLSI보다 낮음
> - 집적도 상승은 기능 통합 · 소형화 · 원가 절감에 유리하나 설계 · 열관리 난이도 증가

37 GTO를 턴-오프 하기 위해서 가장 올바른 것은?

① 게이트에 (+)의 신호를 준다.

② 게이트에 (-)의 신호를 준다.

③ 게이트의 전류를 작게 한다.

④ 그대로 두면 일정 시간 후 오프된다.

> **해설** GTO 턴오프 원리
> - GTO는 게이트에 (-) 전류 펄스를 인가해 내부 저장 전하를 강제 제거함
> - 음의 게이트 전류로 애노드 전류를 유지전류 이하로 낮춰 소호됨
> - (+) 게이트 신호는 턴온 용도이며 게이트 전류 감소만으로는 래칭 특성상 오프 불가함
> - 그대로 두면 자연 소호되지 않으므로 충분한 음의 게이트 전류 용량과 펄스 폭 확보가 필요함

38 PCB의 제조공정 중에 부식액, 도금액, 납땜 등으로부터 특정 영역을 보호하기 위하여 사용하는 피복재료를 통칭하는 것으로 맞는 것은?

① 랜드   ② 레지스트

③ 레진   ④ 디스미어

> **해설** 레지스트의 개념과 기능
> - 부식액 · 도금액 · 납땜 등으로부터 특정 영역을 보호하는 피복 재료를 통칭함
> - 포토레지스트는 노광 · 현상으로 회로 패턴을 형성해 보호 영역과 가공 영역을 구분함
> - 솔더 레지스트(솔더 마스크)는 납땜 시 브리지 방지와 절연 · 내환경성 확보에 기여함
> - 랜드 · 비아 등 접속이 필요한 부위는 레지스트를 비개재해 납땜성과 전기적 접속을 보장함

정답   36 ①   37 ②   38 ②

39 다음 그림의 반도체 소자 기호 명칭은?

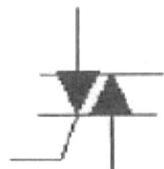

① 전계효과 트랜지스터(FET)　　② 트라이액(TRIAC)
③ 단일접합 트랜지스터(UJT)　　④ 다이액(DIAC)

> **해설** 트라이액(TRIAC) 기호
> • 트라이액은 교류에서 양 방향 전류를 제어하는 3단자 소자임
> • 기호는 서로 반대 방향으로 연결된 두 개의 SCR 형태와 유사하게 표시됨
> • 단자는 MT1 · MT2와 게이트(G)로 구성되며 게이트 신호로 턴온됨
> • 디멀러 · 속도 제어 등 AC 전력 제어 회로에 주로 사용됨

40 다음 중 회로의 층수에 의해서 PCB를 분류할 경우 그 종류가 아닌 것은?

① 단면 PCB　　② 양면 PCB
③ 다층면 PCB　　④ 플렉시블 PCB

> **해설** 회로 층수에 따른 PCB 분류
> • 층수 기준 분류는 단면 · 양면 · 다층으로 구분함
> • 플렉시블 PCB는 기판 재질 · 구조 기준 분류로 층수 분류에 해당하지 않음
> • 플렉시블 PCB도 단면 · 양면 · 다층으로 제작 가능하므로 별도 층수 종류가 아님
> • 따라서 회로의 층수에 따른 분류에서 플렉시블 PCB는 오답임

3과목 : 공압기초

41 P형 불순물 반도체를 만들기 위해 진성반도체에 첨가하는 3가의 불순물을 무엇이라고 하는가?

① 정공　　② 전자
③ 도우너　　④ 억셉터

> **해설** P형 반도체 도핑 개념
> • 억셉터는 3가 불순물로 4가 실리콘 격자를 대체할 때 공유결합 한 자리가 비어 정공이 생성됨
> • P형 반도체의 다수 운반자는 정공임
> • 억셉터 예시는 B · Al · Ga · In 등임
> • 도우너는 5가 불순물로 N형을 만드는 반대 개념임

정답 39 ②　40 ④　41 ④

42 다음 보기 중 콘덴서의 종류가 아닌 것은?

① 전해 콘덴서
② 탄탈 콘덴서
③ 세라믹 콘덴서
④ 유전체 콘덴서

해설 콘덴서 종류 판별
- 전해 콘덴서는 금속 산화막 유전층을 갖는 유극성 콘덴서임
- 탄탈 콘덴서는 탄탈 산화막을 유전층으로 쓰는 전해 콘덴서 계열임
- 세라믹 콘덴서는 세라믹 유전체를 사용하는 대표적 무극성 콘덴서임
- 유전체는 모든 콘덴서의 공통 요소로 '유전체 콘덴서'는 분류명이 아님

43 다음 중 PCB 패턴(Pattern) 설계 시 유의 사항이 아닌 것은?

① 소신호의 패턴과 대전류 패턴은 근접하지 않도록 한다.
② 패턴과 패턴 간에 가능한 한 GND패턴을 통과 시킨다.
③ 패턴은 최단거리를 유지하고 패턴이 길면 루프(Loop) 형상이 되도록 한다.
④ 패턴 간의 전위차에 따라 패턴 간격을 유지한다.

해설 PCB 패턴 설계 유의사항 판별
- 루프 형상은 불필요한 면적을 만들어 잡음 유입 · 유도성 결합 · EMI를 증가시키므로 지양함
- 소신호 패턴과 대전류 패턴은 전자기적 간섭과 전압강하를 줄이기 위해 충분히 이격함
- 인접 신호 사이에는 가능하면 GND 가드나 리턴 경로를 배치해 크로스토크를 저감함
- 패턴 간 전위차와 절연내력에 맞춰 최소 간격을 확보해 절연 파괴와 아크를 예방함

44 다음 중 양호한 다이오드를 테스트 했을 때 나타나는 현상이 아닌 것은?

① 순방향 시 매우 낮은 저항값을 나타낸다.
② 역방향 시 매우 높은 저항값을 나타낸다.
③ 순방향이나 역방향 모두 낮은 저항값을 나타낸다.
④ 실리콘 다이오드의 순방향 전압은 약 0.7V이다.

해설 다이오드 정상 판별
- 순방향에서는 PN 접합이 도통해 저항값이 낮게 측정됨
- 역방향에서는 차단되어 저항값이 매우 높게 측정됨
- 순방향과 역방향이 모두 낮은 저항이면 내부 단락 불량에 해당됨
- 실리콘 다이오드의 순방향 전압은 약 0.7 V, 게르마늄은 약 0.2~0.3 V임

정답   42 ④   43 ③   44 ③

45 전자부품 관리요령으로 가장 바람직한 것은?

① 모든 부품들은 항상 습한 곳에 보관해야 한다.
② 전자부품들은 종류별로 분류하고 동종품명은 크기별로 분류하는 것이 좋다.
③ IC는 IC소켓에 고정하여 항상 보관한다.
④ 슬라이드 스위치와 DIP 스위치는 구분하여 관리 할 필요가 없다.

> **해설** 전자부품 보관 · 관리 요령
> • 부품은 종류별로 분류하고 동종품명은 규격 · 크기별로 세분 보관함
> • 보관 환경은 건조 · 청결 · 정전기 방지 조건을 유지하고 MSL 부품은 습도관리함
> • IC는 소켓 고정 보관이 아니라 트레이 · 릴 · ESD 백 · 방습제 사용 보관이 적정함
> • 스위치 · 커넥터 등은 형식별로 구분 · 라벨링하여 혼입과 오삽을 방지함

46 PCB의 가공이 완료된 시점에서 PCB상의 모든 랜드에 검사용 핀 혹은 프로브를 접촉시켜 이상의 유무를 검사하는 방법을 무엇이라고 하는가?

① BBT(Bare Board Test)   ② 회로시험(In-Circuit Test)
③ 동작시험(Function Test)   ④ 비아홀 검사(Via-Hole Test)

> **해설** PCB 전기검사 방식
> • BBT는 조립 전 단계에서 모든 랜드에 프로브를 접촉해 단락 · 오픈 등 패턴 이상을 전기적으로 판정함
> • In-Circuit Test는 부품 장착 후 소자값 · 회로를 개별 측정하는 조립 후 검사임
> • Function Test는 완제품 수준에서 시스템 동작을 확인하는 최종 기능 검사임
> • Via-Hole 검사는 비아 도통 등 특정 항목 점검으로 전수 랜드 전기검사와 다름

47 다음 기호(심벌)가 의미하는 전자부품은?

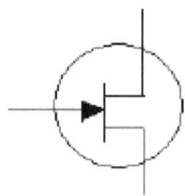

① DIODE   ② TR
③ Capacitor   ④ FET

 정답 45 ② 46 ① 47 ④

48 금속 중의 전자가 열이나 빛 등의 에너지를 가하면 전자가 공간에 방출된다. 다음 중 이러한 전자 방출의 종류에 해당 되지 않는 것은?

① 1차 전자 방출
② 열전자 방출
③ 전기장 방출
④ 광전자 방출

> **해설** 전자 방출 종류 판별
> • 열전자 방출은 금속 가열로 일함수를 넘은 전자가 방출되는 현상임
> • 전기장 방출은 강한 전계에 의한 양자터널링으로 전자가 방출되는 현상임
> • 광전자 방출은 광자 에너지로 일함수를 극복한 전자가 방출되는 현상임
> • 1차 전자 방출은 표준 분류가 아니며 보통 분류에는 열전자 · 전기장 · 광전자 · 2차 전자 방출이 포함됨

49 다음 중 반도체 소자가 아닌 것은?

① 다이오드
② 트랜지스터
③ 커패시터
④ 광전자 방출소자

> **해설** 반도체 소자 판별
> • 다이오드와 트랜지스터는 PN 접합과 캐리어 제어를 이용하는 능동 반도체 소자임
> • 광전자 소자는 LED · 포토다이오드 등 반도체의 밴드 천이와 광흡수에 기반한 소자군으로 분류됨
> • 커패시터는 유전체와 전극으로 이루어진 수동 소자로 반도체 동작 원리를 사용하지 않음

50 다음 중 PCB 설계시 패턴 방향 간격 표준지침이 아닌것은?

① 양면 이상의 PCB패턴은 솔더 면과 부품 면의 패턴이 90도 교차하도록 한다.
② PCB 바깥쪽에서 패턴까지 일정한 간격을 유지한다.
③ 솔더 면의 패턴 방향은 투입 방향(납땜방향)과 나란하게 한다.
④ 양면 이상의 PCB패턴은 솔더 면과 부품 면의 패턴이 나란하게 한다.

> **해설** PCB 패턴 방향 · 간격 표준지침
> • 양면 이상에서는 솔더 면과 부품 면 패턴을 90° 교차 배치해 상호 결합과 노이즈를 저감함
> • 기판 외곽선과 패턴 사이에는 규정 간격을 유지해 가공 손상과 전기적 열화를 방지함
> • 웨이브 납땜 고려 시 솔더 면 패턴은 투입 방향과의 관계를 공정 지침에 맞게 배향해 브리징을 억제함
> • 양면 패턴을 나란하게 배치한다는 지침은 표준 원칙과 상충하므로 부적합함

51 두 개의 복동 실린더가 1개의 실린더 형태로 조립되어 출력이 거의 2배의 큰 힘을 낼 수 있는 실린더는?

① 양로드형 실린더
② 단동 실린더
③ 롤링 격판 실린더
④ 텐덤 실린더

정답 48 ① 49 ③ 50 ④ 51 ④

> **해설** 텐덤 실린더의 개념
> - 두 개의 복동 실린더를 직렬로 결합해 하나의 실린더처럼 동작하도록 구성함
> - 동일 압력에서 유효 작용 면적이 합산되어 추진력이 거의 2배로 증가함
> - 보어 확대가 어려운 공간에서 큰 추력을 요구할 때 유리함
> - 스트로크는 단일 실린더와 동일하게 설계 가능하나 전체 길이는 길어짐

52 공기의 흐름이 한 2방향으로만 허용되는 밸브는?

① 릴리프 밸브   ② 체크 밸브

③ 감압 밸브   ④ 시퀀스 밸브

> **해설** 체크 밸브의 유동 특성
> - 체크 밸브는 공기의 흐름을 한 방향으로만 통과시키고 반대 방향 흐름은 차단함
> - 내부에 설치된 볼 · 디스크 · 플랩 등이 한쪽 방향 압력에는 열리고, 역방향 압력에는 닫히는 구조로 되어 있음
> - 역류에 의해 발생할 수 있는 압력 손상 · 오동작을 방지하기 위해 공압 회로에서 기본적으로 사용됨
> - 릴리프 밸브 · 감압 밸브 · 시퀀스 밸브는 설정 압력 제어 · 순차 동작 등에 사용하는 밸브로, 흐름을 한 방향만 허용하는 것이 주기능은 아님

53 다음은 압력에 대한 설명이다. 맞는 것은?

① 절대압력 = 대기압력 + 진공압력

② 절대압력 = 대기압력 + 게이지압력

③ 게이지압력 = 절대압력 + 대기압력

④ 진공압력 = 대기압력 + 게이지압력

> **해설** 압력의 종류와 관계
> - 절대압력은 기준을 완전진공으로 한 압력으로, 대기압력과 게이지압력을 합한 값임
> - 게이지압력은 대기압을 0으로 기준 잡았을 때의 압력으로, 절대압력에서 대기압력을 뺀 값임
> - 진공압력은 대기압보다 낮은 압력의 크기를 나타낸 것으로, 대기압력에서 절대압력을 뺀 값임
> - 따라서 압력 관계식은 절대압력=대기압력+게이지압력 관계로 표현됨

54 공기압의 장점이 아닌 것은?

① 보수관리가 용이하다.

② 동력원의 발생이 용이하다.

③ 외부누설 시 감전, 인화의 위험이 없다.

④ 배수대책이 불필요하다.

정답   52 ②   53 ②   54 ④

해설 **공기압의 장단점**
- 공기압은 장치 구조가 간단하고 오염에 둔감해 보수 · 관리가 용이함
- 공기 공급은 압축기만 설치하면 되어 동력원의 발생이 비교적 용이함
- 공기는 비도전성 · 불연성이라 누설 시에도 감전 · 인화 위험이 거의 없음
- 그러나 압축 · 이송 과정에서 수분이 응축되므로 드레인 배출 등 배수대책이 반드시 필요하므로 '배수대책이 불필요하다'는 내용은 공기압의 장점이 아님

55 다음 중 밸브의 조작력 분류 기호 중 기계적 방법이 아닌 것은?

해설 **밸브 조작력 분류 기호**
- 밸브 조작력 기호에서 레버 · 캠/롤러 · 페달은 모두 사람이나 기구가 직접 힘을 가하는 기계적 조작 방법임
- ① 레버, ② 캠/롤러, ③ 페달 기호는 모두 기계적인 수동 조작 방식에 해당함
- ④의 사각형에 빗금 또는 선이 들어간 기호는 솔레노이드 코일을 나타내며 전기 신호로 작동하는 전자식 조작 방법임
- 따라서 기계적 방법이 아닌 밸브 조작력 분류 기호는 전기 · 전자식 작동을 의미하는 ④임

56 다음 보기는 방향제어 밸브 기호이다. 포트와 방향수로 맞는 것은?

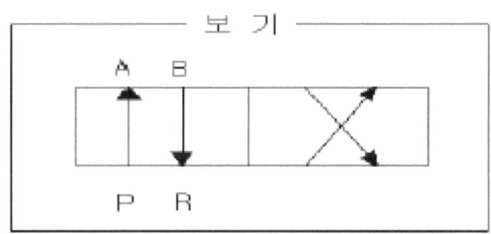

보 기

① 2/2way   ② 3/2way
③ 4/2way   ④ 4/3way

해설 **4/2way 방향제어밸브**
- 기호에 P(압력), R(배기), A · B(작동포트)까지 총 4개의 포트가 표현됨
- 밸브 상자가 가로로 2개 그려져 있어 2개의 스풀 위치를 가짐
- 포트 수 4개와 위치 수 2개가 조합된 밸브를 4/2way 밸브로 분류함
- 따라서 제시된 방향제어 밸브 기호의 포트 · 방향수 표기는 4/2way가 옳음

정답   55 ④   56 ③

57 압축공기 에너지를 기계적인 회전운동으로 바꾸어 주는 기기는?

① 공압 단동실린더　　　　　　② 공기 압축기

③ 공압 복동실린더　　　　　　④ 공압 모터

> **해설** 공압 모터의 기능
> • 공압 모터는 압축공기의 에너지를 직접 기계적인 회전운동 에너지로 변환함
> • 내부 로터에 공기압이 작용하여 회전토크를 발생시키며, 속도·토크 제어가 비교적 용이함
> • 공압 단동·복동실린더는 압축공기를 이용해 직선 왕복운동만 생성함
> • 공기 압축기는 공기를 압축·공급하는 장치로, 회전운동을 만들어 내는 부하측 기기가 아님

58 국제 단위계는 SI 단위계를 쓴다. 다음 기본 단위를 나타내는 것 중 잘못 표기한 것은?

① 길이 - 미터 - m　　　　　　② 질량 - 킬로그램 - kg

③ 열역학 온도 - 켈빈 - C　　　④ 시간 - 초 - s

> **해설** SI 기본단위 표기
> • 국제단위계(SI)에서 길이의 기본단위는 미터(m)로 표기함
> • 질량의 기본단위는 킬로그램(kg), 시간의 기본단위는 초(s)로 표기함
> • 열역학 온도의 기본단위는 켈빈(K)이며, 기호는 대문자 K를 사용함
> • 선택지 ③은 열역학 온도의 기호를 C로 표기하여 잘못된 단위 표기임

59 다음 중에서 압력의 단위가 아닌 것은?

① kgf/cm^2　　　　　　　　　② bar

③ 파스칼(Pa)　　　　　　　　　④ 뉴턴(N)

> **해설** 압력의 단위
> • 압력은 단위면적당 작용하는 힘으로 kgf/cm², bar, 파스칼(Pa) 등이 압력 단위에 해당함
> • 파스칼(Pa)는 N/m²에 해당하며, bar는 10^5Pa로 환산되는 공업용 압력 단위임
> • 뉴턴(N)은 힘의 크기를 나타내는 단위로, 질량×가속도(kg·m/s²)를 나타내는 역학 단위임

60 디스크 시트형 포핏 밸브의 특징이 아닌 것은?

① 응답시간이 길다.　　　　　　② 내구성이 좋다.

③ 밀봉이 우수하다.　　　　　　④ 가동부의 이동거리가 짧다.

> **해설** 디스크 시트형 포핏 밸브 특징
> • 디스크 시트형 포핏 밸브는 밸브 플러그 이동거리가 짧아 응답시간이 빠른 편임
> • 디스크가 시트에 밀착되는 구조라 밀봉성이 우수하고 누설이 적음
> • 구조가 단순하고 접촉면이 견고해 내구성이 좋은 편임
> • 따라서 '응답시간이 길다'는 설명은 실제 특징과 반대이므로 오답임

정답　57 ④　58 ③　59 ④　60 ①

전자부품장착기능사 기출문제
2007. 07. 15.

1과목 : SMT 개론

01 다음 중 스크린 프린터의 솔더 인쇄 품질과 관계 없는 것은?

① 스퀴지 속도　　　　　　　② 솔더 크림 정도

③ 기판 재질　　　　　　　　④ 메탈 마스크 개구부 크기

> **해설** 솔더 인쇄 품질 요인 판별
> • 스퀴지 속도 · 압력 · 각도는 충진성과 빠짐성에 직접 영향
> • 솔더 크림의 점도 · 칙소성 · 입도 분포는 인쇄 형상 안정성 좌우
> • 메탈 마스크 두께 · 개구부 크기 · 판분리 조건은 전사량을 결정
> • 기판 재질 자체는 직접 영향이 낮고 표면처리 · 평탄도 등이 변수로 보기 ③이 상대적으로 무관

02 다음 중 솔볼 불량과 관계없는 것은?

① 솔더를 인쇄한 후 방치시간 과다 함

② 솔더크림 인쇄시 솔더크림의 인쇄가 무너지거나 번짐

③ 솔더크림이 수분을 흡수 했을 때

④ 유효기간 이내의 솔더크림을 5~10℃로 냉장보관 했을 때

> **해설** 솔더볼 불량 요인 판별
> • 솔더 인쇄 후 장시간 방치는 페이스트 건조 · 산화로 솔더볼 증가 요인임
> • 인쇄 무너짐 · 번짐은 과도 전사와 분리 불량으로 솔더 스플래터 · 볼 유발함
> • 수분 흡수는 가열 시 기포 폭발로 미세 볼 발생이 증가함
> • 유효기간 내 5~10℃ 냉장 보관은 권장 조건으로 불량 원인과 무관함

03 칩 부품을 장착할 때 장착 높이가 너무 높았을 때 발생하는 문제점은?

① 칩 부품에 솔더 크림이 눌려 브릿지 불량이 생긴다.

② 장착부품이 틀어지거나 이탈, 솔더볼, 쇼트 등의 불량이 나타난다.

③ 솔더크림이 산화되어 불량이 발생한다.

④ 온도가 올라가 부품 특성 불량이 생긴다.

정답　01 ③　02 ④　03 ②

해설 장착 높이 불량 판별
- 장착 높이가 높으면 페이스트 접촉 · 점착 형성이 부족해 틀어짐 · 이탈 등 미삽 계열 불량 발생
- 리플로우 중 부품 흔들림으로 페이스트 비산 · 솔더볼 증가 및 위치 변위에 따른 쇼트 유발 가능
- ①은 과도 압착 시 발생하는 브리지 성격으로 '높음'보다는 '낮음(과압착)'에서 우선 발생
- ③ · ④는 장착 높이와 직접 인과가 약하며 보관 · 프로파일 · 부품 사양 영향 요인이 큼

04 다음 그림과 같은 이상적 온도 profile 중 C-D 구간 내 p점의 온도 관리를 중 알맞은 것은?

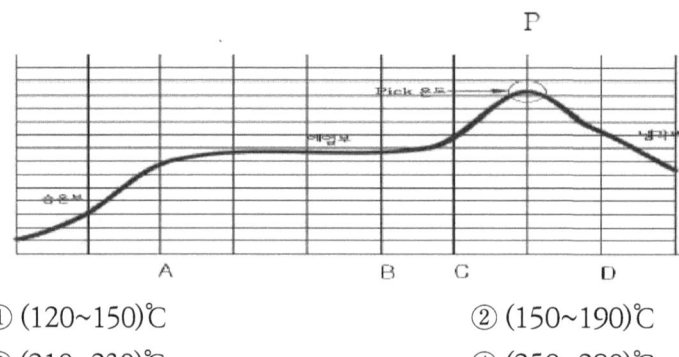

① (120~150)℃
② (150~190)℃
③ (210~230)℃
④ (250~280)℃

해설 리플로우 온도 프로파일 관리
- C-D 구간의 p점은 피크 온도로 Sn-Pb 기준 대략 210~230℃가 적정
- 융점 183℃ 대비 TAL 확보 후 과열을 피하면서 완전 용융과 젖음성 확보 필요
- 과도 고온은 부품 · 기판 열손상과 보이드 · 변색 위험 증가
- 과도 저온은 미용융 · 냉납 · 브리지 등 접합 불량 유발

05 전자 부품 실장 후 솔더 양이 많아 전극부위 이상으로 덮인 상태의 불량을 무엇이라 하는가?

① 솔더 쇼트
② 솔더 과다
③ 솔더 볼
④ 솔더 과소

해설 솔더 불량 유형 식별
- 전극부위를 넘어 필렛이 퍼져 패드 · 리드 외곽까지 덮인 상태는 솔더 과다에 해당함
- 과다 인쇄 · 개구부 과대 · 장착 높이 과소로 압착 과다 시 발생 가능성이 큼
- 솔더 쇼트는 인접 전극 간 연결, 솔더 볼은 미세 구상 입자 산포, 솔더 과소는 필렛 부족임
- 대책은 스텐실 개구 최적화 · 인쇄 조건과 장착 높이 보정 · 프로파일 관리임

정답 04 ③ 05 ②

06 표면 실장기 중 회전하는 핸드 유닛을 12~16개 사용하여 고속실장용에 사용하는 방식은 무엇인가?

① 갠트리(Gantry) Type   ② 모듈러(Moduler) Type
③ 로봇(Robot) Type   ④ 로타리(Rotary) Type

해설 실장기 방식 구분
- 로타리 타입은 회전 테이블에 다수 헤드·노즐을 장착해 동시 픽앤플레이스를 수행함
- 12~16개 핸드 유닛을 연속 회전시켜 고속 대량 실장에 적합함
- 갠트리 타입은 XY 왕복 이동식으로 범용성은 높으나 속도는 상대적으로 낮음
- 모듈러 타입은 라인 증설·혼류 생산에 유리하나 다헤드 동시 회전 구조와는 다름

07 플럭스의 역할이 아닌 것은?

① 청정화   ② 산화 방지
③ 재산화 방지   ④ 세척방지

해설 플럭스 역할 판별
- 플럭스는 표면 산화막 제거로 접합면을 청정화함
- 가열 과정에서 활성제가 작용해 산화 방지 및 재산화 방지를 수행함
- 젖음성 향상으로 솔더의 퍼짐을 돕고 필렛 형상을 안정화함
- 세척 방지는 기능이 아니며 잔사 제거를 위해 후공정 세척 또는 무세척형 선택이 필요함

08 재작업 (수리 part)이 곤란 하다는 게 SMT 단점 중에 하나인데 다음 중에 난이도가 가장 높은 반도체 부품은?

① TR   ② BGA
③ TSOP   ④ OEP

해설 재작업 난이도 판별
- BGA는 볼이 패키지 하부에 숨겨져 X-ray 확인·리볼링·언더필 제거 등으로 리워크 난이도 최상
- TR과 TSOP는 리드가 노출되어 핫에어·인두를 통한 국부 재납땜이 비교적 용이
- OEP는 표준 리드형으로 접근성과 가열 제어가 BGA 대비 유리
- BGA 리워크는 피크·TAL·워핑 관리까지 요구돼 공정 관리 난이도가 가장 높음

09 다음 중 크림 솔더가 가져야 할 특성이 아닌 것은?

① 점착성   ② 인쇄성
③ 신뢰성   ④ 발포성

정답 06 ④ 07 ④ 08 ② 09 ④

해설 크림 솔더 요구 특성
- 적정 점착성으로 장착 전 탈락 방지 및 픽업 안정 확보
- 인쇄성 · 빠짐성 · 판분리성으로 개구 전사량과 형상 재현성 확보
- 저장 안정성 · 리플로우 젖음성 등 공정 전후 신뢰성 확보
- 발포성은 요구 특성이 아니며 기포 · 스플래터 유발 요인임

10 PCB 기판에 있어서 무연화 대책에 해당하는 것은?

① PCB 두께 감소
② 전자파 설계
③ 내열성 확보
④ 수동 칩 내장

해설 무연화 대책
- Pb-free 공정은 리플로우 피크가 상승하므로 기판의 내열성 확보가 필수임
- 고Tg · 고열분해온도(Td) 수지와 동박 접착력 향상 소재 채택이 필요함
- 솔더레지스트 · 표면처리도 Pb-free 온도 · 시간에 견디는 사양으로 선정함
- 내열성 확보는 변형 · 델라미 · 패드 들뜸 방지를 통해 신뢰성을 보장함

11 장착 공정에서 흡착 에러에 대한 대책 중 잘못된 것은?

① 정기적으로 노즐관리를 한다.
② 흡착높이의 정도를 관리한다.
③ 헤드 속도를 빠르게 한다.
④ 부품에 맞는 흡착 노즐을 사용한다.

해설 흡착 에러 대책 판별
- 노즐 세척 · 점검 · 교체 등 정기 관리로 흡착력 안정 확보
- 흡착 높이 공차 관리로 패드 접촉 불량과 비산 방지
- 부품 규격에 맞는 노즐 선택으로 진공 밀봉 확보
- 헤드 속도 증가는 픽업 미스 증가 요인으로 대책이 아

12 다음 중 가장 고밀도화 된 SMT의 실장 형식은?

① 단면표면실장
② 양면표면실장
③ 단면 IMT 부품 혼재
④ 양면 IMT 부품 혼재

해설 SMT 실장 형식과 밀도
- 양면표면실장은 기판 양면 모두에 SMD를 실장해 면적당 실장 밀도가 최대임
- 단면표면실장은 한 면만 사용하므로 동일 면적 대비 부품 탑재량이 제한됨
- IMT 혼재는 관통홀과 부품 높이가 제약을 만들어 고밀도화에 불리함
- 양면 IMT 혼재는 공정 · 공간 제약이 더 커져 표면실장 대비 밀도 확보가 어려움

정답 10 ③ 11 ③ 12 ②

13 다음 중 부품의 장착 순서가 올바르게 나열된 것은?

① 40mm QFP → 1005 저항 → 2012 캐패시터 → BGA(Ball Grld Array)
② 1005 저항 → 2012 캐패시터 → 40mm QFP → BGA(Ball Grld Array)
③ 2012 캐패시터 → 40mm QFP → BGA(Ball Grld Array) → 1005 저항
④ BGA(Ball Grld Array) → 40mm QFP → 1005 저항 →2012 캐패시터

해설 부품 장착 순서
- 장착은 소형 · 저질량 칩부터 대형 · 고질량 부품 순으로 진행함
- 1005 저항→2012 캐패시터→40mm QFP→BGA 순서가 리플로우 시 변위 · 브리지 최소화에 유리함
- 대형 · 리드 다수 · 하부 접합형(BGA)은 마지막에 장착해 솔더 흐름과 워핑 영향을 줄임
- 작은 칩을 먼저 고정해 이후 공정 진동 · 풍동 영향에 대한 위치 안정성 확보함

14 소형부품에서 많이 발생 되며 리플로우 공정에서 부품의 한쪽 전극이 일어서는 현상은?

① 역삼   ② 맨하탄
③ 크랙   ④ 과납

해설 맨하탄(톰스톤) 현상
- 리플로우 시 양단 젖음력 · 용융 타이밍 불균형으로 한쪽 전극이 들려 일어서게 됨
- 패드 온도차, 페이스트 불균일 인쇄, 칩 길이 대비 패드 설계 불균형 등이 주원인임
- 예열 · TAL 균형, 스텐실 개구 대칭, 장착 오프셋 · 높이 적정화로 예방 가능함
- 소형 칩에서 빈발하며 1005 · 0603 등 미세 칩에서 특히 주의 필요함

15 다음 중 SMT 공정 작업 환경에 대한 설명으로 옳은 것은?

① 이온아이저는 유효거리와 이격 거리를 확인하여 설치한다.
② 제전용 매트는 도전 층이 표면으로 오도록 설치한다.
③ 작업장의 습도를 가능한 상대습도를 30% 이하로 낮춰 정전기 발생을 줄인다.
④ 이스팅은 손목착용이 발목착용보다 접지효과가 있다.

해설 SMT 작업 환경 관리
- 이온아이저는 최대 유효거리와 이격 거리 확인 후 설치해 정전기 중화 효율을 확보함
- 제전 매트는 상면은 정전기 확산용 '대전방지층', 하면은 접지용 '도전층' 구성이 적절함
- 작업장 습도는 일반적으로 40~60% RH 범위를 유지해 ESD와 흡습 불량을 동시 억제함
- 어스링은 손목 착용이 표준이며 정기 점검과 올바른 접지 연결이 필수임

16 기판의 인식마크에 대한 설명으로 잘못된 것은?

① 기판마크 위치를 카메라로 인식하여, 장착위치를 보장하기 위한 것이다.
② 인식마크의 형상은 원형의 1가지로만 제작이 가능하다.
③ 인식마크의 재질은 동박, Solder 도금 등 다양화 할 수 있다.
④ 기판의 재질에 따라 인식마크를 선명하게 식별할 수 있다.

해설 인식마크(Fiducial) 판별
- 인식마크 형상은 원형뿐 아니라 십자형 · 사각형 등 다양하게 설계 가능함
- 카메라가 마크를 인식해 기판 기준좌표를 잡고 장착 위치를 보정함
- 마크는 동박 노출 · 솔더 도금 등 재질 · 마감 선택이 가능하며 콘트라스트가 중요함
- 기판 재질 · 색상 · 솔더마스크에 따라 조명 · 밝기 조건을 최적화해 식별성을 높임

17 이형 Mounter에서 작업할 경우이다. 옳지 않은 것은?

① PCB의 피디셜 마크(Flducial Mark)를 인식하여 장착Error를 방지한다.
② 큰 Size의 이형부품을 작업하므로 PCB의 평탄도를 맞추지 않아도 된다.
③ 부품의 Size에 맞게 Nozzle를 선택하여 Pickup Error를 최소화 한다.
④ Fine Pitch 작업시에는 부품의 Pickup 위치, 이송시라 부품의 높이 등을 확인하여야 한다.

해설 이형 Mounter 작업 유의사항
- 이형부품은 크고 무거워 PCB 처짐이 커지므로 서포트 핀 · 버큠 테이블 등으로 평탄도 맞춤이 필수임
- 피디셜 마크 인식으로 보정해 장착 위치 오차를 줄이는 것은 타당함
- 부품 크기 · 형상에 맞는 노즐 · 그리퍼 선택과 흡착력 설정으로 픽업 에러를 최소화함
- 파인피치 작업에서는 픽업 좌표 · Z높이 · 이송 간 간섭 · θ보정을 점검해야 함

18 마운터에서 실장부품을 인식할 때 관련이 없는 것은?

① 반사판
② 부품 두께
③ 노즐 형상
④ 노즐 필터

해설 실장부품 인식 관련 요소
- 반사판 · 조명 구성은 윤곽과 대비를 높여 비전 인식 정확도에 직접 영향임
- 부품 두께 정보는 Z높이 · 포커스 · 레이저 높이 센서 보정에 필요하여 인식 · 정렬에 영향임
- 노즐 형상은 가림 · 그림자 · 흡착 안정성에 영향을 주어 카메라 시야와 인식 품질에 연관됨
- 노즐 필터는 이물 차단 · 진공 유지용 소모품으로 영상 인식과 직접 관련이 없음

19 솔더는 접합 모재와 성질이 비슷한 것을 선택하여 사용하는 것이 좋다. 솔더를 선택할 때 고려할 사항이 아닌 것은?

① 모재와 친화력이 좋을 것
② 적당한 용융 온도와 유동성을 가질 것
③ 납땜할 때 응용 상태에서 가능한 한 비산을 일으키지 않을 것
④ 모재와의 전위차가 가능한 클 것

> **해설** 솔더 선택 기준
> • 솔더는 모재와의 친화력 · 젖음성이 좋아 접합계 형성이 원활해야 함
> • 적절한 용해 온도와 충분한 유동성으로 모세관 작용과 퍼짐성이 확보되어야 함
> • 납땜 시 용융 상태에서 스패터 · 비산이 적어 작업성과 품질 안정성이 높아야 함
> • 모재와의 전위차는 작을수록 갈바닉 부식을 줄일 수 있으므로 '큰 것'은 부적절함

20 일반적인 SMT LINE을 구성한 것으로 옳은 것은?

① 로더 → 스크린 프린터 → 이형 칩 마운트 → 표준 칩 마운트 → 리플로우 → 언로더
② 로더 → 스크린 프린트 → 표준 칩 마운트 → 이형 칩 마운트 → 리플로우 → 언로더
③ 로더 → 스크린 프린터 → 표준 칩 마운트 → 리플로우 → 이형 칩 마운트 → 언로더
④ 로더 → 표준 칩 마운트 → 스크린 프린트 → 이형 칩 마운트 → 리플로우 → 언로더

> **해설** SMT LINE 기본 구성
> • 기본 흐름은 로더 → 스크린 프린터 → 표준 칩 마운터 → 이형 마운터 → 리플로우 → 언로더임
> • 표준 칩 마운터가 소형 · 다핀 칩류를 고속 실장하고, 이형 마운터가 커넥터 · 코일 등 특수부품을 후단에서 처리함
> • 리플로우는 모든 실장 완료 후 시행하여 솔더 페이스트를 일괄 용융 · 접합함
> • 프린터와 마운터 · 리플로우의 순서가 바뀌거나 리플로우 이전에 추가 실장을 넣으면 공정 불합리 · 불량 증가임

2과목 : 전자기초

21 다음 중 인쇄 납량을 결정하는 인자로 그 영향이 가장 작은 것은?

① 스퀴지(Squeeze)압력
② 스퀴지(Squeeze)속도
③ 메탈 마스크(Metal Mask)두께
④ 크림 솔더(CREAM Solder)성분

> **해설** 인쇄 납량에 영향 주는 주요 인자
> • 납량은 기본적으로 메탈 마스크 두께 · 개구율(면적비/체적비)로 결정됨
> • 스퀴지 압력은 개구 충전 · 방출에 영향해 납량 변동에 직접적임
> • 스퀴지 속도도 페이스트 롤링 · 개구 충전에 영향함
> • 크림 솔더 성분은 점도 · 슬럼프 등에 영향하나 동일 규격 내에서는 납량 자체에 대한 영향이 가장 작음

정답 19 ④ 20 ② 21 ④

22 SMT 인쇄공정에서 사용되는 성품이 아닌 것은?

① 스퀴지(Squeeze)
② 액상 플럭스(Finx)
③ 메탈 마스크(Metal Mask)
④ 크림 솔더(CREAM Solder)

> **해설** SMT 인쇄공정 사용 품목
> • 스퀴지는 메탈 마스크 위에서 크림 솔더를 롤링 · 충전 · 휘도로 밀어주는 핵심 공구임
> • 메탈 마스크는 개구 형상 · 두께로 인쇄 납량과 퍼짐을 결정함
> • 크림 솔더는 솔더 파우더+플럭스가 혼합된 인쇄 재료임
> • 액상 플럭스는 웨이브 솔더링 · 플럭스 프린팅 등 별도 공정에서 사용되며 일반 솔더 페이스트 인쇄공정의 구성품이 아님

23 고속 마운터 프로그램 작성 기능 중 해당 되지 않는 사항 은 무엇인가?

① 인쇄회로기판 마크 인식
② 장착순서 결정
③ 부품 동시흡착
④ 장착위치

> **해설** 고속 마운터 프로그램 기능
> • 프로그램은 보드 피디셜 마크 인식 설정으로 좌표 기준을 보정함
> • 장착 위치 좌표와 부품 데이터 · Feeder 매핑을 정의하고 장착 순서를 최적화함
> • 동시 흡착은 다노즐 헤드의 하드웨어/동작 능력으로, 프로그램 작성 기능 자체와는 구분됨
> • 프로그램은 비전 파라미터 · Z높이 · θ보정 등 공정 조건을 관리함

24 온도 프로파일 측정주기 및 관리에 대한 설명 중 틀린 것은?

① 온도 프로파일의 측정주기는 1회/일 및 생산모델 변경 시 측정한다.
② 측정된 온도 프로파일은 표준 온도 프로파일과의 적합성을 비교한다.
③ 온도 프로파일 측정을 샘플(열전쌍이 접속된 기판)은 재사용하면 안 된다.
④ 온도 프로파일 측정용 샘플(열전쌍이 접속된 기판)은 모델별로 관리 보관한다.

> **해설** 온도 프로파일 측정 · 관리
> • 프로파일 샘플 기판은 손상 · 개조 없고 TC 부착 상태가 양호하면 여러 차례 재사용 가능함
> • 측정 주기는 보통 1회/일 및 모델 변경 · 부품 밀도 변경 · 리플로우 조건 변경 시 수행함
> • 측정 결과는 표준(골든) 프로파일과 피크 · 소크 · 시간상승율 · TAL 등 항목으로 적합성 비교함
> • 프로파일 샘플은 모델별로 식별 · 보관하며 TC 위치 · 부착 방법을 기록 관리함

정답 22 ② 23 ③ 24 ③

25 표면실상 인라인 검사공정 구성 중 관련이 가장 적은 것은?

① 인쇄 검사   ② 장착 검사

③ ICT 검사   ④ 납땜 검사

> **해설** SMT 인라인 검사 공정
> - 인쇄 검사는 솔더 페이스트 패턴의 납량 · 번짐 · 오프셋을 확인함
> - 장착 검사는 프리리플로우 AOI로 부품 유무 · 극성 · 오프셋 · 스큐를 점검함
> - 납땜 검사는 포스트리플로우 AOI로 브리지 · 빈납 · 냉납 등 접합 불량을 검출함
> - ICT는 전기적 회로 검증 공정으로 핀베드 · 테스터를 사용하며 보통 AOI 중심의 인라인 검사 구성과는 별개임

26 Solder Paste 및 칩 Bond가 도포된 PCB에 Chip 부품을 납땜 또는 경하시키는 장치는?

① 리플로우(Reflow)   ② 언로더(Unloader)

③ 스크린 프린트(Screen Printer)   ④ 이형 칩 마운트(Multi Chip Mounter)

> **해설** 리플로우의 역할
> - 리플로우 오븐은 솔더 페이스트를 용융시켜 칩 부품을 납땜 접합함
> - 칩 본드(접착제) 사용 시에는 열경화 공정을 통해 부품을 고정하며, 리플로우/경화 오븐에서 처리 가능함
> - 언로더는 공정 종료 후 보드를 배출 · 적재하는 장치로 납땜 · 경화 기능과 무관함
> - 스크린 프린터는 솔더 페이스트를 인쇄하고 마운터는 부품을 올리며, 납땜 · 경화는 수행하지 않음

27 장착 공정에서 장착 에러를 일으킬 수 있는 원인으로 보기 어려운 것은?

① 부적절한 장착 높이   ② 부품인식 에러

③ 기판의 휨   ④ 느린 흡착 속도

> **해설** 장착 에러 주요 원인
> - 장착 Z높이 부적절 시 페이스트 눌림 · 뜸 발생으로 오프셋 · 브리지가 유발됨
> - 비전 인식 에러는 중심 · 각도 보정 실패로 좌표 오차가 커짐
> - 기판 휨은 평탄도 불량으로 실제 장착 높이 · 좌표가 변해 미스플레이스가 발생함
> - 흡착 속도는 주로 사이클타임 · 픽업 안정성에 영향하며, 정상 진공 · 보정이 되면 직접적인 장착 에러 원인으로 보기 어려움

28 SMT를 이용하여 생산할 경우 단점이 아닌 것은?

① 고밀도 TOTAL COST를 절감한다.

② 공정의 SYSTEM 회로 집중적인 투자 경비가 필요하다.

③ 부품의 소형화, IC LEAD의 협소 등으로 불량 수정 및 재작업이 어렵다

④ 새로운 부품의 개발 및 설비의 향상으로 변화에 대응하여야 한다.

정답   25 ③   26 ①   27 ④   28 ①

해설 SMT 도입의 장단점 구분
- 고밀도 실장은 공간 · 자재 절감으로 총비용 절감 효과가 있어 장점에 해당함
- 공정 자동화와 시스템 · 장비 초기 투자비가 커 단점에 해당함
- 부품 소형화 · 미세 피치로 불량 수리와 재작업 난이도가 높아 단점에 해당함
- 신부품 · 신공정 대응을 위한 설비 · 기술 업데이트 부담이 있어 단점으로 작용함

29 스크린 프린터(Screen Printer)를 설명 한 것이다. 틀린 것은?

① 스크린 프린터에서 Backup Pin은 필요가 없다.
② 스크린 프린터의 종류에는 전자동, 반자동, 수동이 있다.
③ 납(Solder Paste), 칩 Bond 등 스크린 마스크(Screen Mask)를 이용한 프린트이다.
④ 스퀴지(Squeegee)로 일정한 압력을 가하면서 크림솔더를 이동시킨다.

해설 스크린 프린터 기본
- 인쇄 시 PCB 처짐을 막고 평탄도를 확보하려면 백업 핀 · 서포트 블록이 반드시 필요함
- 스크린 프린터는 전자동 · 반자동 · 수동 등 방식으로 운용됨
- 솔더 페이스트나 칩 본드를 스텐실(메탈 마스크) 또는 스크린을 통해 인쇄함
- 스퀴지로 일정한 압력과 속도를 유지하여 페이스트를 롤링 · 개구 충전 · 방출함

30 Mounter setting 시 유의사항이 아닌 것은?

① Back Pin의 setting 불량   ② 장착 Speed의 setting 불량
③ 장착 부품의 color 불량   ④ 노즐(Nozzle)의 선택 오류

해설 마운터 세팅 유의사항
- 백업핀 세팅 불량은 보드 휨과 Z높이 오차를 초래해 픽업 · 장착 에러를 유발함
- 장착 속도 세팅은 충격 · 오프셋 · 브리징 등에 영향을 주므로 제품 · 페이스트 조건에 맞춰 조정해야 함
- 노즐 선택 오류는 흡착 안정성 · 비전 가림 · 부품 손상과 직결됨
- 부품 색상은 세팅 항목이 아니며 비전 인식은 주로 형상 · 치수 · 대비와 조명 조건에 좌우됨

31 솔더 분말을 용제나 플럭스에 섞어 사용하는 솔더로서 기판(PCB)에 도포하여 리플로우 솔더링 하는 솔더는?

① 테입 솔더(Tape Solder)   ② 페이스트 솔더(Paste Solder)
③ 바 솔더(Bar soder)   ④ 볼 솔더(Ball Solder)

해설 페이스트 솔더의 정의
- 페이스트 솔더는 솔더 분말을 플럭스(용제 포함)에 혼합한 반고체형 재료임
- 메탈 마스크로 PCB 패드에 인쇄 후 마운트하고 리플로우에서 용융 · 접합함
- 점도 · 입도 분포 · 플럭스 활성도가 인쇄성 · 퍼짐 · 브리징에 큰 영향을 줌
- 테이프 솔더 · 바 솔더 · 볼 솔더는 각각 프리폼 · 웨이브욕 · BGA 구형볼 등 다른 용도임

정답 29 ① 30 ③ 31 ②

32 실장형태의 변천 순서가 바르게 되어 있는 것은?

① axial lead 부품 → radial lead 부품 → 복합표면실장부품 → 표면실장부품
② axial lead 부품 → radial lead 부품 → 표면실장부품 → 복합표면실장부품
③ radial lead 부품 → axial lead 부품 → 복합표면실장부품 → 표면실장부품
④ axial lead 부품 → 복합표면실장부품 → 표면실장부품 → radial lead 부품

> **해설** 실장 형태의 역사적 변천
> • 초기에는 리드형 부품 중 축 방향 리드(axial)가 주류였음
> • 이후 자동삽입 효율을 높인 방사형 리드(radial)로 확산됨
> • 고밀도 · 소형화를 위해 표면실장부품(SMD, SMT)이 보편화됨
> • 더 높은 집적도를 위해 BGA · CSP 등 복합표면실장부품으로 발전됨

33 리플로우 장비의 가열방식으로 옳지 않은 것은?

① 적외선 법   ② 전기 저항법
③ 열풍 법   ④ 침적 법

> **해설** 리플로우 가열 방식
> • 리플로우는 적외선 가열, 열풍(대류) 가열, 복합(IR+대류) 등이 일반적임
> • 전기 저항 가열은 히터 소자를 가열원으로 사용하며 오븐 내부의 IR · 대류 열원을 형성함
> • 열풍법은 가열 공기를 순환시켜 보드 · 부품을 균일하게 가열함
> • 침적법은 솔더욕에 담그는 딥/웨이브 솔더링 방식으로 리플로우 가열 방식이 아님

34 전자기기 조립공정에서의 검사사항으로 틀린 것은?

① In clrcult test   ② Aging test
③ 부품 수입검사   ④ 파괴 검사

> **해설** 전자기기 조립공정 검사 범위
> • 조립공정 내 표준 검사는 ICT · AOI · 기능검사 · 에이징 등 라인 상에서 수행됨
> • 에이징 시험은 초기 고장 제거와 성능 안정화를 위한 공정 내 신뢰성 검사임
> • 파괴 검사는 신뢰성 · 고장분석 목적의 제한적 평가로 상시 공정 항목은 아님
> • 부품 수입검사는 자재 입고 단계의 전처리 검사로 조립공정의 검사사항에 해당하지 않음

35 리플로우 고정에서 온도 측정시 필요하지 않는 도구는?

① 비전   ② 열전대
③ 고온 솔더   ④ 열 경화형 본도

정답 32 ② 33 ④ 34 ③ 35 ①

해설 리플로우 온도 프로파일 측정 도구
- 열전대는 각 지점 온도를 수집하는 기본 센서임
- 고온 솔더는 열전대를 패드에 견고히 고정할 때 사용됨
- 열경화형 본드는 솔더 대용 또는 보조로 열전대를 부착할 때 사용됨
- 비전은 부품 인식 · 정렬 용도로 온도 측정과 직접 관련 없음

36 저항기의 색띠가 "갈흑적금"이면 저항값으로 맞는 것은?

① 1k, 5%
② 2k, 10%
③ 1k, 10%
④ 2k, 5%

해설 저항 색띠 판독
- 1띠=갈(brown)=1, 2띠=흑(black)=0으로 유효숫자 10
- 3띠=적(red)=×10^2 → 10×100=1000Ω=1kΩ
- 4띠=금(gold)=허용오차 ±5%
- 따라서 값은 1kΩ, 허용오차 5%가 맞음

37 200V, 600W 정격의 커피포트에 200V의 전압을 1시간 동안 공급할 때의 전력량으로 맞는 것은?

① 600[Wh]
② 1200[Wh]
③ 600[KWh]
④ 1200[KWh]

해설 전력량 계산
- 전력량 = 전력 × 시간임
- 600 W × 1 h = 600 Wh = 0.6 kWh임

38 PCB의 배선밀도를 높이기 위한 방법으로 옳은 것은?

① 노이즈방지를 위해 배선과 배선 사이를 넉넉하게 한다.
② 비아 홀을 크게 한다.
③ 부품 홀을 크게 한다.
④ PCB를 고 다층화 한다.

해설 PCB 배선 밀도 향상 방법
- 다층화는 배선층 수를 늘려 유효 배선 면적을 확대하므로 밀도 향상에 가장 직접적임
- 전원 · 그라운드 전용층 분리로 신호층의 배선 자유도가 커져 트레이스 집적이 가능함
- 배선 간격을 넓히거나 비아 · 부품 홀을 크게 하면 트레이스 통로가 줄어 밀도가 오히려 저하됨
- 고밀도 적용 시에는 마이크로비아 · 블라인드 · 버리드 비아 등 HDI 기술 병행이 효과적임

정답 36 ① 37 ① 38 ④

39 반도체 소자의 형명 표시에서 다음 중 2SC2458에 해당하는 트랜지스터는 어느 것인가?

① P - N - P 형의 고주파용

② P - N - P 형의 저주파용

③ N - P - N 형의 고주파용

④ N - P - N 형의 저주파용

> **해설** JIS 트랜지스터 형명
> • 일본 JEITA/JIS 표기에서 2S는 트랜지스터를 의미함
> • 2SA · 2SB는 PNP형으로, A는 고주파용 · B는 저주파용에 해당함
> • 2SC · 2SD는 NPN형으로, C는 고주파용 · D는 저주파 · 전력용에 해당함
> • 따라서 2SC2458은 NPN형 고주파용 트랜지스터임

40 다음 중 PCB 패턴(Pattern) 설계시 유의사항이 아닌 것은?

① 소신호의 패턴과 대전류 패턴은 근접하지 않도록 한다.

② 패턴과 패턴 간에 가능한 한 그라운드 패턴을 통과 시킨다.

③ 패턴은 최단거리를 유지하고 패턴이 길면 루프 형상이 되도록 한다.

④ 패턴 간의 전위차에 따라 패턴 간격을 유지 한다.

> **해설** PCB 패턴 설계 유의사항
> • 소신호 패턴은 대전류 패턴과 분리해 누화 · 전압강하 영향을 최소화함
> • 가능하면 가드용 그라운드 패턴으로 차폐 · 리턴 경로를 안정화함
> • 패턴은 루프 형상을 만들지 말고 루프 면적을 최소화하며 최단 · 직선 경로로 설계함
> • 패턴 간 전위차가 클수록 절연 거리와 간격 규격을 더 확보함

3과목 : 공압기초

41 정현파 교류의 피크 루 피크 값을 측정하였더니 28.28[Vp-p]이였다면 이 파형의 실효 값으로 맞는 것은?

① 5[V]   ② 10[V]

③ 14.14[V]   ④ 28.28[V]

> **해설** 정현파 실효값 산정
> • 주어진 값이 Vp-p = 28.28 V이면 피크값 Vp = 28.28/2 = 14.14 V임
> • 정현파 실효값 Vrms = Vp/$\sqrt{2}$ 이므로 14.14/$\sqrt{2}$ ≈ 10.00 V임
> • 따라서 실효값은 10 V이며 14.14 V는 피크값 Vp에 해당함

정답 39 ③   40 ③   41 ②

42 부품의 간격, 결선, 금지영역의 배치 등의 여부를 검사하는 CAD의 기능으로 맞는 것은?

① 배선패턴의 설계 기능
② 도형처리 기능
③ 설계규칙검사 기능
④ PCB 외형, 드릴데이터 등의 작성 기능

> 해설 **CAD 설계규칙검사 기능 판별**
> • DRC는 부품 간격 · 배선 간격 · 금지영역 위반 · 결선 누락 등을 자동 검사함
> • 배선패턴의 설계 기능은 배치 · 배선을 그리는 작성 기능으로 검사 기능이 아님
> • 도형처리 기능은 이동 · 복사 · 삭제 등 편집 기능이며 규칙 검사는 수행하지 않음
> • CAM 출력 전 DRC 통과가 제조 가능성과 신뢰성 확보의 전제임

43 PCB CAD의 주요 기능으로 틀린 것은?

① 3D 모델링을 위한 편리한 디자인 기능
② 아날로그, 디지털, SMD 등의 제약 없는 설계기능
③ 자동결선, 자동부품배치 등의 자동화된 제반기능
④ 스케메틱 및 PCB의 즉각적이고 간단한 디버깅 기능

> 해설 **PCB CAD 주요 기능 판별**
> • PCB CAD의 핵심은 회로도 캡처 · 부품배치 · 배선 · DRC/ERC이며 3D 모델링은 보조 연동 기능임
> • 3D 보기 · 간섭 체크는 MCAD 협업 영역으로 '주요 기능'이라 단정하기 어려움
> • 자동부품배치 · 자동결선 등 자동화 기능은 대표적 핵심 기능임
> • 아날로그 · 디지털 · SMD 제약 없는 규칙 기반 설계와 스케매틱↔PCB 연동 디버깅은 주요 기능임

44 키르히호프의 제1법칙인 전류법칙을 바르게 설명한 것은?

① 임의의 폐 회로망에서 기전력 합은 폐 회로망의 저항에 의한 전합 강하의 합은 서로 같다.
② 회로망의 임의의 접속점에 유입되는 전류와 유출되는 전류의 합은 서로 같다.
③ 임의의 폐 회로망에서 기전력 합은 폐 회로망의 저항에 의한 전합 강하의 합은 서로 다르다.
④ 회로망의 임의의 접속점에 유입되는 전류와 유출되는 전류의 합은 서로 다르다.

> 해설 **키르히호프 제1법칙(KCL)**
> • 임의 접속점에서 유입 전류의 대수합이 유출 전류의 대수합과 같음
> • 전하 보존에 근거하여 정상상태 노드에서는 전하 축적이 0임
> • 부호 규약으로 유입을 +, 유출을 −로 두면 $\Sigma I\_in + \Sigma I\_out = 0$으로 표현함
> • 폐회로에서 기전력과 전압강하 합을 비교하는 설명은 제2법칙(KVL)에 해당함

 정답 42 ③ 43 ① 44 ②

45 트랜지스터는 작은 전기신호를 큰 전기신호로 변환하는 (   )기능을 한다. (   )에 들어갈 말은?

① 정류   ② 증폭
③ 반전   ④ 평활

> 해설 | 트랜지스터 기본 기능
> • 트랜지스터는 입력 신호를 전류 · 전압 이득으로 크게 만드는 증폭 소자로 동작함
> • 베이스에 소신호를 가하면 컬렉터 · 이미터 사이 큰 신호 변화를 유도함
> • 소신호 증폭 · 전력 증폭 등 증폭 회로 전반에 사용됨
> • 정류 · 반전 · 평활은 다이오드 · 연산증폭기 · 필터 등 다른 소자 기능에 해당함

46 다음 중 전계 효과 트랜지스터 (FET)의 특징이 아닌 것은?

① 입력 임피던스가 매우 높다.   ② 전류 제어용 소자이다.
③ 잡음이 없다.   ④ 구조가 간단하고 제조가 용이하다.

> 해설 | FET 특징 판별
> • FET는 게이트 전압으로 드레인 전류를 제어하는 전압제어 소자임
> • 입력 임피던스가 매우 높고 구동 전류가 작아 전력소모가 낮음
> • 저잡음 특성이 우수하나 '잡음이 없다'는 표현은 부적절함
> • 구조가 비교적 단순해 집적화와 대규모 IC에 적합함

47 금속 중의 전자에 열이나 빛 등의 에너지를 가하면 전자가 공간에 방출된다. 다음 중 이러한 전자 방출의 종류에 해당 되지 않는 것은?

① 1차 전자 방출   ② 열전자 방출
③ 전기장 방출   ④ 광전자 방출

> 해설 | 전자 방출 종류 판별
> • 열전자 방출은 가열로 일함수 장벽을 넘어 전자가 방출됨
> • 광전자 방출은 광자가 일함수 이상 에너지를 전달해 전자가 방출됨
> • 전계 방출은 강한 전계에 의한 양자 터널링으로 전자가 방출됨
> • 1차 전자 방출은 표준 방출 메커니즘 명칭이 아니며 보통은 2차 전자 방출이 정식 용어임

48 PCB 제조에 사용되는 동박적 층판의 종류 중 정보처리 분야인 휴대전화, 무선통신용으로 사용되는 것은?

① 복합 동박적 층판   ② 내열수지 동박적 층판
③ 고주파용 동박적 층판   ④ 플렉시블 동박적 층판

정답   45 ②   46 ②   47 ①   48 ③

해설 **동박적층판 용도 구분**
- 고주파용 CCL은 낮은 유전율과 손실탄젠트로 RF 손실 · 위상 지연을 최소화함
- 휴대전화 · 무선통신 · 안테나 · 고속 신호 전송 회로 등에 적용됨
- 내열수지 CCL은 고온 공정 내열 목적, 플렉시블 CCL은 굴곡 · 박형 목적임
- 복합 CCL은 기계적 강도 · 열특성 균형용으로 RF 용도와 목적이 다름

49 PCB 조립 후 제거되는 조립 덧 살 활용방법으로 부적절한 것은?

① V-컷트 작으로 인접 PCB와 결합하여 사용할 수 있다.
② PCB 도번 이나 이슈 관리를 한다.
③ PCB 덧 살 부위에 더미 패드를 형성하여 PCB 웨이브 솔더링시 PCB 휨을 방지할 수 있다.
④ 각종 테스트용 패드를 만들 수 있다.

해설 **조립 덧살 활용 판별**
- 조립 덧살은 패널 운송 · 강성 확보 · 공정 핸들링 후 제거되는 보조부로 기판 결합용이 아님
- V-컷으로 인접 PCB를 다시 결합해 사용하는 행위는 목적과 상충하여 부적절함
- 덧살에는 더미 패드 형성으로 웨이브 솔더링 시 휨 · 열균형 개선이 가능함
- 덧살 영역을 도번 · 이슈 표기나 각종 테스트 패드 용도로 활용 가능함

50 인쇄회로기판(PCB) 제작시 고려해야 할 특성 중 전기적 특성에 해당 되지 않는 것은?

① 내전압   ② 납땜 내열성
③ 절연 저항   ④ 절연율

해설 PCB 전기적 특성 판별
- 내전압은 절연 파괴 없이 견디는 최대 전압을 뜻하는 전기적 특성임
- 절연저항은 회로 간 누설 전류를 좌우하는 전기적 특성임
- 절연율은 재료의 절연 성능 · 유전 특성과 관련된 전기적 지표임
- 납땜 내열성은 공정 내열 · 열충격 등에 관한 열 · 기계적 특성으로 전기적 특성이 아

51 액추에이터의 공급 쪽 관로에 바이패스 관료를 설치하여 속도를 제어하는 회로는?

① 미터 인 회로   ② 미터 아웃 회로
③ 레지스터 회로   ④ 블리드 오프 회로

정답   49 ①   50 ②   51 ④

해설 블리드 오프 회로
- 공급측 배관에 바이패스 라인을 두고 유량조절밸브로 일부 유량을 탱크로 방류해 액추에이터 유량을 줄여 속도를 제어함
- 미터 인 · 미터 아웃은 입구 · 출구 라인에서 직접 유량을 조절하는 방식으로 블리드 오프와 구분됨
- 부하 변화에 따라 속도 변동이 커질 수 있어 일정 부하에서 간단 제어용으로 적합함
- 구성은 바이패스에 유량조절밸브와 체크밸브를 배치해 역류와 기동 응답을 관리함

52 공기가 왕복운동을 하는 피스톤 부분과 직접 접촉하지 않기 때문에 공기에 기름이 섞이지 않게 되어, 압축 공기 중에 기름이 혼입되는 것을 방지하여 깨끗한 공기를 필요로 하는 식료품가공, 제약회사 등에 많이 사용되는 압축기는?

① 격판 압축기　　　　　　② 피스톤 압축기
③ 스크루 압축기　　　　　　④ 베인 압축기

해설 격판(다이아프램) 압축기 특징
- 피스톤과 압축 공기가 격막으로 분리되어 윤활유가 공기에 혼입되지 않음
- 오일 프리 공기가 요구되는 식품 · 제약 공정에 적합함
- 가스의 누출과 오염을 최소화해 청정도와 안전성이 높음
- 구조상 용량은 비교적 작지만 청정성과 내식성 요구 현장에 최적임

53 공압 기기의 특성을 나타낸 것 중에서 서로 맞지 않은 것은?

① 회전 운동 - 공압 모터를 이용하여 빠른 회전 운동을 얻으며 효율이 높고 운전비용이 적게 든다.
② 조절성 - 힘은 압력 조절 밸브를 이용하고 속도는 유량 제어 밸브, 금속 배기 밸브로 쉽게 조절할 수 있다.
③ 취급성 - 구조가 간단하여 간단한 조작으로도 취급할 수 있으며 잘못 배관해도 부품 자체의 손상이 없다.
④ 주변 환경의 영향 - 주위의 온도가 낮을 경우 압축 공기 중의 수분이 응축되어 얼기 쉽다.

해설 공압 기기 특성 판별
- 공압 모터는 고속 회전은 용이하나 에너지 효율은 낮고 압축공기 비용이 커 운전비용이 저렴하다고 보기 어려움
- 힘 제어는 압력조절밸브, 속도 제어는 유량조절밸브 · 급속배기밸브 등으로 용이함
- 구조가 단순해 취급이 쉽고 오작동 시에도 수압식 대비 손상 위험이 상대적으로 작음
- 저온 환경에서는 수분이 응축 · 동결되기 쉬워 공기 처리 · 배수 관리가 필요함

정답　52 ①　53 ①

54 다음 중 표준대기압 (AIM)으로 잘못 표시된 것은?

① 760 mmHg

② 10.33 mAq

③ 1.033 kgf/cm

④ 733.5 mmHg

> **해설** 표준대기압 단위 판별
> • 표준대기압은 1 atm으로 760 mmHg와 동등함
> • 1 atm ≈ 1.01325 bar ≈ 101.325 kPa ≈ 1.033 kgf/cm²로 표현 가능함
> • 수두 기준으로는 약 10.33 mAq가 1 atm에 해당함
> • 733.5 mmHg는 1 atm이 아니며 약 0.965 atm 수준이므로 잘못된 표기임

55 정지된 유체 내에서 압력을 가하면 이 압력은 유체를 통하여 모든 방향으로 일정하게 전달된다. 이 이론은 유체의 성질을 이해하고 회로에 적용할 수 있다. 어떤 이론 한가?

① 연속의 법칙

② 파스칼의 원리

③ 달튼의 법칙

④ 베르누이의 정리

> **해설** 파스칼의 원리
> • 정지한 유체에 가한 압력은 크기 변화 없이 모든 방향으로 동일하게 전달됨
> • 유압 프레스 · 잭 등에서 작은 힘으로 큰 힘을 얻는 원리로 적용됨
> • p=F/A, 동일 유체에서 p1=p2이므로 F2=F1×(A2/A1)로 힘 증폭 가능함
> • 연속의 법칙은 유량 보존, 베르누이는 에너지 보존, 달튼은 분압 법칙으로 구분됨

56 다음 중 증압기의 사용 목적으로 옳은 것은?

① 압력 증폭

② 속도 제어

③ 스틱- 슬립현상 방지

④ 에너지 저장

> **해설** 증압기의 사용 목적
> • 증압기는 저압의 압축공기를 기구적으로 승압해 국소 영역에 높은 압력을 제공함
> • 속도 제어는 미터 인 · 미터 아웃 · 블리드 오프 회로로 수행하며 증압기의 목적이 아님
> • 스틱 슬립 현상은 윤활 · 실 마찰 저감 · 유량 안정화 등으로 대응하며 증압기는 근본 대책이 아님
> • 에너지 저장은 리시버 탱크나 어큐뮬레이터의 역할임

57 방향 제어 밸브의 구조 중에서 스플형에 대한 장점으로 맞는 것은?

① 이물질이 혼입되어도 고장이 적다.

② 압력이 축 방향으로 작용하여 작은 힘으로 밸브 전환이 가능하다.

③ 정밀도에 관계없이 밀봉효과가 아주 좋다.

④ 급유가 필요 없다.

정답 54 ④ 55 ② 56 ① 57 ②

해설 방향제어밸브 스풀형 장점
- 압력이 축 방향으로 균형되어 작은 구동력으로 전환 가능함
- 유로 단면이 커서 유량이 크고 압력손실이 비교적 작음
- 구조가 단순·콤팩트하여 솔레노이드·공압·수동 등 다양한 구동에 적합함
- 포펫형 대비 밀봉성은 낮고 이물질 민감하지만 전환 응답성과 내구성이 우수함

58 다음 중 압력의 단위는?

① Pa
② N
③ m/s
④ mol

해설 압력 단위 판별
- Pa는 N/m²로 정의되는 SI 압력 단위임
- N은 힘의 단위, m/s는 속도의 단위, mol은 물질량의 단위임
- 공압·유압 계산에서 p=F/A로 사용되는 기본 단위가 Pa임

59 공기압 조정 유닛(서비스 유닛)의 구성 부품이 아닌 것은?

① 윤활기
② 체크밸브
③ 공압필터
④ 압력조절밸브

해설 공기압 조정 유닛 구성 판별
- 서비스 유닛은 공압필터(F)·압력조절밸브(R)·윤활기(L)로 구성됨
- 공압필터는 수분·먼지 제거로 공기 청정도 확보함
- 압력조절밸브는 2차측 압력을 일정하게 유지함
- 체크밸브는 역류 방지용 별도 부품으로 서비스 유닛 기본 구성에 해당하지 않음

60 다음 유압장치의 특징 설명 중 틀린 것은?

① 장치를 소형화 할 수 있다.
② 무단 변속이 가능하다.
③ 속도조정이 용이하고 중간정지도 양호하다.
④ 에너지 축척이 불가능하다.

해설 유압장치 특징 판별
- 유압은 큰 힘을 소형 장치로 전달 가능해 소형화에 유리함
- 펌프 유량과 밸브 제어로 무단 변속·정밀 속도 조정·중간 정지 구현 가능함
- 어큐뮬레이터를 사용해 압력 에너지를 저장·완충·비상 구동에 활용 가능함
- 따라서 '에너지 축척이 불가능하다'는 설명은 유압의 일반 특성과 배치되어 틀림

정답 58 ① 59 ② 60 ④

전자부품장착기능사 기출문제
2008. 07. 13.

1과목 : SMT 개론

01 솔더를 구성하는 성분 중에서 유연 솔더와 무연(Pb-free) 솔더를 구분하는 기준이 되는 금속은?

① 구리
② 주석
③ 은
④ 납

> **해설** 유연 솔더와 무연 솔더의 구분 기준
> - 솔더의 주요 구성 성분은 주석(Sn) 과 납(Pb) 임
> - 전통적으로 사용된 유연 솔더(납땜용 솔더) 는 Sn-Pb 합금으로, 대표적으로 Sn63/Pb37 조성이 사용됨
> - 환경 규제(RoHS 등)에 따라 납(Pb)을 제거한 솔더를 무연 솔더(Pb-free Solder) 라 함
> - 무연 솔더는 보통 Sn-Ag-Cu(SAC) 계 합금으로 대체되며, 납 대신 은(Ag) · 구리(Cu) 등을 첨가함

02 다음 중 열전달 방식과 솔더링 방법이 맞게 연결된 것은?

① 전도열 - 침적 솔더링
② 복사열 - 침적 솔더링
③ 대류열 - 인두 솔더링
④ 전도열 - 리플로우 솔더링

> **해설** 열전달 방식-공정 매칭
> - 침적(딥) 솔더링 : 용탕과 직접 접촉 → 전도열이 주된 전달 방식.
> - 인두 솔더링 : 팁과 패드가 직접 맞닿아 전도열이 맞으나 보기 ③은 '대류열'로 잘못 기재.
> - 리플로우 : 열풍(대류), IR(복사), VPS(응축잠열) 등 → 전도열-리플로우(④)도 오기.
> - 복사열-침적(②)도 성격 불일치.

03 일반적인 표면 실장 부품의 공급 형태가 아닌 것은?

① Taping(reel)
② Tray
③ Stick
④ Pipe

> **해설** 표면 실장 부품의 공급 형태
> - SMT 표준 공급 형태는 Tape &Reel, Tray, Stick 구성
> - Pipe는 규격화된 공급 형태가 아니어서 현장 사용 부적합
> - Tape &Reel은 연속 급지로 고속 자동 실장에 적합
> - Tray는 BGA · QFP 등 이형 패키지, Stick은 길이형 수동소자에 적용

정답 01 ④ 02 ① 03 ①

04 다음 중 솔더 크림 또는 칩 본드를 공급하는 방식이 아닌것은?

① 스크린 인쇄
② 디스펜싱(도포 방식)
③ 핀 전사방식
④ 칩 마운터

> **해설** 솔더 크림 및 칩 본드 공급 방식
> - 솔더 크림 또는 칩 본드는 인쇄 또는 도포 방식으로 공급됨
> - 대표적인 방식은 스크린 인쇄(Screen Printing), 디스펜싱(Dispenser 도포), 핀 전사 방식(Pin Transfer) 임
> - 칩 마운터(Chip Mounter)는 부품을 장착하는 장비로, 솔더 크림이나 본드를 공급하지 않고 인쇄·도포가 완료된 기판 위에 부품을 실장함

05 다음 중 칩 마운터를 구분하는 방식이 아닌 것은?

① In-line 방식
② One by one 방식
③ Multi 방식
④ Pin 전사 방식

> **해설** 칩 마운터 구분 방식
> - 칩 마운터는 부품 실장 방식과 생산 라인 구성 형태에 따라 분류됨
> - 일반적인 구분 방식은 In-line 방식(직렬 공정형), One by one 방식(단일 픽업형), Multi 방식(다중 헤드형) 등이 있음
> - Pin 전사 방식(Pin Transfer)은 솔더 크림이나 본드를 기판에 공급하는 인쇄·도포 방식으로, 마운터의 분류 방식이 아님

06 다음 중 Bare chip 실장 방식이 아닌 것은?

① Wire Bonding
② Flip Chip Bonding
③ Dispensing
④ Tape Automated Bonding

> **해설** Bare chip 실장 방식
> - Bare chip 실장은 패키지화되지 않은 칩을 직접 기판에 실장하는 기술임
> - 대표적인 방식은 Wire Bonding, Flip Chip Bonding, Tape Automated Bonding(TAB) 등이 있음
> - Dispensing은 접착제나 솔더 페이스트를 점도에 맞게 도포하는 공정 방식으로, 실장 방식이 아님

07 크림 솔더(cream solder)의 종류가 아닌 것은?

① 고온 Solder
② 은 - 주석 Solder
③ 저온 Solder
④ Wave Solder

정답 04 ④ 05 ④ 06 ③ 07 ④

> **해설** 크림 솔더의 종류
> - 크림 솔더는 납과 주석 등의 금속 분말을 플럭스와 혼합하여 만든 페이스트형 솔더임
> - 온도 구분에 따라 고온 솔더, 저온 솔더, 은-주석 솔더 등의 종류로 나뉨
> - Wave Solder는 용융된 납의 파도를 이용해 부품을 납땜하는 웨이브 솔더링 공정 방식으로, 크림 솔더의 종류가 아님

08 실장 기술에서 실장부품의 발전방향으로 틀린 것은?

① 소형화, 미소화   ② IC lead의 fine pitch화
③ lead 이형 부품화   ④ 복합 부품화

> **해설** 실장부품의 발전 방향
> - 실장 기술의 발전은 전자기기의 소형화 · 경량화 · 고밀도화를 위한 부품 진화로 이어짐
> - 주요 방향은 소형화 · 미세화, IC 리드의 미세 피치화, 복합 · 다기능 부품화임
> - 반면 "리드 이형 부품화"는 소형화 · 표준화 추세에 역행하는 개념으로, 발전 방향에 해당하지 않음

09 실장공정 환경 중 온도 관리 조건으로 알맞은 것은?

① 10~15℃   ② 15~22℃
③ 22~27℃   ④ 27~32℃

> **해설** 실장공정 온도 관리
> - SMT 공정은 솔더 페이스트 점도와 플럭스 활성도, 부품 정렬 안정성에 영향을 받음
> - 일반적으로 22~27℃의 실내 온도에서 가장 안정적인 인쇄 품질과 실장 정밀도가 확보됨
> - 너무 낮은 온도(15℃ 이하)는 솔더 페이스트 점도가 증가하여 인쇄 불량을 유발하고,
> - 너무 높은 온도(27℃ 이상)는 페이스트의 건조나 산화가 빨라져 접합 품질이 저하됨

10 표면 실장기(표준품)에서 기판(PCB)의 휨 정도에 따른 생산 가능한 범위를 설명한 것이다. 올바른 것은?

① 평면기준에서 위 방향으로 최대 0.5mm, 아래 방향으로 최대 0.5mm이다.
② 평면기준에서 위 방향으로 최대 1mm, 아래 방향으로 최대 1mm이다.
③ 평면기준에서 위 방향으로 최대 3mm, 아래 방향으로 최대 3mm이다.
④ 평면기준에서 위 방향으로 최대 5mm, 아래 방향으로 최대 5mm이다.

> **해설** PCB 휨 허용 범위
> - 표준형 표면실장기에서는 픽업 및 실장 정밀도를 위해 기판 평탄도 관리가 매우 중요함
> - 일반적으로 허용 가능한 휨 정도는 평면 기준에서 상 · 하 각 0.5mm 이내로 제한됨
> - 이 범위를 벗어나면 노즐의 Z기준 불일치로 인해 흡착 오차, 부품 미착, 위치 불량이 발생함
> - 따라서 실장기(표준품)의 기판 휨 허용 범위는 ① 평면기준에서 위 · 아래 최대 0.5mm임

정답 08 ③ 09 ③ 10 ①

11 온도 프로파일에 대한 다음 설명 중 잘못된 것은?

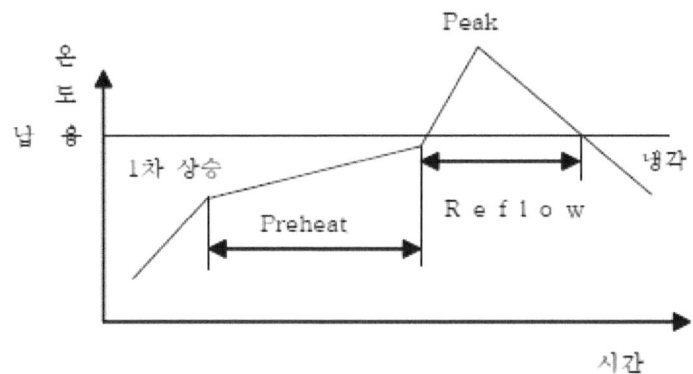

① 1차 상승은 휘발 성분을 없앤다.

② Preheat 구간은 일정한 온도(150℃ 전후)를 유지하며, Flux를 활성화 시킨다.

③ Peak 온도는 부품의 사양을 고려하여 설정하되 일반적으로 210~220℃ [무연 납 : 230~250℃]이내에서 설정한다.

④ 접합강도를 높이기 위해서는 빠른(급격) 냉각보다는 늦은(완만) 냉각이 유리하다.

해설 온도 프로파일의 냉각 구간

- 리플로우 공정의 냉각 단계는 납이 응고되며 접합부의 결정 구조가 형성되는 핵심 구간임
- 접합 강도를 높이기 위해서는 빠른 냉각(급속 냉각) 이 필요함 — 냉각 속도는 보통 초당 3~10℃ 범위가 적정함
- 완만한 냉각은 결정립이 거대해지고, 접합부의 기계적 강도와 신뢰성을 저하시킴
- 따라서 "늦은 냉각이 유리하다"는 설명은 잘못이며, 빠른 냉각이 접합 강도 향상에 유리함

12 다음 중 기판에 휨을 발생시켜, 실장되어 있는 부품의 변형률 및 단락 여부 등을 측정하는 시험 방법은?

① 열 충격 시험   ② 벤딩 시험
③ 고온 고습 시험   ④ PCT(Pressure cooker test)

해설 벤딩 시험

- 벤딩(Bending) 시험은 PCB 기판에 인위적인 휨(변형)을 가해 부품의 기계적 신뢰성을 평가하는 시험임
- 목적은 실장된 부품의 납땜부 강도, 변형률, 단락(쇼트) 발생 여부 등을 확인하는 데 있음
- 일반적으로 일정 속도로 기판을 굽히며 저항 변화나 단락 상태를 실시간으로 측정함

13 인쇄공정에 관한 설명으로 틀린 것은?

① 메탈 마스크와 솔더의 점착력이 강해야 한다.
② PCB와 솔더의 점착력이 강해야 한다.
③ PCB와 메탈 마스크 사이에 부압이 형성되어야 한다.
④ 메탈 마스크 표면에 대기압력이 작용한다.

해설 인쇄공정의 점착력 관계
- 인쇄공정에서는 솔더 페이스트가 메탈마스크에 달라붙지 않고, PCB 패드에 정확히 전사되는 것이 중요함
- 따라서 PCB와 솔더 페이스트의 점착력은 강해야 하며, 반대로 메탈마스크와 솔더 페이스트의 점착력은 약해야 함
- 점착력이 강하면 마스크 개구부에 잔류 페이스트가 남아 인쇄 불량(미인쇄 · 번짐 등)이 발생함
- PCB와 마스크 사이의 부압 형성, 마스크 표면의 대기압 작용 등은 정상적인 인쇄 과정에서 필요한 물리적 조건임

14 다음 중 장착 공정에서 발생할 수 있는 불량에 속하지 않는 것은?

① 과납   ② 틀어짐
③ 역삽   ④ 부품 깨짐

해설 장착 공정 불량 구분
- 장착 공정에서는 주로 부품의 위치 · 방향 · 형상 관련 불량이 발생함 (예: 틀어짐, 역삽, 부품 깨짐 등)
- 반면 과납(납 과다)은 인쇄공정 또는 리플로우 공정에서 발생하는 납땜 관련 불량에 해당함
- 장착 단계에서는 솔더의 양을 제어하지 않기 때문에 과납은 직접적인 불량 요인이 아님
- 따라서 과납은 인쇄공정 불량이며, 장착 공정 불량에는 포함되지 않음

15 리플로우 가열방식 중 대류 작용을 이용한 것은?

① 열풍방식   ② IR 가열방식
③ 레이저 가열방식   ④ 증기 가열방식

해설 리플로우 가열방식
- 열풍방식(Hot Air Convection)은 공기를 가열한 후 대류(convection) 작용을 이용해 열을 전달하는 방식임
- 기판 전체를 균일하게 가열할 수 있어, 부품 크기나 색상에 따른 온도 편차가 적음
- IR(적외선) · 레이저 · 증기 방식은 복사나 전도 열전달을 주로 이용하며, 대류와는 다름

정답 13 ① 14 ① 15 ①

16 부품의 미세화, 고밀도화에 따라 발생 정도가 많은 결함 중의 하나로 인접 랜드(Land) 간에 납이 연결된 불량 유형은?

① 솔더볼   ② 맨하탄
③ 브리지   ④ 휘스커

> **해설** 브리지 불량
> - 브리지(Bridge)은 인접한 랜드(Land) 또는 패드(Pad) 사이가 납으로 연결되어 단락(쇼트)이 발생하는 대표적인 솔더링 불량임
> - 이는 부품의 미세화, 패드 간 간격 축소 등 고밀도 실장 시 빈번히 발생함
> - 원인은 솔더 페이스트 과도 인쇄, 마스크 개구 불량, 리플로우 시 납의 과도한 유동 등임
> - 솔더볼은 납방울 잔류 불량, 맨하탄은 부품 일어섬, 휘스커는 금속 결정 성장에 따른 미세 돌출 현상임

17 실장 기술의 변천에 대한 설명으로 잘못된 것은?

① 삽입기술(IMT)은 스프레이플럭스(Spray Flux) 사용한다.
② 표면실장기술(SMT)은 주로 웨이브 솔더링을 사용한다.
③ 환경규제 정책에 따라 무연(Pb-free)솔더를 사용하고 있다.
④ 근래에 와서 bare IC 및 입체 실장 기술로 발전하고 있다.

> **해설** 실장 기술의 변천
> - 삽입기술(IMT)은 리드형 부품을 기판의 홀에 삽입하여 웨이브 솔더링(Wave Soldering)으로 납땜하는 공정임
> - 표면실장기술(SMT)은 리드가 없는 칩형 부품을 기판 표면에 직접 실장하고, 리플로우 솔더링(Reflow Soldering)으로 납땜함
> - 환경규제 강화로 인해 납(Pb)을 포함하지 않는 무연 솔더 사용이 확대됨
> - 최근에는 Bare IC 실장, CSP, 3D 패키징 등 입체 실장 기술로 발전 중임

18 메탈 마스크 중 Additive 마스크에 대한 설명으로 옳은 것은?

① 브리지 발생이 높다.
② 피치 폭이 0.3mm 이하의 초정밀 부품에는 사용이 곤란하다.
③ 제작기간이 길어 단납기 대응이 어렵고, 가격이 비싸다.
④ 빠짐성이 좋지 않아 패턴 폭을 줄일 수 없다.

> **해설** Additive 메탈 마스크
> - Additive 마스크는 전해도금이나 화학적 증착법을 이용하여 니켈층을 성장시켜 제작하는 방식임
> - 미세 피치(0.3 mm 이하)에도 적용 가능하지만, 제작 공정이 복잡하고 기간이 길며 비용이 높음
> - 전사 정밀도는 매우 우수하고, 패턴 에지(edge)가 매끄러워 솔더 인쇄 품질이 안정적임
> - 반면, 공정 비용과 제작 시간이 길어 단납기 대응이 어려운 단점이 있음
> - 따라서 "제작기간이 길어 단납기 대응이 어렵고, 가격이 비싸다"가 올바른 설명임

정답   16 ③   17 ②   18 ③

19 부품 실장 후 검사하는 방법으로서 육안 검사로 확인이 가장 어려운 것은?

① 부품 미삽 및 오삽   ② 솔더량
③ 냉납   ④ 부품 외부 결함

> **해설** 냉납(Cold Solder)
> • 냉납은 납땜 시 충분히 가열되지 않아 솔더가 완전히 용융되지 않은 상태에서 응고된 불량임
> • 외관상으로는 정상적인 납땜처럼 보여 육안으로 판별하기 어렵고, X-ray 검사나 전기적 검사로만 확실히 확인 가능함
> • 납 표면이 불균일하거나 광택이 없고, 접합 강도가 약하여 쉽게 떨어질 수 있음
> • 반면 미삽 · 오삽, 솔더량, 외부 결함 등은 육안 또는 비전 검사로 비교적 쉽게 확인 가능함

20 다음 중 실장 라인 구성 설비에 대한 설명으로 틀린 것은?

① X-Ray 검사장치는 QFP, SOP 등 리드 납땜 외관을 검사하는 설비이다.
② 스크린 프린터는 솔더 페이스트를 인쇄하는 설비이다.
③ 마운터는 실장부품을 기판 위에 장착하는 설비이다.
④ 리플로우는 기판 위에 솔더 페이스트와 실장부품에 열을 가해 납땜이 되도록 하는 설비이다.

> **해설** 실장 라인 설비 구성
> • X-Ray 검사장치는 리드 납땜 외관이 아닌 BGA, CSP 등 패키지 하단의 내부 솔더 접합 상태를 검사하는 설비임
> • QFP, SOP 등 리드형 부품의 외관 검사는 AOI(자동 광학 검사장치) 또는 현미경/비전 검사기로 수행함
> • 스크린 프린터는 메탈 마스크를 이용해 솔더 페이스트를 PCB 패드 위에 인쇄하는 장비임
> • 마운터는 부품을 정확한 위치에 장착하는 설비이며, 리플로우 장비는 가열을 통해 납땜을 완성하는 장비임

2과목 : 전자기초

21 다음 중 SMT(Surface Mount Technology)와 IMT(Insert Mount Technology)를 비교 설명한 것으로 틀린 것은?

① 실장 밀도는 SMT가 IMT보다 더 높다.
② 신호 전송은 SMT가 IMT보다 빠르다.
③ 부품 중량은 SMT가 IMT보다 가볍다.
④ 인쇄회로기판은 SMT가 IMT보다 박형, 경량화시키기 어렵다.

정답 19 ③   20 ①   21 ④

해설 **SMT와 IMT의 비교**

- SMT(표면실장기술)은 부품을 기판 표면에 직접 장착하므로, 고밀도 실장과 소형·박형화에 유리함
- IMT(삽입실장기술)은 리드가 있는 부품을 스루홀(hole)에 꽂아 납땜하므로, 구조상 기판이 두껍고 고밀도화에 불리함
- 신호 전송 거리가 짧고 기생 인덕턴스가 작아, SMT는 IMT보다 고속 동작과 전기적 성능이 우수함
- 부품 중량도 SMT가 가볍고, 기판 역시 더 얇고 경량화 가능함

22 다음 중 스크린 프린터에서 사용되지 않는 것은?

① 메탈 마스크
② 솔더 페이스트
③ 크리닝 페이퍼
④ 장착 노즐

해설 **스크린 프린터 구성요소**

- 스크린 프린터(Screen Printer)은 메탈 마스크를 이용하여 PCB 패드 위에 솔더 페이스트를 인쇄하는 장비임
- 주요 구성품은 메탈 마스크, 솔더 페이스트, 스퀴지(Squeegee), 크리닝 페이퍼 등으로 이루어짐
- 반면, 장착 노즐(Nozzle)은 칩 마운터(Mounter)에서 부품을 흡착·이송·실장하는 부품으로 프린터에는 사용되지 않음
- 따라서 "장착 노즐"은 스크린 프린터에서 사용되지 않는 구성 요소임

23 다음 중 솔더 페이스트 인쇄량을 결정하는 인자가 아닌것은?

① 스퀴즈 압력
② 스퀴즈 속도
③ 메탈 마스크 두께
④ 솔더 페이스트 성분

해설 **솔더 페이스트 인쇄량 결정 인자**

- 솔더 페이스트의 인쇄량은 스크린 프린터 작업 조건에 의해 주로 결정됨
- 주요 인자는 스퀴지 압력, 스퀴지 속도, 메탈 마스크 두께이며, 이들은 납의 도포 두께와 균일성에 직접적으로 영향을 줌
- 반면 솔더 페이스트의 성분은 인쇄량보다는 인쇄 품질(점착성, 퍼짐성 등)에 영향을 미치는 요소임

24 그림에서 일반적으로 SMT 마운터 공정에서 실장하지 않는 부품은?

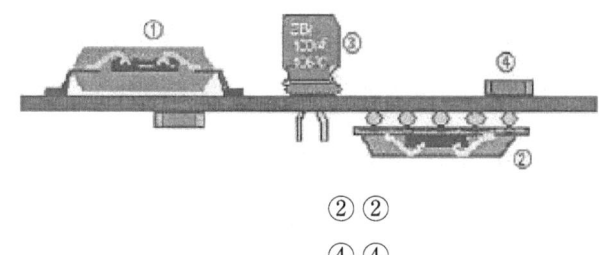

① ①
② ②
③ ③
④ ④

> **해설** SMT 마운터 공정에서 실장하지 않는 부품
> - SMT(Surface Mount Technology)은 PCB 표면 위에 솔더 페이스트를 인쇄하고, 표면실장형(SMD) 부품을 자동으로 장착하는 기술임
> - ①, ②, ④번은 표면실장형 부품(SMD)으로 SMT 마운터를 통해 실장이 가능함
> - ③번은 리드가 PCB의 구멍을 통과해 납땜되는 삽입형 부품(PTH, Plated Through Hole)임

25 부품 장착에러를 방지하기 위한 대책으로 거리가 먼 것은?

① 바코드 부착 관리　　　　　　② 부품 교환시 규격 확인
③ 부품 리스트 부착　　　　　　④ 카세트 검사 및 교정

> **해설** 부품 장착 에러 방지 대책
> - 부품 장착 에러는 부품 오삽입, 위치 오차, 데이터 오류 등으로 발생함
> - 이를 방지하기 위한 주요 대책에는 바코드 관리, 부품 규격 확인, 부품 리스트 부착 등이 포함됨
> - 반면, 카세트 검사 및 교정은 장비 유지보수나 피더 정밀도 확인에 해당하며 직접적인 에러 방지 대책으로 보기 어려움

26 다음 중 리플로우 납땜 시 발생되는 불량이 아닌 것은?

① 솔더 크랙　　　　　　　　　② 브리지
③ 오픈　　　　　　　　　　　　④ 솔더 레지스트

> **해설** 리플로우 납땜 불량 유형
> - 리플로우 납땜(Reflow Soldering)은 솔더 페이스트를 가열하여 부품과 패드를 접합하는 공정으로, 온도 프로파일이 적절하지 않거나 인쇄·실장 불량이 있을 경우 다양한 불량이 발생함
> - 대표적인 불량으로는 솔더 크랙(Crack), 브리지(Bridge), 오픈(Open), 냉납(Cold Solder) 등이 있음
> - 반면 솔더 레지스트(Solder Resist)은 PCB 제작 시 납이 번지지 않도록 도포하는 절연 코팅재로, 납땜 불량의 종류가 아님

27 Solder Paste의 성분 중 플럭스(Flux)의 역할이 아닌 것은?

① 산화물 제거　　　　　　　　② 접착력 감소
③ 표면장력 감소　　　　　　　④ 재산화 방지

> **해설** 플럭스(Flux)의 주요 역할
> - 플럭스는 납땜 과정에서 금속 표면의 산화막을 제거하고, 솔더가 모재 금속에 잘 젖도록(젖음성 향상) 돕는 역할을 함
> - 또한 재산화 방지와 표면장력 감소 기능을 통해 솔더가 고르게 퍼지도록 도와줌
> - 그러나 플럭스는 접착력을 감소시키는 역할을 하지 않음. 오히려 솔더와 모재 간의 결합을 촉진하여 접착력을 높이는 기능을 가짐
> - 따라서 플럭스의 역할이 아닌 것은 접착력 감소임

정답　25 ④　26 ④　27 ②

28 표준 칩 마운트(Chip Mounter)의 설명으로 맞는 것은?

① 표준화되지 않은 여러 가지 부품을 실장하는 장치이다.

② 표준화된 부품과 이형부품을 실장하는 다기능 장치이다.

③ 표준화되지 않은 이형 type의 부품과 lead 부품을 실장하는 장치이다.

④ 표준화된 부품을 실장하는 장치를 말하며 고속 마운트 라고도 한다.

> **해설** 표준 칩 마운터(Chip Mounter)의 특징
> - 표준 칩 마운터는 표준화된 크기의 칩 부품(예: 저항, 캐패시터 등)을 고속으로 자동 실장하는 장치임
> - 주로 1005, 1608 등의 소형 SMD(Surface Mount Device)를 처리하며, 고속 마운터(High-Speed Mounter)이라고도 불림
> - 반면, 다기능 마운터(Multi Mounter)은 QFP, BGA, 커넥터 등 비표준 또는 대형 부품을 실장함

29 스크린 프린터(Screen Printer)의 불량 발생 원인으로 틀린 것은?

① 메탈마스크를 세척하지 않아도 납 빠짐성 등 기타 품질에 영향이 없다.

② 크림 솔더는 인쇄 후 장시간(8시간 정도) 방치한 후 사용할 경우 솔더볼이 다량 발생할 수 있다.

③ 크림 솔더는 냉장보관(5℃ 정도) 후 상온에서 2시간 정도 방치한 후 교반시켜 사용하여야 한다.

④ 스퀴즈의 진행속도를 빠르게 할 경우 미세 Pitch 부분의 납 빠짐성에 영향을 주며 미납이 발생한다.

> **해설** 스크린 프린터 불량 원인
> - 스크린 프린터는 메탈마스크를 통해 솔더 페이스트를 PCB 패드 위에 인쇄하는 장비로, 정밀도 유지와 청결 관리가 매우 중요함
> - 메탈마스크를 장시간 세척하지 않으면 납 빠짐 불량, 번짐, 미납 등의 인쇄 품질 저하가 발생함
> - 또한 크림 솔더를 인쇄 후 장시간 방치하면 솔더볼 발생 및 점도 저하로 인해 불량률이 상승함
> - 스퀴즈 속도가 너무 빠르면 미세 피치 부분의 솔더 충진이 불완전해져 미납 불량이 생길 수 있음

30 표면실장기술의 차세대 기술로서 Bare IC Chip 을 직접 기판에 탑재하여 회로접속을 행하는 기법은?

① DIP   ② SOP

③ QFP   ④ COB

정답   28 ④   29 ①   30 ④

해설 **차세대 표면실장기술 — COB(Chip On Board)**
- COB(Chip On Board)은 반도체 칩(Bare IC Chip)을 기판 위에 직접 실장(Direct Mounting)하여 회로를 구성하는 기술임
- 칩을 기판에 직접 부착한 후, 와이어 본딩(Wire Bonding)이나 플립칩(Flip Chip) 방식으로 전기적 접속을 함
- 패키지가 없는 상태로 탑재되므로 소형화 · 경량화 · 고밀도 실장이 가능하며, 모바일 기기나 카메라 모듈 등에 많이 적용됨
- DIP, SOP, QFP 등은 모두 패키지화된 부품 실장 방식으로, Bare Chip 실장 기술과는 다름

31 표면실장기술에 대한 설명으로 올바른 것은?

① 저밀도 소형화 제품을 생산할 수 없다.
② 전기적 성능과 신뢰성이 떨어진다.
③ 전체적인 제조원가를 줄일 수 있다.
④ 부품이 작아서 고속 자동생산이 불가능하다.

해설 **표면실장기술(SMT)의 장점**
- SMT(Surface Mount Technology)은 부품을 PCB 표면에 직접 실장하는 기술로, 삽입형(IMT)보다 공간 활용과 생산 효율성이 매우 높음
- SMT는 부품 소형화 · 고밀도화가 가능하고, 조립 자동화를 통해 인건비 절감 및 전체 제조원가를 낮출 수 있음
- 또한 납땜부의 전기적 특성이 안정적이며, 신호 전송이 빠르고 노이즈가 적은 고신뢰성 회로 구성이 가능함
- 반면, ① · ② · ④는 모두 SMT의 장점과 반대되는 설명으로 부적절함

32 스크린 프린터 작업에 필요한 주요 3요소가 아닌 것은?

① 메탈 마스크
② 스퀴즈
③ 플럭스
④ 솔더 페이스트

해설 **스크린 프린터 주요 3요소**
- 스크린 프린터는 PCB 위에 솔더 페이스트를 인쇄하는 장비임
- 주요 3요소는 메탈 마스크, 스퀴지, 솔더 페이스트임
- 이 세 요소의 조합이 인쇄 품질과 두께를 결정함
- 플럭스는 솔더 페이스트의 일부 성분으로 독립 요소가 아님

33 솔더링 후의 검사 방법으로 환경검사에 해당하는 것은?

① X-선 투과검사
② 인장 파괴검사
③ 초음파 검사
④ 열피로 검사

정답 31 ③ 32 ③ 33 ④

해설 **솔더링 후 환경검사**
- 솔더링 후 검사는 외관, 전기적, 환경적 검사로 구분됨
- 환경검사는 납땜부의 내구성 · 신뢰성을 평가하는 시험임
- 대표적으로 열충격, 열피로, 고온 · 고습 시험 등이 있음
- 따라서 열피로 검사는 환경검사에 해당함

34 리플로우 공정순서로 가장 적합한 것은?

① 솔더 용융→냉각→예열→승온　　② 승온→예열→솔더 용융→냉각
③ 예열→승온→냉각→솔더 용융　　④ 냉각→예열→솔더 용융→승온

해설 **리플로우 공정 순서**
- 리플로우 표준 순서 승온→예열(소크)→솔더 용융→냉각 적용
- 승온 단계에서 기판 · 부품 램프율 1~3 ℃/s 관리
- 예열 구간 150~180 ℃에서 온도 균일화 및 플럭스 활성 완료
- 용융에서 TAL 확보 후 냉각은 급랭 위주로 결정립 미세화 및 접합강도 향

35 솔더 접합부 불량 중 젖음성 불량의 원인이 아닌 것은?

① 재료 표면의 산화　　　　② Flux 활성력 저하
③ 가열 부족　　　　　　　④ 솔더량의 부족

해설 **젖음성 불량의 원인**
- 젖음성 불량은 솔더가 모재 표면에 고르게 퍼지지 않는 현상임
- 표면 산화, Flux 활성력 저하, 가열 부족 등이 주요 원인임
- 이들은 솔더와 모재의 결합을 방해하여 접합 불량을 초래함
- 솔더량 부족은 젖음성이 아닌 납량 불량 원인에 해당함

36 0.25W, 200kΩ의 부하에 최대로 직접 가할 수 있는 전압은 약 몇 V 인가?

① 200　　　　　　　　　② 223
③ 423　　　　　　　　　④ 600

해설 **저항 부하의 최대 전압 계산**
- 저항 부하에서 허용전력 P : $P = \dfrac{V^2}{R}$ 로 계산됨
- 이를 변형하면 전압 $V = \sqrt{P \times R}$ 임
- $P = 0.25\text{W}, \ R = 200,000\,\Omega$ 이므로
  $V = \sqrt{0.25 \times 200,000} = \sqrt{50,000} \approx 223.6\text{V}$
- 따라서 최대로 직접 가할 수 있는 전압은 약 223 V임

정답　34 ②　35 ④　36 ②

37 쌍극성 트랜지스터의 단자가 아닌 것은?

① 이미터　　　　　　　　　　② 컬렉터
③ 게이트　　　　　　　　　　④ 베이스

> **해설** 쌍극성 트랜지스터 단자 구성
> • 쌍극성 트랜지스터(BJT)는 이미터(Emitter), 베이스(Base), 컬렉터(Collector)의 3단자로 구성됨
> • 전류 증폭을 위해 베이스 전류로 컬렉터 전류를 제어함
> • 반면 게이트(Gate)은 FET(전계효과 트랜지스터)의 제어 단자임
> • 따라서 쌍극성 트랜지스터의 단자가 아닌 것은 게이트임

38 CAD 프로그램의 주요기능으로 거리가 먼 것은?

① 부품의 등록기능　　　　　② 부품의 배치기능
③ 작성된 회로의 설계규칙검사　④ PCB 가공기능

> **해설** CAD 프로그램 주요 기능
> • CAD는 전자회로 및 PCB 설계를 위한 자동 설계 도구임
> • 부품 등록, 배치, 설계규칙검사(DRC) 등이 주요 기능임
> • 회로 연결 오류나 간격 위반 등을 자동으로 검출 가능함
> • PCB 가공은 설계 후 별도의 제조 공정에서 수행됨

39 일반적인 인쇄회로기판(PCB)에서 인가전압 1V당 최소한도의 패턴(배선)간격으로 적절한 것은?

① 0.005 ~ 0.007mm　　　　② 0.05 ~ 0.07mm
③ 0.5 ~ 0.7mm　　　　　　④ 5 ~ 7mm

> **해설** PCB 패턴 간 최소 간격 기준
> • PCB의 패턴 간격은 전압과 절연 내력에 따라 결정됨
> • 일반적으로 1V당 최소 간격은 약 0.005~0.007mm임
> • 즉, 100V의 경우 약 0.5~0.7mm 정도의 절연 간격이 필요함

40 시간과 함께 변화하는 전기신호의 파형을 관측하는 측정장비의 이름은 무엇인가?

① UV 미터　　　　　　　　　② 오실로스코프
③ 회로시험기　　　　　　　　④ 주파수 카운터

> **해설** 오실로스코프(Oscilloscope)의 기능
> • 오실로스코프는 전기 신호의 시간에 따른 파형 변화를 시각적으로 표시하는 측정 장비임
> • 전압, 주기, 주파수, 위상 등의 파라미터를 정확하게 관찰할 수 있음
> • 전자회로의 동작 확인, 신호 왜곡 분석, 전원 노이즈 측정 등에 활용됨

정답　37 ③　38 ④　39 ①　40 ②

3과목 : 공압기초

41 진성반도체에 3가 혹은 5가인 불순물 원자를 첨가하는 과정을 무엇이라고 하는가?

① 결합

② 도핑

③ 재결합

④ 결정체화

> **해설** 도핑(Doping)의 정의
> • 진성반도체는 순수한 실리콘(Si)이나 게르마늄(Ge) 결정임
> • 여기에 3가(B, Al) 또는 5가(P, As, Sb) 불순물을 첨가하는 과정을 도핑(Doping)이라 함
> • 도핑을 통해 전자의 수나 정공의 수가 증가하여 N형 또는 P형 반도체가 형성됨
> • 따라서 진성반도체에 불순물을 첨가하는 과정을 도핑이라 함

42 단일접합트랜지스터(UJT)의 구성에 대한 설명으로 옳은 것은?

① 2개의 이미터로 구성

② 1개의 컬렉터와 2개의 이미터로 구성

③ 1개의 이미터와 2개의 베이스로 구성

④ 1개의 이미터, 베이스 및 컬렉터로 구성

> **해설** 단일접합트랜지스터(UJT)의 구성
> • UJT(단일접합트랜지스터)은 이름 그대로 하나의 접합(Junction)을 가진 트랜지스터임
> • 구조적으로는 1개의 이미터(Emitter)과 2개의 베이스(Base1, Base2)으로 구성됨
> • 내부에는 N형 반도체 막대가 있으며, 그 중간에 P형 이미터가 접합되어 단일 PN접합을 형성함
> • 이러한 구조 덕분에 UJT는 발진 회로나 타이머 회로 등에서 스위칭 소자로 널리 사용됨

43 GTO(gate turn off thyristor)를 OFF 시키기 위해서 가장 올바른 것은?

① (+)게이트 전압을 준다.

② (-)게이트 전압을 준다.

③ 게이트의 전류를 작게 한다.

④ 그대로 두면 일정 시간 후 OFF 된다.

> **해설** GTO(Gate Turn-Off Thyristor)의 제어 원리
> • GTO는 게이트 전류로 ON · OFF 제어가 가능한 사이리스터임
> • ON 시에는 (+) 게이트 전류를 인가하여 도통시킴
> • OFF 시에는 (-) 게이트 전류를 인가하여 전류를 차단함
> • 따라서 GTO를 OFF 시키기 위해서는 (-) 게이트 전압을 인가해야 함

정답 41 ② 42 ③ 43 ②

44 PCB의 여러 가지 검사방법 중 BBT(Bare Board Test)에 속하지 않는 것은?

① 핀 접촉 방식
② 프로브(Probe) 이동 방식
③ 도전고무 접촉 방식
④ 형광검출 방식

해설 BBT(Bare Board Test) 검사 방식
- BBT는 부품이 실장되기 전의 PCB 회로 패턴 이상 유무를 검사하는 공정임
- 주된 검사 방식은 핀 접촉 방식, 프로브 이동 방식, 도전고무 접촉 방식 등이 있음
- 이들은 회로의 단선(Open)·단락(Short) 여부를 전기적으로 확인하는 방법임
- 반면 형광검출 방식은 인쇄 불량이나 오염 등을 광학적으로 검사하는 외관 검사에 해당함

45 다음 중 전문계 제어 정류기(SCR)의 응용 범위가 아닌것은?

① 계전기 제어
② 모터 제어
③ 발진기
④ 초퍼 변환기

해설 SCR(Silicon Controlled Rectifier)의 응용 범위
- SCR은 게이트 전류로 ON·OFF 제어가 가능한 반도체 스위칭 소자임
- 주요 응용 분야는 계전기 제어, 모터 제어, 초퍼 변환기(전압 제어 회로) 등임
- 이러한 응용에서는 교류 전력 제어나 속도 제어, 점등 제어 등에 사용됨
- 반면 발진기(Oscillator)은 신호 발생 회로로, SCR의 응용 범위에 포함되지 않음

46 다음 중 프린트 배선판 상의 납땜을 요구하는 부분만 남기고 절연체로서 인쇄하여 납땜 시 근접 패턴 간에 브리지(Bridge)를 방지하고 패턴의 산화를 막기 위한 절연 잉크피막을 무엇이라고 하는가?

① 패턴
② 솔더 랜드
③ 솔더 레지스트
④ 마킹

해설 솔더 레지스트(Solder Resist)의 역할
- 솔더 레지스트는 PCB 표면의 회로 패턴 중 납땜이 불필요한 부분을 절연 코팅하는 잉크층임
- 납땜 시 인접 패턴 간의 브리지(Bridge) 발생을 방지하고, 금속 패턴의 산화나 부식을 막는 역할을 함
- 또한 PCB의 외관 보호와 절연 내력 향상에도 기여함

47 스크린 인쇄법에 의한 배선패턴의 전사 과정이 올바른 것은?

① 건조→패널→정면처리→스크린 인쇄
② 패널→스크린 인쇄→건조→정면처리
③ 건조→정면처리→스크린 인쇄→패널
④ 패널→정면처리→스크린 인쇄→건조

🏆정답 44 ④ 45 ③ 46 ③ 47 ④

해설 스크린 인쇄법의 전사 과정
• 스크린 인쇄는 감광 재료를 이용해 회로 패턴을 인쇄하는 공정임
• 일반적인 순서는 패널 준비 → 정면처리 → 스크린 인쇄 → 건조임
• 정면처리는 패널 표면의 이물질 제거 및 잉크 밀착성 향상을 위한 전처리 과정임
• 따라서 올바른 전사 순서는 패널 → 정면처리 → 스크린 인쇄 → 건조임

48 PCB의 외형과 부품 홀의 가공 방법에서 라우터에 의한 가공방법과 비교한 프레스에 의한 가공 방법의 특성으로 옳지 않은 것은?

① 다품종 소량생산에 적합하다.　　② 생산성이 높다.
③ 외형 변경시 대응이 어렵다.　　④ 제품별로 별도의 금형이 필요하다.

해설 프레스(Press) 가공의 특성
• 프레스 가공은 금형(Die)을 이용해 PCB 외형과 홀을 한 번에 타공하는 방식임
• 생산성이 매우 높고 대량생산에 적합하지만, 제품별로 별도의 금형 제작이 필요함
• 따라서 외형 변경 시 대응이 어렵고 초기비용이 큼
• 반면 라우터(Router) 가공은 프로그램만 변경하면 되어 다품종 소량생산에 적합함

49 다층 인쇄회로기판(MLB)의 제조 공정에서 외층의 형성을 위해 사용되는 표면의 얇은 구리막으로 다층회로 기판에서 회로의 전류를 전달하는 도체는?

① 동박　　② 빌드업
③ 프리플레그　　④ 에폭시

해설 동박(Copper Foil)의 역할
• 다층 인쇄회로기판(MLB, Multi-Layer Board)은 여러 층의 회로가 적층된 구조로 되어 있음
• 외층 형성을 위해 사용하는 얇은 금속막은 동박(Copper Foil)임
• 동박은 전류를 전달하는 도체로서 각 층의 회로를 형성하고, 후속 공정에서 패턴을 식각하여 회로선을 만듦

50 다음 중 저항에 대한 일반적인 설명은?

① 전류의 흐름을 방해한다.　　② 전류의 흐름을 도와준다.
③ 전압과 전류에 반비례한다.　　④ 전압과 전류에 비례한다.

해설 저항의 기본 역할
• 저항은 전류의 흐름을 제한하거나 전압을 분배하는 소자임
• 회로 내에서 전류를 일정하게 조절하거나 전력 소모를 제어함
• 전류의 흐름을 방해하는 특성으로 전류량을 줄이는 역할을 함
• 따라서 저항에 대한 일반적인 설명은 전류의 흐름을 방해한다임

정답　48 ①　49 ①　50 ①

51 압력제어 밸브의 기능에 대한 설명이 틀린 것은?

① 공압회로 내의 압력에 따라 액추에이터의 동작순서를 제어할 수 있다.

② 저압의 압축공기를 일정한 압력으로 상승시켜 공압기기에 공급한다.

③ 규정 이상으로 압력이 상승하면 대기 중으로 방출한다.

④ 부하의 변동에 따라 변화하는 압력을 일정하게 유지한다.

> **해설** 압력제어 밸브의 기능
> • 압력제어 밸브는 회로 내의 압력을 일정하게 유지하거나 제한하는 장치임
> • 주요 기능에는 감압, 안전, 순차 제어 등이 있음
> • 저압의 압축공기를 일정 압력으로 상승시키는 기능은 없으며, 이는 증압기(Booster)의 역할임

52 압축공기 중에 기름이 혼입되는 것이 방지되는 관계로 깨끗한 공기를 필요로 하는 식품공업, 제약회사, 화학공업 등에 많이 사용되는 압축기는?

① 베인 압축기   ② 스크류 압축기

③ 피스톤 압축기   ④ 격판 압축기

> **해설** 격판 압축기(Diaphragm Compressor)의 특징
> • 격판 압축기는 금속 다이어프램을 진동시켜 공기를 압축하는 방식임
> • 실린더 내부에 윤활유가 들어가지 않아 기름 혼입이 완전히 차단됨
> • 따라서 청정도가 요구되는 식품, 제약, 화학 산업 등에서 널리 사용됨
> • 반면 베인 · 스크류 · 피스톤 압축기는 오일 사용으로 청정 공기 공급에는 부적합함

53 다음 중 표준 대기압에 해당하지 않는 것은?

① 760mmHg   ② 1013bar

③ $1.033kgf/cm^2$ ④ $101293N/m^2$

> **해설** 표준 대기압의 기준값
> • 표준 대기압은 해수면에서의 평균 기압으로 정의됨
> • 일반적으로 1기압(atm) = 760 mmHg = 1.033 kgf/cm² = 101,325 N/m² (Pa)임
> • 따라서 표준 대기압에 해당하지 않는 값은 1013 bar임

54 다음 중 공압장치의 장점에 해당하지 않는 것은?

① 동력전달방법이 간단하고 용이하다.

② 인화의 위험이 없다.

③ 균일한 속도 조절이 가능하다.

④ 제어가 간단하고 취급이 용이하다.

정답   51 ②   52 ④   53 ②   54 ③

해설 공압장치의 장단점
- 공압장치는 압축공기를 이용하여 동력을 전달하는 장치로, 구조가 단순하고 제어가 쉬움
- 동력 전달이 간단, 인화 위험이 없음, 유지보수가 용이하다는 장점을 가짐
- 그러나 공기는 압축성 유체이므로 속도의 균일한 제어가 어렵고 진동이 발생할 수 있음

55 미리 결정된 순서대로 제어 신호가 출력되어 순차적으로 작업이 수행되는 제어 방법으로 자동화에 이용되는 제어 방법은?

① 공압 제어
② 논리 제어
③ 시퀀스 제어
④ 캐스케이드 제어

해설 시퀀스 제어(Sequence Control)의 개념
- 시퀀스 제어는 미리 정해진 순서에 따라 동작이 자동으로 진행되는 제어 방식임
- 각 단계의 완료 신호에 의해 다음 단계가 실행되며, 자동화 생산라인이나 공정 제어에 널리 사용됨
- 대표적인 예로는 자동문, 엘리베이터, 로봇 팔의 동작 순서 제어 등이 있음

56 공기 압축기의 설치 장소로 적합하지 않은 곳은?

① 가능한 한 온도 및 습도가 높은 장소
② 유해 가스 및 유해 물질이 적은 장소
③ 빗물, 직사광선을 받지 않는 장소
④ 소음의 차단을 위해 방음벽을 설치한 장소

해설 공기 압축기 설치 장소 조건
- 공기 압축기는 열과 습기에 민감하므로 건조하고 통풍이 잘되는 장소에 설치해야 함
- 설치 장소는 유해 가스 · 먼지가 적고, 빗물이나 직사광선을 피할 수 있는 곳이 적합함
- 또한 소음 차단을 위한 방음시설을 설치하면 운전 환경이 개선됨
- 반면 온도 및 습도가 높은 장소는 냉각 효율 저하와 윤활유 변질, 수분 응축 등의 원인이 되므로 부적합함

57 다음 중 압축공기 조정 유닛의 구성요소가 아닌 것은?

① 압축공기 필터
② 압축공기 윤활기
③ 압축공기 조절기
④ 압축공기 냉각기

해설 압축공기 조정 유닛의 구성요소
- 압축공기 조정 유닛(Air Service Unit)은 공압 회로에 공급되는 공기의 청정화 · 압력 조절 · 윤활을 담당함
- 일반적으로 필터(Filter), 레귤레이터(Regulator), 루브리케이터(Lubricator)의 3요소로 구성됨
- 이를 줄여 FRL 유닛이라 부르며, 공기의 품질과 장비 수명을 유지함
- 반면 압축공기 냉각기(Air Cooler)는 별도의 냉각 설비로, 조정 유닛의 구성요소가 아님

 정답 55 ③   56 ①   57 ④

58 공기 저장 탱크에 부속된 구성요소가 아닌 것은?

① 압력계 　　　　　　　② 온도계
③ 안전밸브 　　　　　　④ 압력스위치

> **해설** 공기 저장 탱크의 부속 구성요소
> • 공기 저장 탱크는 압축공기를 일정하게 저장·공급하기 위한 장치임
> • 주요 부속품으로는 압력계, 안전밸브, 압력스위치, 드레인 밸브 등이 있음
> • 압력계는 내부 압력을 확인하고, 안전밸브는 과압 시 자동으로 공기를 배출함
> • 반면 온도계는 공기 저장 탱크의 기본 부속품이 아니며, 일반적으로 설치되지 않음

59 공압호스의 단면적이 4cm²일 때, 0.5m/s의 속도로 공기가 흐르고 있다. 이 때의 유량은 몇 L/s인가?

① 20 　　　　　　　② 2
③ 0.2 　　　　　　④ 0.02

> **해설** 유량 계산 $Q=A\times v$
> • 단면적 $A = 4\mathrm{cm}^2 = 4\times(10^{-2}\mathrm{m})^2 = 4\times10^{-4}\mathrm{m}^2$임
> • 속도 $v = 0.5\mathrm{m/s}$이므로 $Q = 4\times10^{-4}\times0.5 = 2\times10^{-4}\mathrm{m}^3/\mathrm{s}$임
> • 단위변환 $1\mathrm{m}^3 = 1000\mathrm{L}$ 이므로 $2\times10^{-4}\mathrm{m}^3/\mathrm{s} = 0.2\mathrm{L/s}$임

60 다음 그림기호의 명칭으로 옳은 것은?

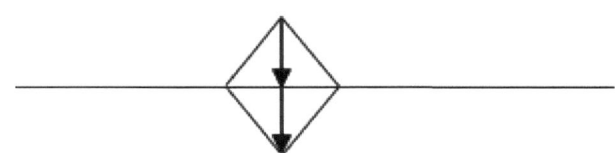

① 온도조절기 　　　　② 압력계측기
③ 가열기 　　　　　　④ 냉각기

> **해설** 온도 조절기(기호 판독)
> • 마름모 기호는 유압·공압 회로에서 조정·가변 작동을 나타내는 기본 기호임
> • 이중 화살표 표기는 양방향으로 제어·조절 가능함을 의미함
> • Q·T 표기는 열량·온도 관련 기능을 나타내어 온도 제어 요소임
> • 압력계는 P·PI 표기, 냉각기·열교환기는 배관·열교환 도식으로 구분되므로 해당 기호는 온도 조절기임

정답 58 ② 59 ③ 60 ①

전자부품장착기능사 기출문제
2010. 07. 11.

1과목 : SMT 개론

01 크림솔더(Cream Solder)의 인쇄불량의 요인이 틀린 것은?

① 예열시간
② 마스크 클리어런스
③ 스퀴지 속도
④ 판분리 속도

> **해설** 크림솔더 인쇄불량 요인 판별
> • 인쇄불량은 스텐실 조건(개구 · 두께 · 클리어런스), 스퀴지 속도 · 압력 · 각도, 페이스트 점도 · 온도, 판분리 속도 등에 크게 좌우됨
> • 마스크 클리어런스와 스퀴지 속도, 판분리 속도는 페이스트 전사량과 브리징 · 미충진에 직접 영향함
> • 예열시간은 리플로우 공정의 프로파일 요소로 인쇄 단계 불량 원인에 직접 해당하지 않음

02 아래 보기의 솔더링 과정을 순서에 맞게 나열된 것은?

① 솔더의 용융	② 모재 금속의 용해, 솔더가 모재로 확산
③ 합금 층 형성	④ 냉각에 따른 응고조직

① ① → ② → ③ → ④
② ① → ③ → ② → ④
③ ② → ③ → ① → ④
④ ① → ④ → ② → ③

> **해설** 솔더링 진행 순서
> • 먼저 솔더가 용융되어 모재 표면을 적심함
> • 용융 솔더와 모재 사이에서 모재 금속 일부 용해 · 상호 확산이 진행됨
> • 계면에서 금속간화합물 층이 형성되어 접합 강도를 확보함
> • 냉각되면서 솔더가 응고하여 최종 접합 조직이 완성됨

03 스크린프린터(Screen Printer)의 장비를 구성하는 부품이 아닌 것은?

① 스퀴지(Squeegee)
② 스크린마스크(Screen Mask)
③ 시각인식 카메라(Visual Camera)
④ 솔더 페이스트(Solder Paste)

정답 01 ① 02 ① 03 ④

해설 스크린 프린터 구성요소
- 스퀴지는 스텐실 위를 이동하며 페이스트를 개구로 압출하는 핵심 부품임
- 스크린마스크는 패턴 개구를 제공해 전사 형상을 결정함
- 시각인식 카메라는 기판·마스크 얼라인먼트와 위치 보정을 수행함
- 솔더 페이스트는 소모성 재료로 장비의 구성 부품이 아님

04 디스 펜서로 칩 본드를 도포할 때 도포량과 관계가 없는 것은?
① 경화온도 ② 도포압력
③ 도포 노즐 내경 ④ 칩 본드 점도

해설 칩 본드 디스펜싱 변수
- 도포량은 주로 도포압력·도포시간·노즐 내경·재료 점도에 의해 결정됨
- 도포압력이 높고 시간이 길수록, 노즐이 굵을수록 토출량이 증가함
- 칩 본드 점도는 유동성에 직접 영향을 주어 동일 조건에서도 도포량을 변화시킴
- 경화온도는 접착 강도·경화 품질에 관련되며 도포 시점의 토출량 결정 요인과는 무관함

05 다음 중 SMT 장점에 대한 설명으로 틀린 것은?
① 제품의 신뢰성 및 성능 향상 ② 기판 조립의 자동화 용이
③ 제품불량의 수정 및 재작업의 용이 ④ 생산성 향상

해설 SMT 장점 판별
- 소형·경량·고밀도 실장으로 전기적 특성 안정·신뢰성 및 성능 향상
- 칩부품 표면실장과 자동화 라인 적용으로 조립 자동화 용이
- 리플로우·양면실장·미세피치로 생산성 향상
- 반면 재작업은 열 민감도·미세피치·고밀도로 인해 어렵고 비용이 커 '재작업의 용이'는 틀림

06 온도프로파일 측정 주기 및 관리에 대한 설명 중 틀린 것은?
① 온도 프로파일의 측정주기는 1회/일 및 생산모델 변경 시 측정한다.
② 측정된 온도 프로파일은 표준 온도 프로파일과의 적합성을 비교한다.
③ 온도 프로파일 측정용 샘플(열전쌍이 접속된 기판)은 재사용하면 안된다.
④ 온도 프로파일 측정용 샘플(열전쌍이 접속된 기판)은 모델별로 관리 보관한다.

해설 온도 프로파일 관리 원칙
- 프로파일은 통상 1회/일 및 모델·조건 변경 시 재측정함
- 측정값은 표준 프로파일(윈도우) 대비 적합성으로 판단함
- 열전대 부착 샘플은 상태가 양호하면 반복 사용 가능이므로 '재사용 불가'는 틀림
- 측정용 샘플과 표준 프로파일은 모델별로 식별·보관해 추적성을 확보함

정답 04 ① 05 ③ 06 ③

07 실장기술에서 실장부품의 발전방향으로 틀린 것은?

① 소형화, 미소화
② IC lead의 fine pitch화
③ lead 이형 부품화
④ 복합 부품화

> **해설** 실장부품 발전방향
> - 소형화 · 미소화로 고밀도 실장과 경량화 달성
> - IC 리드의 미세피치화 및 I/O 다핀화 진행
> - 복합 · 모듈화(SIP · MCM 등)로 기능 통합 확대
> - 리드 이형 부품화는 표준화 · 자동화 흐름에 역행하므로 발전방향이 아님

08 질소 가스 성질 중 틀린 것은?

① 산화를 방지
② 무색 무미 무취
③ 공기 중 부피로 약 79% 차지한다.
④ 인체무해, 질식가능 없다.

> **해설** 질소 가스 성질
> - 질소는 무색 · 무미 · 무취의 비활성 기체로 산화 방지에 사용됨
> - 공기 중 질소는 약 78% 수준으로 존재함
> - 질소는 독성은 낮지만 산소를 치환해 산소결핍을 유발할 수 있음
> - 따라서 '인체무해, 질식 가능 없다'는 내용이 틀림

09 리플로우 공정 후에 위치하는 장치는?

① 언로더
② 이형부품 장착기
③ 외관검사기
④ 표준부품 장착기

> **해설** 리플로우 직후 장치(기본 라인 기준)
> - SMT 기본 라인은 로더→프린터→실장기→리플로우→언로더 순으로 종료됨
> - 언로더는 리플로우를 통과한 보드를 냉각 후 매거진/랙으로 회수 · 배출함
> - 표준 · 이형 부품 장착기는 리플로우 이전의 실장 공정에 위치함
> - AOI는 라인 구성에 따라 리플로우 후 또는 오프라인으로 배치되나 기본 종료 장치는 언로더임

10 다음 중 솔더링 불량 유형의 용어가 아닌 것은?

① 브리지(Bridge)
② 미납
③ 솔더 크랙(Crack)
④ 솔더 레지스트(Resist)

 정답 07 ③ 08 ④ 09 ① 10 ④

해설 솔더링 불량 용어 판별
- 브리지 · 미납 · 크랙은 리플로우 후 발생하는 대표적 솔더링 불량임
- 브리지는 인접 패드 간 납이 연결되어 단락이 되는 현상임
- 미납은 패드 · 리드에 납이 충분히 젖지 않아 접합이 불완전한 상태임
- 솔더 레지스트는 PCB의 녹색 마스크로 패턴 보호 · 브리지 방지용 코팅이므로 불량 용어가 아님

11 온도 프로파일에 대한 다음 설명 중 잘못된 것은?

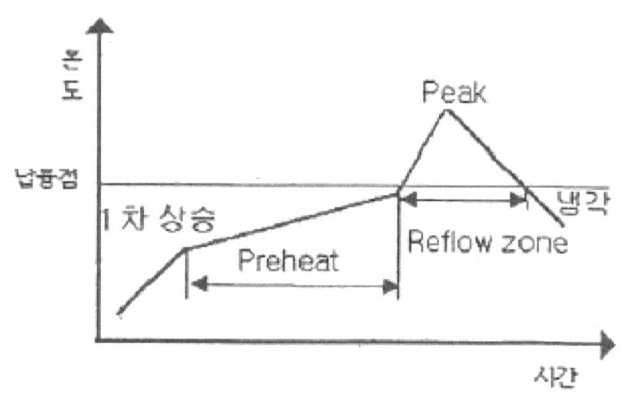

① 1차 상승은 휘발 성분을 없앤다.
② Preheat 구간은 일정한 온도(150℃ 전후)를 유지하며, Flux를 활성화 시킨다.
③ Peak 온도는 부품의 사양을 고려하여 설정하되 일반적으로 210 ~ 220℃[무연 납 : 230~250℃]이내에서 설정한다.
④ 접합강도를 높이기 위해서는 빠른(급격) 냉각보다는 늦은 (완만) 냉각이 유리하다.

해설 리플로우 온도 프로파일
- 1차 상승 · Preheat에서 페이스트의 휘발 성분 제거와 플럭스 활성화가 이루어짐
- Soak 구간은 대략 120~160℃에서 머물며 보드 온도 균일화 · 산화막 제거가 진행됨
- Peak 온도는 합금 용융점보다 약 20~40℃ 높게 설정하며 SnPb는 210~220℃, 무연은 230~250℃ 범위가 일반적임
- 접합강도 확보에는 완만 냉각이 아니라 3~10℃/s의 비교적 빠른 냉각이 유리하며 느린 냉각은 거친 조직 · 취약 접합을 유발함

12 다음 중 플럭스의 역할이 아닌 것은?

① 청정화   ② 산화 방지
③ 재산화 방지   ④ 세척 방지

정답 11 ④   12 ④

해설 플럭스의 역할
- 금속 표면의 산화막을 제거하여 청정화함
- 활성 성분과 보호막 형성으로 산화 · 재산화를 방지함
- 젖음성 향상과 표면장력 저하로 솔더 퍼짐을 개선함
- 세척 방지는 역할이 아니며 오히려 잔사 제거를 위해 세척이 필요함

13 SMT 실장 시 칩 날림(결품) 불량이 자주 발생하고 있는 상황에서 조치 프로세서로 적절하지 못한 경우는? (단, Vision 설비 기준이다.)

① A씨는 I/O 체크 메뉴 상에서 수동으로 버큠을 On한 후 Nozzle 끝단 진공상태를 확인하였다.

② B씨는 부품형태 DB에서 T(두께) 값을 실 두께보다 1.5배로 재설정하였다.

③ C씨는 Program Editor 상에서 Place Z Offset 값을 약간 내렸다.

④ D씨는 부품 DB에서[일부설비:Parameter] 설비사가 추천하는 Air Blow 값으로 되어있는지 확인하였다.

해설 칩 날림(결품) 대응 프로세스
- 진공 계통 확인은 I/O에서 수동 Vacuum On으로 노즐 흡착력 점검이 적절함
- 부품 DB의 T(두께)는 실측값과 일치해야 하며 1.5배로 과대 설정은 픽업 · 플레이스 높이 오류를 유발해 칩 날림을 악화시킴
- Place Z Offset 미세 조정은 과다 압입 · 바운스 억제와 접착 확보에 유효함
- Air Blow는 과다 시 부품 비산 원인이므로 권장값 확인이 적절함

14 인쇄공정의 불량 유형으로 틀린 것은?

① 솔더(Solder)번짐 ② 미납
③ 무너짐 ④ 위치 틀어짐

해설 인쇄공정 불량 구분
- 솔더 번짐 · 미납 · 무너짐은 스텐실 인쇄 단계의 조건(점도, 스퀴지, 판분리 속도, 개구 충진)과 직접 연관된 전형적 인쇄 불량임
- 솔더 번짐은 페이스트가 패턴 경계를 넘어 확산 · 오염되는 현상으로 인쇄 변수의 영향이 큼
- 미납 · 무너짐은 개구 미충진 · 슬럼프 등 인쇄 조건에 의해 발생함
- 위치 틀어짐은 주로 실장(Placement) 공정의 부품 배치 오차 또는 리플로우 중 자가정렬 실패에 해당하므로 인쇄공정 불량으로 분류하지 않음

정답 13 ② 14 ④

15 다음 불량현상 중 솔더링 인쇄공정 불량요인에 의해서 발생하는 현상은?

① 미삽   ② 틀어짐

③ 리드 뜸   ④ 미납

> **해설** 인쇄공정 유발 불량
> - 미납은 스텐실 개구 막힘 · 스퀴지 속도 · 압력 · 판분리 속도 · 페이스트 점도 불량 등 인쇄 변수로 직접 발생함
> - 미삽은 픽업 실패 · 비전 인식 오류 · 공급 불량 등 실장 공정 원인임
> - 틀어짐은 얼라인 오차 · 플레이스 오프셋 · 리플로우 중 자가정렬 실패 등 배치 · 리플로우 요인임
> - 리드 뜸은 젖음 불량 · 부품 평탄도 · 보드 휨 · 프로파일 부적합 등 리플로우 · 재료 요인임

16 마운터에서 실장부품을 인식할 때 관련이 없는 것은?

① 반사판   ② 부품 두께

③ 노즐 형상   ④ 노즐 필터

> **해설** 마운터 비전 인식 관련 요소
> - 비전 인식은 카메라 · 조명 · 반사판(백라이트)로 외곽/리드 형상을 추출함
> - 부품 두께 값은 Z초점 · 픽업 높이 보정에 쓰여 인식 안정에 기여함
> - 노즐 형상은 차광 · 그림자 · 회전 중심 등에 간접 영향이 있어 인식 품질에 연관됨
> - 노즐 필터는 진공 이물 차단 · 흡착 안정용으로 비전 인식과 직접 관련이 없음

17 크림 솔더(cream solder) 종류가 아닌 것은?

① 고온 Solder   ② Wave Solder

③ 저온 Solder   ④ 은-주석 Solder

> **해설** 크림솔더 종류 판별
> - 크림 솔더는 합금 조성 · 용융점에 따라 고온형 · 무연형 · 저온형 등으로 분류됨
> - 은-주석 계열은 대표적 무연 크림 솔더 조성 중 하나임
> - 고온형 · 저온형 분류는 리플로우 피크 온도 설계와 직결됨
> - Wave Solder는 '파형 납욕'을 이용한 공정 방식으로 솔더 종류가 아님

18 SMT 신뢰성의 기준이 되는 요소로 적합하지 않는 것은?

① 내구성   ② 보전성

③ 설계 신뢰성   ④ 소모성

정답   15 ④   16 ④   17 ②   18 ④

해설 SMT 신뢰성 기준 요소
- 내구성은 사용 환경에서 기능을 유지하는 수명 특성으로 신뢰성 핵심 지표에 해당함
- 보전성은 고장 시 수리 용이성 · MTTR 등 유지보수 관점의 신뢰성 요소에 해당함
- 설계 신뢰성은 부품 선정 · 열설계 · 응력여유 등으로 고장확률을 낮추는 설계 품질에 해당함
- 소모성은 사용에 따른 소모 여부를 나타내는 특성으로 신뢰성 기준 요소로는 부적합함

19 스크린 프린터(Screen Printer)의 작업조건을 설명한 것으로 틀린 것은?

① 인쇄 작업 환경조건은 온도 24~26℃, 습도 45~65% 정도가 적당하다.
② 스퀴지의 진행속도는 미세피치 일수록 천천히(20~25mm/s) 진행한다.
③ 스퀴지의 셋팅 각도는 메탈마스크(Metal mask)와 직각(90°)으로 셋팅 하는 것이 적당하다.
④ 메탈마스크의 두께는 미세피치일 경우 얇게 0.12t~0.15t 정도, 보통의 경우 0.15t~0.2t정도가 적당하다.

해설 스크린 프린터 작업조건 판별
- 스퀴지 각도는 일반적으로 45~60°(장비 · 패턴에 따라 60~70°) 범위가 적정이며 90° 직각 셋팅은 부적절함
- 미세피치일수록 스퀴지 진행속도를 낮춰(예: 20~25 mm/s) 개구 충진과 전사를 안정화함
- 메탈마스크 두께는 미세피치 0.12~0.15 t, 일반 패턴 0.15~0.20 t가 보편적 범위임
- 인쇄 환경은 온도 24~26 ℃, 습도 45~65 %로 관리하면 점도 안정 · 재현성 확보에 유리함

20 리플로우 가열방식 중 대류 작용을 이용한 것은?

① 열풍방식
② IR 가열방식
③ 레이저 가열방식
④ 증기 가열방식

해설 리플로우 가열 방식 구분
- 열풍 방식은 강제 대류로 기판과 부품을 균일 가열함
- IR 가열은 복사열 위주로 색상 · 밀도 · 형상에 따라 흡수 편차가 큼
- 레이저 가열은 국부 가열 · 정밀 열입력에 적합하나 대류가 주작용 아님
- 증기 가열은 포화 증기 응축 잠열 전달이 주작용으로 대류 방식과 구별됨

정답 19 ③ 20 ①

2과목 : 전자기초

21 표면실장기술에 대한 설명으로 올바른 것은?

① 저밀도 소형화 제품을 생산할 수 없다.
② 전기적 성능과 신뢰성이 떨어진다.
③ 전체적인 제조원가를 줄일 수 있다.
④ 부품이 작아서 고속 자동생산이 불가능하다.

> **해설** 표면실장기술(SMT) 장점
> • 소형 · 경량 · 고밀도 실장으로 동일 면적 대비 회로 집적도를 높임
> • 자동화 공정(프린트 · 실장 · 리플로우 · 검사)으로 인건비 · 공정시간을 절감함
> • 리드 인덕턴스 감소로 전기적 성능과 신뢰성이 향상됨
> • 부품이 작아도 고속 장비로 대량 자동생산이 가능함

22 다음 중 부품의 장착 순서가 올바르게 나열된 것은?

① 40mm QFP → 1005 저항 → 2012 캐패시터 → BGA(Ball Grid Array)
② 1005 저항 → 2012 캐패시터 → 40mm QFP → BGA(Ball Grid Array)
③ 2012 캐패시터 → 40mm QFP → BGA(Ball Grid Array) → 1005 저항
④ BGA(Ball Grid Array) → 40mm QFP → 1005 저항 → 2012 캐패시터

> **해설** SMT 부품 장착 순서
> • 일반적으로 소형 · 저질량 수동부품부터 대형 · 고정밀 IC 순으로 장착함
> • 1005 저항 → 2012 캐패시터 순으로 소형 패시브를 먼저 배치함
> • 이후 정밀 리드형 IC인 QFP를 배치하고 마지막에 BGA처럼 큰 부품을 실장함
> • 무게 · 열용량 · 정밀도가 커질수록 후공정 배치가 안정적임

23 다음 중 가장 고밀도화된 SMT의 실장형태는?

① 단면표면실장   ② 양면표면실장
③ 단면 IMT 부품 혼재   ④ 양면 IMT 부품 혼재

> **해설** SMT 실장 밀도 비교
> • 단면표면실장은 한 면만 사용해 부품 집적도가 제한됨
> • 양면표면실장은 양면 모두에 SMD를 실장하여 동일 면적에서 최고 수준의 고밀도 구현 가능
> • IMT 혼재는 스루홀로 인한 공간 · 피치 제약이 커 고밀도화에 불리함
> • 따라서 가장 고밀도화된 형태는 양면표면실장임

정답 21 ③   22 ②   23 ②

24 다음 중 SMT(Surface Mount Technology)와 IMT(Insert Mount Technology)를 비교 설명한 것으로 틀린 것은?

① 실장 밀도는 SMT가 IMT보다 더 높다.

② 신호 전송은 SMT가 IMT보다 빠르다.

③ 부품 중량은 SMT가 IMT보다 가볍다.

④ 인쇄회로기판은 SMT가 IMT보다 박형, 경량화가 어렵다.

> **해설** SMT vs IMT 비교
> - SMT는 리드가 짧고 패키지가 작아 실장 밀도가 IMT보다 높음
> - 짧은 경로로 기생 인덕턴스 · 저항이 작아 신호 전송 특성이 우수함
> - 소형 · 경량 부품 적용으로 전체 중량이 감소함
> - SMT는 박형 · 경량 기판 설계에 유리하므로 '박형 · 경량화가 어렵다'는 ④는 틀림

25 고속마운터 프로그램 작성기능 중 해당되지 않는 사항은 무엇인가?

① 인쇄회로기판 마크 인식　　② 장착순서 결정

③ 부품 동시흡착　　④ 장착위치

> **해설** 고속마운터 프로그램 기능 판별
> - 프로그램 기능에는 보드 마크(피듀셜) 인식 설정이 포함됨
> - 좌표 기반 장착위치 정의와 장착순서 최적화가 핵심임
> - 부품 동시흡착은 장비의 기구 · 헤드 성능 영역으로 프로그램 기능 자체가 아님
> - 따라서 '부품 동시흡착'은 해당되지 않음

26 솔더는 접합 모재와 성질이 비슷한 것을 선택하여 사용하는 것이 좋다. 솔더를 선택할 때 고려할 사항이 아닌 것은?

① 모재와의 친화력이 좋을 것

② 적당한 용융온도와 유동성을 가질 것

③ 납땜할 때 용융상태에서 가능한 한 비산을 일으키지 않을 것

④ 모재와의 전위차가 가능한 한 클 것

> **해설** 솔더 선택 기준
> - 모재와의 친화력 · 젖음성이 좋아야 함
> - 용융온도와 유동성이 공정 · 부품에 적합해야 함
> - 용융 중 스패터 · 비산이 적어 작업성이 좋아야 함
> - 모재와의 전위차는 작아 갈바닉 부식 위험을 줄여야 하므로 '큰 것'은 부적절함

정답　24 ④　25 ③　26 ④

27 장착 공정에서 장착 에러를 일으킬 수 있는 원인으로 보기 어려운 것은?

① 부적절한 장착 높이
② 부품인식 에러(Error)
③ 기판의 휨
④ 느린 흡착 속도

> **해설** 장착 에러 원인 판별
> • 부적절한 장착 높이는 과압입 · 부족압입으로 오프셋 · 치핑을 유발함
> • 비전 인식 에러는 좌표 · 각도 오판으로 미스플레이스의 직접 원인임
> • 기판 휨은 노즐 Z기준과 평탄도 불일치로 위치 오차를 키움
> • 느린 흡착 속도는 주로 택트 지연 요인이며 진공량이 확보되면 에러 원인으로 보기 어려움

28 납땜 시 예열의 목적이 아닌 것은?

① 납땜 대상물의 예비가열
② 수분과 IPA(이소프로필 알코올)의 증발
③ 작은 납 입자(솔더볼) 형성
④ 플럭스(Flux)의 청정화 작용

> **해설** 납땜 예열(프리히트) 목적
> • 모재와 부품을 서서히 가열해 열충격을 줄이고 온도 균일화를 도모함
> • 페이스트 내 수분 · 용제와 세척 잔류 IPA 등을 증발시켜 기포 · 스패터를 억제함
> • 플럭스를 활성화해 산화막 제거와 젖음성 향상을 유도함
> • 작은 납 입자(솔더볼) 형성은 예열 목적이 아니라 과도 가열 · 점도 저하 · 오염 등으로 생기는 불량임

29 부품의 미세화, 고밀도화에 따라 발생 정도가 많은 결함 중의 하나로 인접 랜드(Land) 간에 납이 연결된 불량 유형은?

① 솔더볼
② 맨하탄
③ 브리지
④ 휘스커

> **해설** 브리지 불량
> • 인접 랜드 사이가 솔더로 연결되어 전기적 단락이 발생함
> • 과다 인쇄 · 과도한 판분리 속도 · 스퀴지 압력 과다 · 점도 저하가 주 원인임
> • 패턴 간격이 좁은 미세피치 · 고밀도 실장에서 발생 빈도가 높음
> • 스텐실 두께 최적화 · 개구 설계 개선 · 프로파일 및 인쇄 조건 관리로 예방함

30 크림 솔더나 칩 본드를 인쇄하거나 도포한 기판에 각종 칩 부품을 장착하는 장비는?

① 솔더 인쇄기(스크린 프린터)
② 칩 마운터
③ 디스펜서
④ 리플로우 경화로

정답 27 ④ 28 ③ 29 ③ 30 ②

해설 칩 부품 장착 장비
- 칩 마운터는 픽앤플레이스로 페이스트나 본드가 도포된 기판에 칩 부품을 고속 배치함
- 스크린 프린터는 솔더 페이스트를 인쇄하는 장비임
- 디스펜서는 칩 본드나 페이스트 등을 점도에 맞춰 국부 도포하는 장비임
- 리플로우 경화로는 장착 후 가열해 솔더를 리플로우하거나 본드를 경화하는 장비임

31 1005 칩부품 흡착 불량과 관련이 없는 사항은?

① 노즐 막힘
② 카세트 정도
③ 흡착위치
④ 부품인식

해설 1005 칩 흡착 불량 관련 요소
- 노즐 막힘 · 진공 저하는 흡착 손실의 직접 원인임
- 카세트(피더) 위치 정밀도 불량은 픽업 좌표 오차로 흡착 실패를 유발함
- 흡착위치 · 높이 설정 오류는 부품 미흡착 · 튐 발생의 핵심 요인임
- 부품인식은 픽업 이후 비전 단계의 문제로 흡착 불량과 직접 관련이 없음

32 IC 사용 및 보관 방법 중 잘못 된 것은?

① 개봉된 IC는 드라이(Dry) 함에 보관한다. ② 포장 개봉 후 48시간 이내에 사용한다.
③ 습도를 60~80%로 유지한다. ④ 보관소는 접지를 한다.

해설 IC 보관 · 사용 관리
- 개봉된 IC는 건조 보관함에 넣어 습기 유입을 최소화함
- 포장 개봉 후에는 규정된 작업 시간 내 사용하며 48시간 이내 사용 지침은 일반 현장 관리 기준으로 적절함
- 습도는 일반적으로 낮게 유지하며 보통 40%RH 이하를 목표로 관리하므로 60~80% 유지 주장은 부적절함
- 보관소 · 작업대는 접지해 정전기 방전을 예방함

33 다음 중 칩 마운터를 구분하는 방식이 아닌 것은?

① In-line 방식
② one by one 방식
③ Multi 방식
④ Pin 전사 방식

해설 칩 마운터 구분 방식
- 인라인 방식은 프린터 · 마운터 · 리플로우가 일렬로 연결된 라인 구성 방식임
- 원바이원 방식은 헤드가 부품을 한 개씩 순차적으로 픽업 · 실장하는 방식임
- 멀티 방식은 다관절 · 다노즐 또는 멀티헤드로 동시 픽업 · 실장을 수행하는 방식임
- 핀 전사 방식은 접착제 도포 공정의 방식으로 마운터 구분 방식이 아님

정답 31 ④ 32 ③ 33 ④

34 다음의 SMT공정에 사용되는 기자재에 대한 설명 중 틀린 것은?

① 칩 카운터 - 칩 부품과 Axial radial 부품을 카운트 하는 디지털 계수기
② 테이프 커터기 - 부품 Reel의 폐 테이프를 자동 절단하여 모으는 장치
③ 인버터 - PCB 양면작업을 위해 180°반전하는 장비
④ 터닝 컨베이어(TC) - 작업자의 편의를 위해 자동으로 PCB의 전후를 돌여주는 장비

> **해설** SMT 기자재 기능 판별
> • 칩 카운터는 테이프 포장된 칩 부품과 축형 · 라디얼 부품의 수량을 계수하는 장비로 설명이 적합함
> • 테이프 커터기는 리일에서 벗겨진 폐 커버테이프를 절단 · 권취해 정리하는 용도로 사용됨
> • 인버터는 양면 작업을 위해 기판을 180° 반전시키는 장비로 설명이 맞음
> • 터닝 컨베이어는 라인 진행 방향을 90° 전환하거나 U자 동선을 구성하는 장비이며 전후면 반전은 인버터 (플립 컨베이어)의 기능임

35 부품 실장 후 검사하는 방법으로서 육안 검사로 확인이 가장 어려운 것은?

① 부품 미삽 및 오삽
② 솔더량
③ 냉납
④ 부품 외부 결함

> **해설** 실장 후 육안 검사 난이도
> • 부품 미삽 · 오삽과 외관 결함은 위치 · 형상 · 표면 손상 등으로 육안 식별이 비교적 용이함
> • 솔더량 과다 · 과소도 패드 형상과 필렛 높이 · 폭 관찰로 어느 정도 판단 가능함
> • 냉납은 표면이 반질하지 않거나 미세 균열 · 산화막 등 미세 징후로 나타나 육안만으로 판별이 어려움
> • 냉납 확인은 확대관찰 · AOI · 단면 분석 · 전기적 검사 등 보조 수단이 요구됨

36 인쇄회로기판(PCB) 제작 시 고려해야 할 특성 중 전기적 특성에 해당 되지 않는 것은?

① 내전압
② 납땜 내열성
③ 절연 저항
④ 절연율

37 PCB는 무엇의 약자인가?

① Printed Circuit Board
② Panel Circuit Board
③ Pattern Circuit Board
④ Plating Circuit Board

> **해설** PCB의 의미와 특징
> • PCB는 Printed Circuit Board의 약자로 인쇄회로기판을 뜻함
> • 절연 기판 위에 동박을 에칭해 전기 회로(배선 · 패드)를 형성함
> • 부품 실장 · 전기적 연결 · 기계적 지지를 동시에 담당함
> • 재료는 주로 FR-4를 사용하며 솔더 레지스트와 실크 인쇄를 포함함

정답 34 ④ 35 ③ 36 ② 37 ①

38 GaAsP, GaP 등을 재료로 하는 pn 접합 다이오드에 순방향 전류를 흘리면, 접합면 부근에서 빛을 방출한다. 이러한 현상을 이용한 소자는?

① Transistor ② Zener Diode
③ Resistor ④ LED

해설 발광 다이오드(LED) 원리
- GaAsP · GaP 등 화합물 반도체 pn 접합에 순방향 전류를 인가하면 접합부에서 전자와 정공의 재결합 발광이 발생함
- 방출 빛의 파장은 반도체 밴드갭으로 결정되며 재료 조성에 따라 다양한 색 구현이 가능함
- 높은 효율을 위해 칩 구조 · 도핑 · 패키지 광추출 설계를 최적화함
- 트랜지스터 · 제너 다이오드 · 저항은 이 발광 현상을 이용하지 않음

39 1개의 전자를 금속체로부터 공간으로 방출하는데 필요한 일의 양을 무엇이라고 하는가?

① 에너지 ② 일함수
③ 자유 전자 ④ 속박 전자

해설 일함수의 의미
- 금속 표면에서 전자를 진공으로 꺼내는 데 필요한 최소 에너지
- 보통 전자볼트 eV 또는 줄 J로 표현함
- 광전효과에서 광자에너지 hv = 일함수 W + 방출전자 운동에너지 관계로 기술됨
- 재료 · 표면 상태 · 결정면 · 온도 등에 따라 값이 달라짐

40 다음 중 PCB CAD 용 프로그램이 아닌 것은?

① P-CAD ② Or CAD
③ Auto CAD ④ CAD Star

해설 PCB CAD 프로그램 판별
- P-CAD는 인쇄회로 설계를 위한 전용 EDA 도구임
- OrCAD는 회로설계 · PCB 설계에 널리 쓰이는 EDA 도구임
- CADSTAR는 회로 · PCB 설계용 전용 EDA 도구임
- AutoCAD는 범용 기계 · 건축용 2D · 3D CAD로 PCB 전용 프로그램이 아님

정답 38 ④ 39 ② 40 ③

3과목 : 공압기초

41 아래 회로에서 제너다이오드에 흐르는 전류 값은? (단, 제너다이오드의 항복전압은 8[V]
이다.)

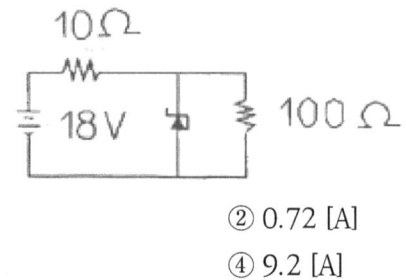

① 0.52 [A]   ② 0.72 [A]
③ 0.92 [A]   ④ 9.2 [A]

해설 제너 전류 계산
- 제너 항복 동작 시 부하와 제너 양단 전압은 8 V로 고정됨
- 직렬저항 전류 IS = (18 − 8) V ÷ 10 Ω = 1.0 A
- 부하전류 IL = 8 V ÷ 100 Ω = 0.08 A
- 제너전류 IZ = IS − IL = 1.0 − 0.08 = 0.92 A

42 홀 가공 작업 시 회전하는 드릴 비트와 기판(특히 내층)간의 마찰열에 의하여 내층의 수지
가 녹아나와 홀의 내벽에 부착된다. 이 불순물은 후속 공정인 도금 작업 시 도금막의 밀착
도를 떨어뜨리고, 내층의 접착을 방해하므로 화학적인 방법으로 제거하는데 이 작업을 무
엇이라고 하는가?

① DEBURRING   ② DESMEAR
③ 고압 수세   ④ 중간 검사

해설 드릴 가공 후 수지 스미어 제거(Desmear)
- 드릴 가공 시 마찰열로 내층 수지가 녹아 홀 내벽에 부착된 스미어가 형성됨
- 스미어는 도금막 밀착과 내층 구리패턴과의 접착을 저해함
- 과망간산계 화학 처리나 플라즈마 처리로 수지 스미어를 선택적으로 제거함
- 데스미어 후 홀 활성화·동 도금 공정을 통해 신뢰성 높은 도통을 확보함

43 다이오드의 주요 기능으로 거리가 먼 것은?

① 증폭 작용   ② 검파 작용
③ 정류 작용   ④ 스위칭 작용

정답 41 ③   42 ②   43 ①

해설 다이오드 기능 판별
- 정류 작용은 교류를 한 방향 전류로 바꾸는 다이오드의 기본 기능임
- 검파 작용은 AM 등에서 신호의 포락선을 추출하는 용도로 사용됨
- 스위칭 작용은 순 · 역바이어스 전환으로 전류 흐름을 빠르게 온 · 오프로 제어함
- 증폭 작용은 능동 소자의 기능으로 다이오드는 전압 · 전류 이득을 제공하지 않음

44 CdS는 무슨 소자인가?

① 광전도 소자
② 발광 다이오드
③ 자기 소자
④ 자기 저항 소자

해설 CdS 소자 특성
- CdS는 빛의 세기에 따라 저항값이 변하는 광전도 소자임
- 조도가 높아질수록 전도대 전자가 증가해 저항이 낮아짐
- 광센서 · 조도센서 · 자동 조광 회로 등 아날로그 감지에 주로 사용됨
- 응답 속도가 포토다이오드보다 느리지만 회로가 단순하고 비용이 낮음

45 PCB 상에 배선패턴을 형성하기 위해서 사진법에 의한 배선패턴의 전사방법으로써 액상 감광재법과 D/F 법을 사용한다. 이 중 액상 감광재법의 하나로 액상 감광재에 기판을 담가서 도포하는 방법은?

① 롤 코팅 방식
② 딥 코팅 방식
③ 스크린 코팅 방식
④ ED 방식

해설 액상 감광재 도포 방식
- 딥 코팅은 액상 감광재에 기판을 담가 표면에 막을 형성하는 방식임
- 인출 속도 · 점도 · 온도 · 후건조 조건으로 막 두께를 제어함
- 롤 코팅은 롤러 접촉식이고 스크린 코팅은 망사 인쇄식이며 ED는 전착 방식으로 담가 도포와 구별됨
- 도포된 감광막은 이후 노광 · 현상 공정을 통해 배선패턴을 전사함

46 200V, 600W 정격의 커피포트에 200V의 전압을 1시간동안 공급할 때의 전력량으로 맞는 것은?

① 600[Wh]
② 1200[Wh]
③ 600[kWh]
④ 1200[kWh]

해설 전력량 계산
- 정격 200 V, 600 W 기기에 전압 200 V를 1시간 인가하면 소비전력은 600 W 유지됨
- 전력량 = 전력 × 시간 = 600 W × 1 h = 600 Wh
- 1 kWh = 1000 Wh 이므로 600 Wh = 0.6 kWh

 정답   44 ①   45 ②   46 ①

47 설계규칙검사(DRC) 기능 중 결선상태의 검사 항목이 아닌 것은?

① 배선금지 영역
② 핀의 미 연결
③ 전원의 단락
④ 신호의 2중 접속

> **해설** DRC 검사 항목 분류
> • 결선 상태 검사는 핀 미연결 · 전원 단락 · 신호의 이중 접속 등 네트 연결 오류를 점검함
> • 핀의 미 연결은 오픈 회로로 분류되어 결선 오류에 해당함
> • 전원의 단락과 신호의 2중 접속도 네트 간 연결 이상으로 결선 상태 검사에 포함됨
> • 배선금지 영역은 기하 · 배치 제약으로 물리적 설계 규칙 검사 항목이지 결선 상태 검사가 아님

48 다음 중 접촉식 온도 센서로서 사용되지 않는 것은?

① 서미스터
② 열전대
③ 적외선 센서
④ 저항온도계

> **해설** 접촉식 온도 센서 판별
> • 서미스터는 온도에 따른 저항 변화로 측정하는 접촉식 센서임
> • 열전대는 두 금속의 접점에서 생기는 기전력을 이용하는 접촉식 센서임
> • 저항온도계는 금속 저항의 온도 의존성을 이용하는 접촉식 센서임
> • 적외선 센서는 복사에너지를 검출하는 비접촉식이므로 접촉식에 해당하지 않음

49 다음 기호(심벌)가 의미하는 전자부품은?

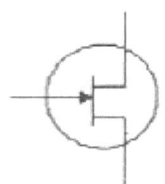

① DIODE
② TR
③ FND
④ FET

> **해설** 전자부품 심벌 판별
> • 제시 심벌은 게이트 G · 드레인 D · 소스 S의 3단자를 가진 전계 효과 트랜지스터 형상임
> • 채널 방향을 향하는 화살표로 N채널 JFET 특성이 표시됨
> • TR은 베이스 · 이미터 · 컬렉터 구조로 심벌이 다르고 다이오드는 2단자 심벌임
> • FND는 표시 소자로 회로 심벌이 전혀 다르므로 해당하지 않음

정답 47 ① 48 ③ 49 ④

50 다음 중 실리콘 제어 정류기(SCR)의 응용 범위가 아닌 것은?

① 계전기 제어   ② 모터 제어

③ 발진기   ④ 초퍼 변환기

> **해설** SCR 응용 범위 판별
> - SCR은 턴온 후 유지전류 이상에서 도통을 지속하는 전력 스위칭 소자로 위상제어 · 정류 · 전력조절에 적합함
> - 계전기 제어 · 모터 속도제어 · 램프 디밍 · 정류기 · AC 전압조정 등에서 널리 사용됨
> - 초퍼 변환기처럼 DC 전력의 펄스화 · 평균전압 조절에도 사용됨
> - 발진기는 선형 증폭 · 피드백이 필요한 회로로 트랜지스터 · OP앰프 · UJT 등이 주로 쓰이며 SCR 자체는 발진 소자로 부적합함

51 "기체의 온도를 일정하게 유지하면서 압력 및 체적이 변화할 때, 압력과 체적은 서로 반비례한다."는 무슨 법칙인가?

① 샬의 법칙   ② 보일의 법칙

③ 보일- 샬의 법칙   ④ 파스칼의 법칙

> **해설** 보일의 법칙(등온 변화)
> - 기체의 온도가 일정할 때 압력과 체적의 곱은 일정함
> - $P \propto 1/V$, 수식은 $P_1V_1 = P_2V_2$로 표현함
> - 샬의 법칙은 압력이 일정할 때 $V \propto T$ 관계를 말함
> - 파스칼의 법칙은 액체에서 압력이 균등 전달되는 현상을 말함

52 아래 그림의 제어밸브기호는 몇 포트 몇 위치인가?

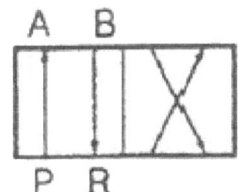

① 2포트 2위치   ② 2포트 4위치

③ 4포트 2위치   ④ 4포트 4위치

> **해설** 방향제어밸브 포트 · 위치 판독
> - 위치는 사각형 개수로 판단하며 도식에 사각형 2개이므로 2위치임
> - 포트는 한 사각형에 연결된 외부 포트 수로 보며 P · R · A · B 네 개이므로 4포트임
> - P는 공급포트 · R은 배기포트 · A와 B는 작업포트로 구성됨
> - 따라서 4포트 2위치 제어밸브가 정답임

정답   50 ③   51 ②   52 ③

53 공압실린더의 피스톤 지름이 25mm이면 피스톤의 면적은 약 몇 cm2인가?

① 4.91　　　　　　　　　　　　② 6.3

③ 19.6　　　　　　　　　　　　④ 49

> **해설** 원형 피스톤 면적 계산
> - 지름 25 mm이므로 반지름 r = 12.5 mm임
> - 면적 A = πr^2 = $\pi \times 12.5^2$ ≈ 3.1416 × 156.25 = 490.87 mm²임
> - 1 cm² = 100 mm²이므로 490.87 mm² = 4.9087 cm²임

54 방향제어 밸브에서 인력조작 방식이 아닌 것은?

① 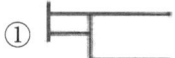　　　　　　　②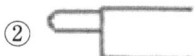

③ 　　　　　　　④

> **해설** 방향제어밸브 조작 방식 구분
> - 인력조작은 사람이 직접 누르거나(푸시버튼) 밟거나(페달) 당겨(레버) 작동함
> - ① 푸시버튼, ③ 페달, ④ 레버는 모두 인력조작에 해당함
> - ② 롤러는 캠·실린더 로드 등에 의해 자동으로 눌리는 기계조작 방식임

55 공압 장치의 구성요소 중 공기 청정화 장치에 속하는 것은?

① 방향제어밸브　　　　　　　　② 공기 압축기

③ 필터　　　　　　　　　　　　④ 공압 실린더

> **해설** 공압 공기 청정화 장치
> - 필터는 수분·먼지·오일 미스트 등 불순물을 제거해 청정한 압축공기를 공급함
> - 청정공기는 밸브·실린더의 수명과 신뢰성을 높이고 고장률을 낮춤
> - 공기 압축기는 동력원, 방향제어밸브는 유로 전환, 실린더는 구동부로 청정화 장치가 아님
> - 현장에서는 보통 필터·레귤레이터·루브리케이터(FRL) 조합으로 관리함

56 압축공기 중에 기름이 혼입되는 것이 방지되는 관계로 깨끗한 공기를 필요로 하는 식품공업, 제약회사, 화학공업 등에 많이 사용되는 압축기는?

① 베인 압축기　　　　　　　　② 스크류 압축기

③ 피스톤 압축기　　　　　　　④ 격판 압축기

정답 　53 ①　54 ②　55 ③　56 ④

해설 오일프리 공정용 압축기
- 격판 압축기는 금속 다이어프램으로 기체와 윤활유 계통을 완전히 분리해 오일 무혼입 공기를 공급함
- 식품 · 제약 · 정밀 화학 등 청정 공기가 필요한 공정에 적합함
- 베인 · 스크류 · 피스톤식은 구조상 윤활유 관리가 필요해 오일 캐리오버 위험이 상대적으로 큼
- 격판식은 누설이 적고 가스 오염 위험이 낮으나 유량 · 압력 범위와 비용 측면에서 용도별 선택이 필요함

57 대기압보다 낮은 압력으로 감압하는 장치로 관로 끝에 흡입 패드를 사용하여 전자부품을 반송할 수 있는 것은?

① 소음기　　　　　　　　　② 공-유압 변환기
③ 증압기　　　　　　　　　④ 진공 펌프

해설 흡착 반송용 진공 발생 장치
- 진공 펌프는 대기압보다 낮은 압력을 만들어 흡입 패드로 전자부품을 흡착 · 반송함
- 반도체 · SMT 라인에서 소형 부품 픽업과 이송에 널리 사용됨
- 소음기는 배기 소음을 저감하는 부속품이며 공 · 유압 변환기는 공압을 유압으로 바꾸는 장치임
- 증압기는 압력을 높이는 장치로 감압 · 진공 형성과 목적이 다름

58 표준대기압(1atm), 4℃에서의 물의 밀도는 약 몇 kg/m^3인가?

① 1　　　　　　　　　　　② 10
③ 100　　　　　　　　　　④ 1000

해설 물의 밀도 기준값
- 순수한 물은 4℃에서 밀도가 최대가 되며 약 1000 kg/m^3로 취급함
- 1 atm, 4℃ 조건의 표준값을 공학 계산에서 기준 밀도로 널리 사용함
- 온도가 올라가면 열팽창으로 밀도가 감소하고 내려가면 4℃ 기준에서 증가 후 다시 감소함
- g/cm^3 단위로는 약 1.0 g/cm^3에 해당함

59 압력에 대한 단위의 표시가 틀린 것은?

① 1 bar는 105 Pa이다.　　　　② 1 bar는 1.01972 kgf/cm^2이다.
③ 1 atm은 1.01325 bar이다.　　④ 1 mmHg는 1.03323 kgf/cm^2이다.

해설 압력 단위 변환 판별
- 1 bar = 10^5 Pa는 정확함
- 1 bar ≈ 1.01972 kgf/cm^2는 100000 Pa ÷ 98066.5 $Pa/kgf \cdot cm^{-2}$에서 유도되어 맞음
- 1 atm = 1.01325 bar는 101325 Pa 기준으로 정확함
- 1 mmHg ≈ 133.322 Pa ≈ 0.00136 kgf/cm^2로 1.03323 kgf/cm^2는 1 atm 값에 해당하므로 틀림

정답　57 ④　58 ④　59 ④

60 공압은 압축성 유체이므로 공압 실린더의 스틱-슬립(Stick-Slip)현상이 발생 될 수 있다. 방지할 수 잇는 기기는?

① 증압기   ② 증폭기
③ 하이드로릭 체크 유니트   ④ 니들밸브

해설 스틱 · 슬립 방지 장치
- 공압 실린더의 압축성 · 마찰로 발생하는 미세 정지 · 급가속을 유압 감쇠로 완화해야 함
- 하이드로릭 체크 유니트(에어 · 유압 병용)는 흐름을 점성 저항으로 평활화해 저속에서도 일정 속도 유지가 가능함
- 증압기 · 증폭기는 압력 · 신호를 높이는 장치로 속도 평활화와 직접 관련이 없음
- 니들밸브의 단순 유량 조절만으로는 마찰 돌파 시 속도 급변을 완전히 억제하기 어려움

정답 60 ③

전자부품장착기능사 기출문제
2011. 07. 31.

1과목 : SMT 개론

01 일반적으로 사용되는 솔더 크림의 합금으로 옳은 것은?

① Sn+Pb+Ag
② Sn+Pb+Au+Bi
③ Sn+Pb+Au+Bi+Cd
④ Sn+Pb+Zn

> **해설** 일반적으로 사용되는 솔더 크림의 합금 조성
> - 솔더 크림(Solder Cream)은 납(Sn)과 주석(Pb)을 기본으로 하고, 소량의 은(Ag)을 첨가하여 젖음성(Wettability)과 기계적 강도를 향상시킴
> - 대표적인 조성은 Sn63/Pb37, Sn62/Pb36/Ag2 등이 있음
> - 은(Ag)을 첨가하면 균열 방지, 열충격 내성 향상, 미세 패드 인쇄 안정성 등의 효과가 있음

02 다음 중 리플로우 온도 프로파일에 영향을 미치는 요소 및 설명으로 틀린 것은?

① 기판의 종류 : 재질, 크기, 두께에 따라 열용량을 다르게 받음
② 탑재 부품 및 실장 밀도 : 탑재부품의 크고 작음, 실장밀도의 높고 낮음
③ 리플로우 내의 배기 풍속 : 배기풍속의 빠르고 느림
④ 선 공정 구성장비 : 리플로우 전의 구성장비 종류

> **해설** 리플로우 온도 프로파일 영향 요소
> - 리플로우 프로파일은 기판과 부품이 열을 흡수하는 특성에 따라 달라짐
> - 주요 영향 요소는 다음과 같음
>   - 기판의 종류 : 재질, 크기, 두께에 따라 열전도율과 열용량이 달라짐
>   - 부품의 크기 및 실장밀도 : 부품이 클수록 열흡수량이 커지고, 밀도가 높을수록 열전달이 어려움
>   - 리플로우 내부 풍속 : 풍속이 빠르면 열전달이 균일해지고, 너무 빠르면 열손실이 생김
> - 리플로우 전 공정 구성장비(예: 프린터, 마운터 등)는 온도 프로파일에 직접적인 영향을 주지 않음

03 다음 중 인쇄 납량을 결정하는 인자로 그 영향이 가장 작은 것은?

① 스퀴지(Squeegee) 압력
② 스퀴지(Squeegee) 속도
③ 메탈 마스크(Metal Mask) 두께
④ 크림 솔더(Cream Solder) 성분

 정답 01 ①   02 ④   03 ④

해설 인쇄 납량 결정 인자
- 인쇄 시 납량은 주로 메탈 마스크의 구조적 요소와 인쇄 조건에 의해 결정됨
    - 스퀴지 압력 : 압력이 높을수록 솔더가 마스크 패턴 안으로 더 많이 충전됨
    - 스퀴지 속도 : 너무 빠르면 충전이 불완전해지고, 너무 느리면 번짐 발생
    - 메탈 마스크 두께 : 두꺼울수록 인쇄 납량이 증가함
- 크림 솔더의 성분은 점도나 퍼짐성에는 영향을 미치지만, 인쇄 납량 결정에는 직접적인 영향이 적음

04 COB(Chip On Boards) 실장의 단점으로 올바른 것은?

① 열방출   ② 고밀도, 고기능성
③ 신호전송거리   ④ 재작업

해설 COB(Chip On Board) 실장의 단점
- COB 실장은 반도체 칩을 기판 위에 직접 실장하는 방식으로, 고밀도 · 소형화에 유리함
- 그러나 칩이 기판에 직접 접착 · 와이어 본딩되어 있기 때문에 재작업(수리 · 교체)이 어렵고 공정 불량 시 복구가 거의 불가능함
- 따라서 COB 방식의 가장 큰 단점은 재작업 곤란성임

05 PCB 1장당 부품이 100점 장착 된다면, 0.1초/1점을 장착할 수 있는 설비로 1시간 동안 생산 가능한 PCB수량으로 맞는 것은?

① 60개   ② 180개
③ 360개   ④ 720개

해설 1시간당 PCB 생산수량 계산
- 1점 장착 시간 = 0.1초
- 1장당 부품 수 = 100점
- 1장당 소요시간 = 100점 × 0.1초 = 10초
- 1시간 = 60분 = 3,600초 ⇒ 3,600초 ÷ 10초 = 360장/시간

06 다음 중 SMT 주변 기술로서 틀린 것은?

① 접속/평가 기술   ② 배선기판 기술
③ 생산/공정 기술   ④ 화공기술

 정답 04 ④   05 ③   06 ④

해설 SMT 주변 기술
- SMT(Surface Mount Technology)는 전자부품을 기판 표면에 실장하는 기술로, 여러 관련 기술이 복합적으로 적용됨.
- 대표적인 주변 기술
  - 접속/평가 기술 : 납땜성, 접합 신뢰성 평가 등
  - 배선기판 기술 : PCB 설계, 패턴 형성 등
  - 생산/공정 기술 : 프린팅, 실장, 리플로우, 검사 등
- 화공기술은 SMT 직접 공정과는 관련이 적은 분야임.

07 SMT 실장 부품의 명칭과 거리가 먼 것은?

① BGA : Ball Grid Array
② QFP : Quad Flat Package
③ COF : Chip On Flat-Package
④ CSP : Chip Scale(Size) Package

해설 SMT 실장 부품의 명칭
- SMT에서 사용되는 주요 패키지 형식
  - BGA (Ball Grid Array) : 볼 형태의 솔더를 하단에 배열한 패키지
  - QFP (Quad Flat Package) : 4면 리드가 평평하게 돌출된 패키지
  - CSP (Chip Scale Package) : 칩 크기와 거의 동일한 초소형 패키지
  - COF (Chip On Film) 은 "Chip On Flat-Package"가 아닌, 'Chip On Film'의 약자로, 플렉시블 기판 (Film)에 직접 칩을 실장하는 방식임.

08 IMT에서 SMT로 발전하면서 얻어진 장점에 대한 설명 중 틀린 것은?

① 부품의 소형화와 미세 피치화로 고밀도실장이 가능하게 되었다.
② 인쇄회로기판 면적의 축소와 중량이 가벼워졌다.
③ 생산라인을 구성하는 비용이 줄어들었다.
④ 전기적 성능과 신뢰성이 향상되었다.

해설 IMT에서 SMT로의 발전 장점
- IMT(삽입형 기술, Insertion Mount Technology)에서 SMT(표면실장기술, Surface Mount Technology)로 발전하면서 다음과 같은 장점을 얻음
  - 부품 소형화 및 고밀도 실장 가능 : 소형 칩부품 사용으로 회로집적도 향상
  - 기판 면적 및 중량 감소 : 경량화와 소형화 실현
  - 전기적 성능 및 신뢰성 향상 : 리드 길이가 짧아 신호 손실이 적고 내진동성 우수
  - 자동화 생산성 향상 : 정밀한 고속 장착 가능
- 단, SMT 공정은 고정밀 자동화 장비와 정밀 제어시스템이 필요하므로 생산라인 구축 비용은 오히려 증가함.

정답 07 ③   08 ③

09 다음 stack stick feeder 종류 중에서 사용과 조정이 간편 하며 경제적이나, 조정을 자주해야 하고, 헤드에 무리를 유발할 수 있는 형태는 어느 방식인가?

① 기계식
② 전동식
③ 공압식
④ 전자식

> **해설** Stack Stick Feeder 방식 비교
> • 기계식은 구조가 단순하여 사용과 조정이 간편하고 가격이 저렴함
> • 그러나 반복 사용 시 조정 빈도가 높고 마운터 헤드에 부담이 큼
> • 전동식과 공압식은 제어 정밀도가 높지만 구조가 복잡하고 비용이 높음
> • 따라서 간편성과 경제성은 높으나 기계적 충격 문제가 존재함

10 기판의 인식마크(fiducial mark)에 대한 설명으로 틀린 것은?

① 기판마크 위치를 카메라로 인식하여, 장착위치를 보정하기 위한 것이다.
② 인식마크의 형상은 원형(圓形)으로만 제작이 가능하다.
③ 인식마크의 재질은 동박, Solder 도금 등 다양화 할 수 있다.
④ 기판의 재질에 따라 인식마크를 선명하게 식별할 수 있는 밝기가 달라진다.

> **해설** 인식마크(fiducial mark) 개요
> • 인식마크는 카메라 보정을 통해 부품 장착 위치 오차를 최소화함
> • 형상은 원형 외에도 십자형, 사각형 등 다양하게 설계 가능함
> • 재질은 동박, 솔더 도금 등 기판 표면 처리에 따라 선택됨
> • 따라서 '원형으로만 제작 가능하다'는 설명은 틀림

11 납땜 시 모재의 좁은 장소에 용융한 솔더가 모세관 현상으로 끌려가서 접합 솔더량이 부족하게 되는 현상을 무엇이라 하는가?

① 냉납
② void
③ 위킹(Wicking)
④ 미납

> **해설** 위킹(Wicking) 현상 개요
> • 모세관 작용으로 용융된 솔더가 인접한 좁은 틈으로 흡입되어 이동함
> • 이로 인해 납땜부에 필요한 솔더량이 부족해 접합 불량 발생함
> • 주로 리드선이나 패드 사이의 간격이 좁거나 열분포가 불균일할 때 발생함
> • 결과적으로 납땜 신뢰성이 저하되고 접합강도 약화로 이어짐

정답 09 ① 10 ② 11 ③

12 솔더 분말을 용제나 플럭스에 섞어 사용하는 솔더로서 기판(PCB)에 도포하여 리플로우 솔더링하는 것은?

① 테입 솔더(Tape Solder) ② 페이스트 솔더(Paste Solder)
③ 바 솔더(Bar Solder) ④ 볼 솔더(Ball Solder)

> **해설** 페이스트 솔더(Paste Solder) 개요
> • 미세한 솔더 분말을 플럭스나 용제에 혼합한 반죽 형태의 솔더임
> • 스크린 프린팅을 통해 기판(PCB) 패드 위에 균일하게 도포 가능함
> • 리플로우 공정 시 열에 의해 용융되어 부품과 패드 간 전기적 접속 형성함
> • SMT(표면실장기술) 공정에서 가장 일반적으로 사용되는 솔더 재료임

13 리플로우(Reflow) 가열방식 중 표면실장용으로 잘 사용하지 않는 방식은?

① 적외선(IR) 가열방식 ② 열풍(Hot Air) 가열방식
③ 적외선(IR)+열풍(Hot Air)가열 방식 ④ 증기(VPS) 가열방식

> **해설** 증기(VPS) 가열방식의 특징
> • 액체 증기의 응축열을 이용하여 가열하는 방식임
> • 균일한 열전달이 가능하지만 장비 구조가 복잡하고 유지비가 높음
> • 냉각 및 회수 과정에서 장치 관리가 어렵고 실장 불량 발생 우려가 있음
> • 이러한 이유로 표면실장(SMT) 공정에서는 주로 사용되지 않음

14 SMT 프로그램 작성시 필요 사항이 아닌 것은?

① 드릴 데이터 ② 거버 데이터
③ BOM 데이터 ④ 좌표 데이터

> **해설** SMT 프로그램 작성 시 필요 자료
> • 거버(Gerber) 데이터는 PCB의 패턴과 부품 위치정보를 제공함
> • BOM(Bill of Materials) 데이터는 부품 명칭, 규격, 수량 정보를 제공함
> • 좌표 데이터는 부품의 정확한 장착 위치를 지정함
> • 드릴 데이터는 PCB 가공용 정보로, SMT 프로그램 작성에는 사용되지 않음

15 솔더 볼(Solder ball) 불량대책에 대한 내용으로 올바른 것은?

① 예열온도를 낮추고, 리플로우 존의 온도를 높인다.
② 예열시간을 길게 한다.
③ 예열 온도를 높이고, 리플로우 존 온도를 낮춘다.
④ 온도 프로파일을 조정하여 온도 격차를 줄인다.

정답 12 ② 13 ④ 14 ① 15 ②

> **해설** 솔더 볼 불량 대책
> - 솔더 볼은 급격한 온도 변화나 플럭스의 급기화로 발생함
> - 예열시간을 길게 하여 플럭스 내 용제가 충분히 증발되도록 함
> - 리플로우 전 단계에서 안정적인 열 분포를 확보함
> - 온도 상승 속도를 완만히 하여 솔더의 비산 및 볼 형성을 방지함

16 인쇄공정에 관한 설명으로 틀린 것은?

① 메탈 마스크와 솔더의 점착력이 강해야 한다.
② PCB와 솔더의 점착력이 강해야 한다.
③ PCB와 메탈 마스크 사이에 부압이 형성되어야 한다.
④ 메탈 마스크 표면에 대기압력이 작용한다.

> **해설** 인쇄공정의 점착력 관계
> - 인쇄 시 솔더 페이스트는 PCB 패드에 잘 부착되어야 함
> - 메탈 마스크에는 솔더가 남지 않아야 하므로 점착력이 약해야 함
> - PCB와 메탈 마스크 간에는 부압 형성으로 밀착도를 유지함
> - 메탈 마스크 표면에는 대기압이 작용하여 인쇄 안정성을 확보함

17 솔더링(Soldering)불량을 줄이기 위한 솔더 크림 관리 기준에 대해 서술한 것 중 틀린 것은?

① 제조일로부터 3~6개월 이내의 생산 제품을 사용한다.
② 5~10℃ 유지가 가능한 냉장 보관한다.
③ 선입선출 원칙에 따라 반드시 입고된 순서대로 사용한다.
④ 상온(25℃)에서 수분흡수를 촉진하기 위해 10분 이내 개봉한다.

> **해설** 솔더 크림의 관리 기준
> - 솔더 크림은 수분 흡수를 방지하기 위해 냉장(5~10℃) 상태로 보관함
> - 사용 시 상온에 충분히 안정화(약 4시간) 후 개봉해야 함
> - 제조일로부터 3~6개월 내 제품을 선입선출 원칙으로 사용함
> - 상온에서 10분 이내 개봉은 수분 흡수 위험이 커 부적절함

18 다음 IC 부품 중 리드간 피치가 가장 미세한 부품은?

① BGA   ② CSP
③ QFP   ④ TCP(TAB)

정답 16 ①   17 ④   18 ④

해설 리드 간 피치가 미세한 부품
- BGA는 볼 형태 접속으로 피치가 비교적 넓음
- CSP는 칩 크기 수준의 패키지로 소형화에 유리함
- QFP는 외부 리드형으로 피치가 0.4~0.8mm 수준임
- TCP(TAB)는 필름상 미세 리드 구조로 피치가 가장 미세함

19 다음 중 솔더 크림 또는 칩 본드를 공급하는 방식이 아닌 것은?

① 스크린 인쇄   ② 디스펜싱(도포 방식)

③ 핀 전사방식   ④ 칩 마운터

해설 솔더 크림 및 칩 본드 공급 방식
- 스크린 인쇄는 메탈 마스크를 이용해 일정량을 인쇄하는 방식임
- 디스펜싱은 노즐로 점도물질을 정량 도포하는 방식임
- 핀 전사방식온 핀에 묻힌 재료를 기판에 선이시키는 방식임
- 칩 마운터는 부품 장착 장비로 공급 방식에 해당하지 않음

20 마운터에 공급하는 IC(QFP, BGA)는 어떠한 형태로 공급하는가?

① 릴(reel)   ② 스틱(stick)

③ 트레이(tray)   ④ 벌크(bulk)

해설 IC 부품의 공급 형태
- QFP, BGA와 같은 고가 · 정밀 IC는 트레이(Tray) 형태로 공급됨
- 트레이는 부품 보호 및 자동 이송에 유리한 구조임
- 릴(Reel)은 칩저항, 칩콘덴서 등 소형 부품에 주로 사용됨
- 스틱(Stick)과 벌크(Bulk)는 제한된 부품군에서만 적용됨

2과목 : 전자기초

21 리플로우 특징을 설명한 것으로 틀린 것은?

① 부품의 열 충격이 크다.   ② 솔더(solder)를 적정량 공급할 수 있다.

③ 자기보정 효과가 있다.   ④ 솔더(solder)의 불순물 혼입이 많다.

해설 리플로우의 특징
- 리플로우 공정은 솔더 크림을 인쇄 후 가열하여 접합하는 방식임
- 열전달이 균일하고, 솔더량 제어가 용이함
- 표면장력에 의한 자기보정(Self-Alignment) 효과가 있음
- 솔더 불순물 혼입은 적어야 하므로 "혼입이 많다"는 설명은 틀림

정답   19 ④   20 ③   21 ④

22 SMT 단점에 대한 내용으로 틀린 것은?

① 고가의 설비가 필요 하다.

② 비젼(Vision) 검사와 정밀한 수리작업이 요구된다.

③ 새로운 공정체계가 필요하다.

④ 부품자재의 저장 공간을 크게 차지한다.

> **해설** SMT의 단점
> - SMT 공정은 미세부품 실장으로 고가의 장비와 정밀 기술이 필요함
> - 비전 검사, 재작업 등 전문적 인력이 요구됨
> - 기존 공정보다 복잡한 자동화 체계를 갖춰야 함
> - 부품 크기가 작아 저장공간은 오히려 적게 차지하므로 설명이 틀림

23 표면실장 인라인 검사공정 구성과 관련이 없는 것은?

① 인쇄 검사　　　　　　　② 장착 검사

③ ICT 검사　　　　　　　④ 납땜 검사

> **해설** 인라인 검사공정 구성
> - SMT 인라인 검사에는 인쇄검사(SPI), 장착검사(AOI), 납땜검사(Reflow AOI) 등이 포함됨
> - 각 공정은 불량을 조기에 검출하여 생산 효율을 높이는 역할을 함
> - ICT(회로기능검사)는 조립 후 전기적 특성 검사로 오프라인에서 수행됨
> - 따라서 ICT 검사는 인라인 검사공정 구성과 관련 없음

24 스크린 프린터에서 사용하는 스퀴지 중에서 마스크에 공급하는 크림 솔더량을 많게 할 수 있고, 스퀴지 탄성에 의한 인압 조정이 용이한 스퀴지 종류는?

① 평 스퀴지　　　　　　　② 검 스퀴지

③ 각 스퀴지　　　　　　　④ 라운드 스퀴지

> **해설** 평 스퀴지의 특징
> - 평 스퀴지는 스퀴지 단면이 평평하여 인쇄면에 균일한 압력을 전달함
> - 솔더 크림의 도포량이 일정하고, 미세 패턴 인쇄에 적합함
> - 인쇄 품질이 안정적이며, 마스크 손상을 최소화함
> - 고정밀 인쇄 작업에서 가장 널리 사용되는 표준 스퀴지 형태임

정답 22 ④　23 ③　24 ①

25 납땜 되어있는 부품의 전극과 Land사이에 크랙이 발생된 원인은?

① Reflow온도 Profile의 냉각구간에서 충격을 받을 경우
② Reflow온도 Profile에서 예열구간이 길 경우
③ Reflow온도 Profile에서 Peak 온도가 낮을 경우
④ Reflow온도 Profile에서 예열구간이 짧을 경우

> **해설** 냉각구간 크랙 발생 원인
> - 냉각구간에서 급격한 온도 변화나 외부 충격이 가해질 경우 크랙이 발생함
> - 솔더가 응고되는 과정에서 열응력에 의해 부품 전극과 Land 사이에 균열이 생김
> - 냉각 속도를 완화하거나 진동을 방지하면 균열을 예방할 수 있음
> - 적정 냉각 조건 유지가 리플로우 납땜 품질 확보의 핵심임

26 플럭스(Flux)가 구비해야 할 조건으로 틀린 것은?

① 모재 금속과 솔더의 표면 산화막이 제거될 것
② 모재에 대한 플럭스 자신의 젖음성과 유동성이 좋을 것
③ 플럭스 잔사 제거가 쉬울 것
④ 플럭스 반응이 빠르고 솔더보다 융점이 높을 것

> **해설** 플럭스 조건
> - 플럭스는 모재 금속과 솔더 표면의 산화막 제거 기능을 가져야 함
> - 젖음성 및 유동성이 좋아 솔더와 부품에 고르게 확산되어야 함
> - 잔사 제거가 쉽고, 반응 속도는 적절히 조절되어야 함
> - 플럭스 융점은 솔더보다 낮아야 하며, 너무 높으면 납땜 과정에서 작용하지 못함

27 멀티실장기(moduler mounter)의 특징이 아닌 것은?

① 모든 부품을 장착 할 수 있다.
② 다수의 노즐을 사용한다.
③ 중속, 다품종 생산에 알맞다.
④ 칩 부품을 동시에 일괄 장착한다.

> **해설** 멀티실장기 특징
> - 다수의 노즐을 사용하여 생산 속도를 높임
> - 중속, 다품종 생산에 적합하게 설계됨
> - 칩 부품을 동시에 일괄 장착 가능
> - 모든 부품을 장착할 수 있는 것은 아니며, 일부 대형 부품은 별도 장비 필요

정답 25 ① 26 ④ 27 ①

28 실장기술의 발전에 따라 나타나는 현상에 대한 설명 중 틀린 것은?

① 각형 칩 부품의 크기는 2012 → 1005 → 0603 → 0402 등으로 소형화되고 있다.

② QFP, SOP 등 부품은 0.65mm 피치 → 0.5mm 피치 →0.4mm 피치 → 0.3mm 피치 등으로 미세 피치화 되고 있다.

③ 전자기기의 소형화, 경박단소화로 실장밀도가 높아지고 있다.

④ BGA, CSP 적용이 증가할 경우 X-Ray검사기 보다 납땜 자동외관검사기(AOI)가 필요하다.

> **해설** 실장기술 발전에 따른 현상
> - 칩 부품의 크기는 2012 → 1005 → 0603 → 0402 등으로 소형화됨
> - QFP, SOP 등 부품의 피치는 0.65mm → 0.5mm → 0.4mm → 0.3mm로 미세 피치화됨
> - 전자기기 소형화와 경박단소화로 실장밀도가 증가
> - BGA, CSP 적용이 증가하면 X-Ray검사가 필요하며, AOI만으로는 검출 한계가 있음

29 리플로우 공정시 기판온도 변화 요소가 아닌 것은?

① 컨베이어 속도
② 리플로우 존수
③ 솔더의 종류
④ 히터의 열량

> **해설** 리플로우 공정 시 기판 온도 변화 요소
> - 컨베이어 속도는 기판 체류 시간과 예열 · 리플로우 시간을 결정
> - 리플로우 존수는 열 구간 분포와 온도 프로파일 형성에 영향
> - 히터 열량은 기판 및 솔더 가열 효율을 결정
> - 솔더 종류는 리플로우 온도 선정에 영향은 있으나, 기판 온도 변화 요소에는 직접적이지 않음

30 박형 QFP가 수분을 흡수한 상태로 리플로우 솔더링을 했을 때 발생하는 불량은?

① 브릿지
② IC Package 크랙
③ 기판 크랙
④ 툼스톤(맨하탄) 불량

> **해설** 박형 QFP 수분흡수 영향
> - IC 패키지가 수분을 흡수하면 가열 시 내부 수분이 기화되어 압력이 상승
> - 패키지 내부 응력이 높아지며, 솔더링 과정 중 크랙 발생
> - 브릿지, 툼스톤 등과 달리 주로 패키지 자체 파손 형태
> - 기판 크랙보다는 IC 패키지의 균열로 나타남

정답 28 ④ 29 ③ 30 ②

31 크림 솔더(Cream Solder)의 인쇄불량 요인이 아닌 것은?

① 예열
② 마스크 클리어런스(Mask Clearance)
③ 스퀴지(Squeegee) 속도
④ 판 분리 속도

> **해설** 크림 솔더 인쇄불량 요인
> • 마스크 클리어런스가 부적절하면 솔더가 과다/부족 인쇄
> • 스퀴지 속도가 빠르거나 느리면 솔더 인쇄량 및 패턴 불균일 발생
> • 판 분리 속도가 적절하지 않으면 솔더의 끌림 현상 발생
> • 예열은 솔더 인쇄와 직접적인 불량 요인이 아님

32 다음 중 부품을 흡착한 후 인식 과정에 있어 인식 오류가 발생하였다. 그 원인을 파악하는 것이 아닌 것은?

① 공압량 확인
② 카메라 조명 설정 확인
③ 부품 데이터 확인
④ 인식 높이 확인

> **해설** 부품 인식 오류 원인 파악
> • 카메라 조명 설정이 부적절하면 인식 실패 발생
> • 부품 데이터가 잘못 입력되면 장착 위치 오류 발생
> • 인식 높이가 맞지 않으면 픽업 후 오인식 가능
> • 공압량 확인은 장착 안정성에 영향, 인식 오류와 직접 관련 없음

33 마운터에서 장착불량이 발생될 수 있는 중요한 요인에 해당되는 것은?

① 실내온도
② 실내습도
③ 사용공기압
④ 전원노이즈

> **해설** 마운터 장착불량 주요 요인
> • 사용공기압이 불안정하면 부품 흡착력과 위치 정확도에 영향
> • 실내온도 · 습도 변화는 장착 품질에 간접적 영향
> • 전원 노이즈는 장치 동작 신호에 일부 영향 가능
> • 직접적 장착불량과 가장 관련 있는 요소는 사용공기압

34 실장 기술의 변천에 대한 설명으로 잘못된 것은?

① 삽입실장기술(IMT)은 스프레이 플럭스(Spray Flux)도 사용한다.
② 표면실장기술(SMT)은 주로 웨이브 솔더링을 사용한다.
③ 환경 규제 정책에 따라 무연(Pb-free)솔더를 사용하고 있다.
④ 근래에 와서 bare IC 및 입체 실장 기술로 발전하고 있다.

정답 31 ① 32 ① 33 ③ 34 ②

해설 실장 기술 변천
- IMT(삽입실장기술)는 부품 삽입과 스프레이 플럭스를 이용한 납땜 사용
- SMT(표면실장기술)는 주로 리플로우 솔더링 방식 사용
- 환경규제에 따라 무연(Pb-free) 솔더 사용 확대
- 최근에는 bare IC, 입체 실장 기술(BGA, CSP) 등 고밀도 실장으로 발전

35 Cream Solder 인쇄공정에서 사용되는 기자재 품목이 아닌 것은?

① 스퀴지   ② 노즐
③ 크림 솔더   ④ 메탈 마스크

해설 Cream Solder 인쇄공정 기자재
- 스퀴지(Squeegee)는 솔더를 메탈 마스크에 밀어 인쇄
- 크림 솔더(Cream Solder)는 PCB 패드 위에 도포되는 솔더 페이스트
- 메탈 마스크(Metal Mask)는 패드 위치에 맞춰 솔더를 통과시키는 마스크
- 노즐(Nozzle)은 Mounter 장비용 부품 흡착용으로 인쇄공정과 무관

36 다층 인쇄회로기판(MLB)의 제조 공정에서 외층의 형성을 위해 사용되는 표면의 얇은 구리막으로 다층회로 기판에서 회로의 전류를 전달하는 도체는?

① 동박   ② 빌드업
③ 프리플래그   ④ 에폭시

해설 다층 PCB 외층 도체
- 동박(Copper Foil)은 외층 회로 형성을 위해 기판 표면에 부착된 얇은 구리막
- 전류 전달 및 회로 연결 역할 수행
- 다층 PCB에서는 내부층과 외층 간 전기적 연결 필수
- 빌드업, 프리플래그, 에폭시는 회로 형성보조 또는 절연 역할에 해당

37 땜납이 금속에 잘 부착되도록 화학적으로 활성화시키는 물질로 맞는 것은?

① 포토비아   ② 폴리이미드
③ 플럭스   ④ 아라미드

해설 플럭스(Flux) 기능
- 금속 표면 산화막 제거 및 활성화로 땜납 접착력 향상
- 솔더링 과정에서 모재와 솔더 간 젖음성(wettability) 개선
- 잔사 제거가 쉬워야 하며, 리플로우 후 잔류물 최소화
- 열에 안정적이며 화학 반응이 솔더보다 낮은 온도에서 이루어짐

정답   35 ②   36 ①   37 ③

38 PCB의 외형과 부품 홀의 가공 방법에서 라우터에 의한 가공방법과 비교한 프레스에 의한 가공 방법의 특징으로 옳지 않은 것은?

① 다품종 소량생산에 적합하다.　　② 생산성이 높다.

③ 외형 변경시의 대응이 어렵다.　　④ 제품별로 별도의 금형이 필요하다.

해설　프레스 가공 방식 특징
- 대량생산에 적합하며 소량 · 다품종에는 부적합
- 생산성이 높아 단위 시간당 처리량이 많음
- 제품별 금형이 필요하며 외형 변경 시 대응이 어렵다
- 라우터 방식과 달리 금형 비용과 준비 시간이 요구됨

39 많은 전자회로소자가 하나의 기판 위 또는 기판 자체의 분리가 불가능한 상태로 결합되어 있는 초소형 구조의 기능적인 복합적 전자부품은?

① 콘덴서　　　　　　　　　② 집적회로

③ 다이오드　　　　　　　　④ 트랜지스터

해설　집적회로(IC, Integrated Circuit) 특징
- 다수의 전자회로 소자가 하나의 반도체 기판 위에 집적됨
- 기판 자체의 분리가 어려우며 초소형 구조를 가짐
- 논리, 증폭, 기억 등 다양한 기능 수행 가능
- 소형화 및 고속 동작에 유리하며 SMT에 적합

40 PCB로 구현하기 위한 기구 설계 단계에 해당하지 않는 것은?

① 케이스 디자인　　　　　　② PCB의 크기 결정

③ 부품의 조립방법 결정　　　④ 부품간의 배선패턴 설계

해설　PCB 기구 설계 단계
- 기판 크기와 케이스 디자인 결정
- 부품의 배치와 조립 방법 결정
- 열 · 기계적 구조 고려하여 설계 수행
- 배선패턴 설계는 회로 설계 단계에 해당되어 제외

정답　38 ①　39 ②　40 ④

3과목 : 공압기초

41 GTO(gate turn off thyristor)에 대한 설명으로 틀린 것은?

① SCR과 같이 3단자 소자이다.

② On-off 동작시간이 빠르고 역내 전압이 높아 보호 회로가 필요하지 않다.

③ 인버터, 펄스 발생기, 초퍼, 전압 조정기에 이용된다.

④ 음극의 게이트에 적절한 펄스를 가해 줌으로써 on, off 상태를 만들 수 있다.

> **해설** GTO(Gate Turn Off Thyristor) 특성
> • SCR과 같이 3단자 소자로 구성됨
> • On-Off 동작시간이 빠르지만, 역내 전압이 높아 보호회로 필요
> • 인버터, 펄스 발생기, 초퍼, 전압 조정기에 활용됨
> • 음극 게이트 펄스로 On · Off 상태 제어 가능

42 2개의 SCR을 역 병렬로 접속한 3단자의 교류 스위치로서 양 방향성 소자이며 교류 전력 제어에서 무접점 스위치 소자로 주로 사용되는 것은?

① TRIAC   ② GTO

③ SCS   ④ UJT

43 DRY FILM을 녹여서 동박면으로 노출된 부분을 부식하면 납 도금된 패턴부분만 남게 되는 공정은 무엇인가?

① Scrubbing   ② Etching

③ Bevelling   ④ Marking

> **해설** DRY FILM 패턴 형성 공정
> • DRY FILM을 감광 후 노출 및 현상하여 기판 위 패턴형성
> • 노출되지 않은 동박면을 부식(Etching) 처리
> • 납 도금된 패턴 부분만 남아 회로 형성
> • PCB 패턴 제작의 기본 공정으로 활용

44 회로도 작성을 위한 CAD 프로그램 사용으로 기대되는 효과로 거리가 먼 것은?

① 배선패턴의 미세화에 대응

② 배선패턴 변경시 데이터 활용 용이

③ 수동 설계를 통한 회로도 정밀도 향상

④ 잘못 설계된 내용 수정 용이

정답   41 ②   42 ①   43 ②   44 ③

해설 CAD 프로그램 활용 효과
- 회로 설계 자동화로 배선패턴 미세화 대응
- 설계 변경 시 데이터 재활용 용이
- 오류 수정 및 검증 용이
- 수동 설계가 아닌 자동화 설계를 통해 정밀도 향상

45 어떤 단면적을 1초 동안에 1.25×10^{15}개의 전자가 통과했다면 전류는 대략 얼마가 되겠는가?

① 0.2 [mA]
② 2 [mA]
③ 20 [mA]
④ 0.2 [A]

해설 전류 계산
- 전류(I) = 전하량(Q) ÷ 시간(t)
- 1개의 전자 전하량 e $\approx 1.6 \times 10^{-19}$ C
- Q = $1.25 \times 10^{15} \times 1.6 \times 10^{-19} \approx 2 \times 10^{-4}$ C
- t = 1초 → I = Q/t $\approx 2 \times 10^{-4}$ A ≈ 0.2 mA

46 다음 중 에사끼 다이오드라고도 하며, 스위칭 시간이 매우 빨라 고속컴퓨터 등에 응용되고 초 고주파의 발진 및 특수파형 발생 등에 사용되는 다이오드는?

① 역 다이오드
② 제너 다이오드
③ 터널 다이오드
④ 건 다이오드

해설 터널 다이오드 특징
- 에사끼 다이오드라고도 하며, P-N 접합에서 터널 효과로 전류가 흐름
- 스위칭 시간이 매우 짧아 고속 컴퓨터에 활용됨
- 초고주파 발진기 및 특수 파형 발생 회로에 사용됨
- 낮은 전압에서도 동작 가능하며, 부하 전류가 작은 회로에 적합

47 실리콘 제어 정류기(SCR)의 용도로 거리가 먼 것은?

① R-C 결합 증폭기
② 모터제어
③ 변환기(Inverter)
④ 시간 지연 회로

해설 SCR(Silicon Controlled Rectifier) 용도
- 모터 제어, 전력 변환기(Inverter) 등 전력 제어용으로 주로 사용됨
- 시간 지연 회로나 위상 제어 회로에도 응용 가능
- R-C 결합 증폭기와 같은 신호 증폭용 회로에는 적합하지 않음
- 전류를 스위칭하며 제어하는 기능에 특화됨

정답 45 ① 46 ③ 47 ①

48 P형 반도체를 만들기 위해 진성반도체에 첨가하는 3가의 원자에 해당하는 것은?

① As   ② Sb

③ B   ④ P

> **해설** P형 반도체 도핑 원자
> - 진성 반도체(Si, Ge)에 전자수가 3개인 원자(B, Al, Ga 등)를 첨가
> - 전자가 부족한 상태(Hole)를 형성하여 전류 운반 가능
> - B(Boron)는 대표적인 3가 도펀트 원자
> - N형 반도체는 5가 원자(As, P, Sb 등)를 첨가하여 전자를 운반함

49 시간과 함께 변화하는 전기신호의 파형을 관측하는 측정장비의 이름은 무엇인가?

① UV 미터   ② 오실로스코프

③ 회로시험기   ④ 주파수 카운터

> **해설** 오실로스코프
> - 시간에 따라 변화하는 전압 신호를 그래프 형태로 표시
> - 파형의 진폭, 주기, 주파수 등 분석 가능
> - 아날로그 · 디지털 방식으로 나뉘며 용도에 따라 선택
> - 전자회로 설계, 디버깅, 신호 분석에 필수 장비

50 SCR 검사에 대한 설명에서 괄호 안에 들어갈 내용으로 바르게 짝지어진 것은?

> 아날로그 멀티 테스터의 레인지를 R×1에 위치하고 0[Ω]을 조정한 후 각 단자의 저항 값을 측정해 보면 순방향 저항 값을 지시하는 단자가 있다. 순방향 저항 값을 지시하고 있는 상태에서 흑색 리드봉이 닿은 곳이 (A), 적색 리드봉이 닿은 곳이 (B)이며 남은 전극이 (C)이다.

① A : 게이트, B : 케소드, C : 애노드

② A : 케소드, B : 게이트, C : 애노드

③ A : 게이트, B : 애노드, C : 케소드

④ A : 애노드, B : 케소드, C : 게이트

> **해설** SCR 단자 판별(R×1 저항법)
> - 아날로그 저항측정에서는 내부 배터리 극성으로 흑색 리드가 (+), 적색 리드가 (−)로 동작함
> - 게이트–케소드 접합은 다이오드와 같아 게이트가 케소드보다 (+)일 때 순방향 저항을 보임
> - 순방향을 지시하는 조합이 흑색 리드=게이트, 적색 리드=케소드이며 남은 단자가 애노드임
> - 따라서 A=게이트, B=케소드, C=애노드로 ①이 정답임

정답   48 ③   49 ②   50 ①

51 A와 B의 입력이 동시에 존재할 때 출력 C가 나타나는 공압 회로의 명칭은?

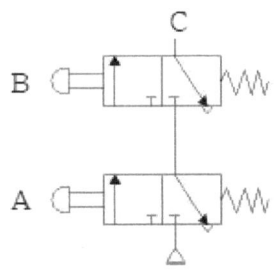

① OR 회로   ② AND 회로

③ NOT 회로   ④ NAND 회로

> **해설** 공압 AND(직렬) 회로
> - 두 개의 3/2 방향제어밸브 A · B를 직렬로 연결해 두 입력이 동시에 있을 때만 출력 C가 형성됨
> - A와 B 모두에 공압 신호가 인가되어야 라인이 개방되어 실린더 등 구동부로 공기가 유통됨
> - A 또는 B 중 하나라도 신호가 없으면 직렬 경로가 차단되어 출력 C가 형성되지 않음
> - OR 회로는 셔틀밸브를 사용해 입력 중 하나만 있어도 출력이 생기는 점에서 AND와 구별됨

52 유압과 비교할 때 공압의 특징으로 틀린 것은?

① 동력원이 간단하다.   ② 중간 정지가 쉽다.

③ 소음이 크다.   ④ 10m/s 정도에서 사용한다.

> **해설** 공압 vs 유압 특징
> - 공압은 압축공기 · 콤프레서 기반으로 동력원이 단순함
> - 공압은 압축성 · 누설 영향으로 위치 정밀 · 중간 정지가 어려움(따라서 '쉽다'는 진술이 오답)
> - 배기 소음과 제트 유동으로 소음이 큰 편임
> - 일반적으로 고속 구동이 가능하며 현장 기준 약 10 m/s 수준으로 사용됨

53 다음 중 합성수지 튜브의 장점이 아닌 것은?

① 내진성이 우수하다.

② 열 및 외력에 의한 소성변형성이 우수하다.

③ 작업성이 우수하다.

④ 설치 및 보수가 용이하다.

> **해설** 합성수지 튜브 특성
> - 경량 · 유연 · 내식성으로 시공성과 작업성이 우수함
> - 진동 · 충격에 비교적 강해 설치 · 보수가 용이함
> - 내열 · 강도 · 치수 안정성은 금속보다 낮아 고온 · 외력에서 변형 · 크리프가 발생함
> - 따라서 '열 · 외력에 의한 소성변형성이 우수'는 장점이 아니라 단점에 해당함

정답   51 ②   52 ②   53 ②

54 다음 중에서 압력의 단위가 아닌 것은?

① Kgf/cm^2
② bar
③ 파스칼(Pa)
④ 뉴턴(N)

> **해설** 압력 단위 판별
> - 압력은 단위면적당 힘으로 정의됨
> - 파스칼(Pa)은 N/m²로 SI 압력 단위임
> - bar와 kgf/cm²도 공업 현장에서 쓰이는 압력 단위임
> - 뉴턴(N)은 힘의 단위이므로 압력 단위가 아님

55 다음 중 공압 장치의 구성 요소에 속하지 않은 것은?

① 공압 발생장치
② 제어 밸브
③ 액추에이터
④ 어큐뮬레이터

> **해설** 공압 장치 기본 구성
> - 콤프레서 · 에어드라이어 · 레귤레이터 등은 공압 발생장치에 해당함
> - 방향 · 유량 · 압력 제어를 위한 각종 밸브는 제어 밸브에 해당함
> - 실린더 · 에어모터 등 구동부는 액추에이터에 해당함
> - 어큐뮬레이터는 유압의 에너지 저장 장치로 공압에서는 보통 에어 리시버를 사용하므로 해당하지 않음

56 공기압 원에서 보내진 압축공기의 압력을 낮추고, 공기압력의 변동을 최저로 억제하여 공기압력을 일정하게 유지시키는 밸브는?

① 릴리프 밸브
② 시퀀스 밸브
③ 무부하 밸브
④ 압력조절 밸브

57 공압호스의 단면적이 4cm^{2}일 때, 0.5m/s의 속도로 공기가 흐르고 있다. 이때의 유량은 몇 L/s 인가?

① 20
② 2
③ 0.2
④ 0.02

> **해설** 유량 계산($Q = A \times v$)
> - 단면적 A = 4 cm² = 4×10^{-4} m²로 환산됨
> - 유속 v = 0.5 m/s이므로 Q = $4 \times 10^{-4} \times 0.5 = 2 \times 10^{-4}$ m³/s
> - 1 m³ = 1000 L이므로 2×10^{-4} m³/s = 0.2 L/s로 변환됨

정답 54 ④ 55 ④ 56 ④ 57 ③

58 다음 중 절대압력에 대한 설명 중 틀린 것은?

① 절대압력 = 대기압 + 게이지 압력
② 절대압력은 완전한 진공 "0'을 기준으로 표시한 값
③ 절대압력은 대기압을 "0"으로 하여 측정한 값
④ 절대압력 = 대기압-진공압력

> **해설** 절대압력 개념과 관계식
> - 절대압력은 완전 진공을 기준(0)으로 한 압력임
> - 게이지압은 대기압을 0으로 한 압력이며 진공압은 대기압보다 낮은 만큼의 압력차를 뜻함
> - 관계식은 $P_{abs} = P_{atm} + P_{gauge} = P_{atm} - P_{vacuum}$ 임
> - ③은 '대기압을 0으로'라 하여 게이지압 정의를 말하므로 절대압력 설명으로 틀림

59 다음 중 스크류(screw) 압축기의 특징이 아닌 것은?

① 공기의 유동원리를 이용한다.　② 고속회전이 가능하고 진동이 적다.
③ 소음 대책을 세우지 않아도 된다.　④ 맥동이 적다.

> **해설** 스크류 압축기 특징 판별
> - 스크류는 두 로터가 맞물려 체적을 줄이는 용적식으로 '공기의 유동원리'가 아니라 체적 변화 원리를 이용함
> - 고속회전 가능 · 진동과 맥동이 작아 연속 유량 특성을 가짐
> - 소음은 비교적 낮지만 불필요하다고 볼 수 없어서 현장에 따라 방음 대책이 필요함
> - 따라서 ①의 '공기의 유동원리를 이용'은 원심 · 축류 등 동압식에 해당하므로 특징이 아님

60 유압유가 교축부를 통과할 때 발생하는 현상이 아닌 것은?

① 압력 에너지가 증가한다.　② 유체의 속도가 증가한다.
③ 열 에너지가 증가한다.　④ 운동 에너지가 증가한다.

> **해설** 교축(오리피스) 통과 시 에너지 변화
> - 단면 축소로 유속이 증가해 운동에너지가 증가함
> - 정압이 떨어져 압력에너지는 감소하며 '증가' 주장은 틀림
> - 점성 손실로 기계적 에너지 일부가 열로 전환되어 열에너지가 증가함
> - 따라서 교축부 통과 시 발생하지 않는 현상은 압력에너지 증가임

정답 58 ③ (오류신고 접수 문제, 정답과 해설 확인할 것)　59 ①　60 ①

전자부품장착기능사 기출문제
2012. 07. 22.

1과목 : SMT 개론

01 다음 중 양호한 납(solder)의 특성이 아닌 것은?

① 융점이 낮다.　　　　　　　　② 표면장력이 크다.

③ 모재와 잘 젖어야 한다.　　　　④ 접합강도가 크다.

> **해설** 양호한 솔더의 특성
> • 낮은 융점으로 공정 온도와 부품 열스트레스 저감
> • 낮은 표면장력과 좋은 유동성으로 패드 젖음성 · 퍼짐성 확보
> • 모재와의 합금화 · 확산이 원활해 접합강도 확보
> • 산화 · 슬래그가 적고 필릿 형상이 균일함

02 실장공정에서 피듀셜(fiducial)마크를 인식하는 이유는?

① 장착위치 보정　　　　　　　　② 부품측정 검사

③ 기판크기 측정　　　　　　　　④ 제품정보 판득

> **해설** 피듀셜(fiducial) 마크 인식 목적
> • 비전 카메라가 기준점을 인식해 X · Y · θ 장착 위치를 보정함
> • 기판 위치 · 회전 오차와 미세 변형을 자동 보정해 실장 정밀도를 확보함
> • 양면 · 다공정에서 면간 정합과 반복 정렬 재현성을 유지함
> • 부품 측정 · 제품 정보 판독 목적이 아니라 장착 좌표 보정을 위한 기준임

03 리플로우 공정 중 소형부품에서 많이 발생되는 불량으로 부품의 한쪽 전극이 일어서는 현상은?

① 역삽　　　　　　　　　　　　② 맨하탄

③ 크랙　　　　　　　　　　　　④ 과납

> **해설** 맨하탄(톰브스톤) 불량
> • 리플로우 중 양단 젖음력 · 용융 시점 차이로 한쪽이 먼저 끌려 올라가 부품이 세워짐
> • 미세 칩(1005 · 0603 등), 패드 · 페이스트 불균형, 기판 온도 편차에서 빈발함
> • 예방은 스텐실 개구 · 도포량 좌우 대칭, 장착 Z · 압력 적정, 예열 · 소크로 온도 편차 완화임
> • 패드 설계 일치성 확보, 질소 · 프로파일 최적화로 젖음 불균형을 줄여 재발 방지함

정답　01 ②　02 ①　03 ②

04 표면실장기술의 장점이 아닌 것은?

① 전자기기의 고밀도 실장화를 실현할 수 있다.
② 발열밀도가 상승된다.
③ 전기적 성능이 향상된다.
④ 제조원가를 절감한다.

> **해설** SMT 장점 판별
> • 표면실장은 부품 리드가 짧아 기생 성분이 감소하고 전기적 성능이 향상됨
> • 부품 소형화 · 양면 실장으로 고밀도 실장이 가능함
> • 자동화 공정 적용으로 생산성 향상 및 제조원가 절감에 유리함
> • 발열밀도 상승은 장점이 아니라 부작용이므로 보기 ②가 정답임

05 리플로우 공정순서로 가장 적합한 것은?

① 솔더 용융 → 냉각 → 예열 → 승온
② 승온 → 예열 → 솔더 용융 → 냉각
③ 예열 → 승온 → 냉각 → 솔더 용융
④ 냉각 → 예열 → 솔더 용융 → 승온

> **해설** 리플로우 공정 순서
> • 승온은 실온에서 예열 온도대로 서서히 올리는 1차 상승 단계임
> • 예열은 150~180℃ 전후 소크로 보드와 부품 온도를 균일화하고 플럭스를 활성화함
> • 솔더 용융 단계에서 융점 이상 TAL을 확보해 접합을 형성함
> • 냉각은 급랭 위주로 결정립을 미세화해 접합 강도와 신뢰성을 높임

06 다음 중 SMT 공정 프로세스로 가장 적합한 형태는?

① 인쇄기 → 리플로 → 이형 마운터 → 칩 마운터
② 인쇄기 → 이형 마운터 → 칩 마운터 → 리플로우
③ 리플로 → 이형 마운터 → 칩 마운터 → 인쇄기
④ 인쇄기 → 칩 마운터 → 이형 마운터 → 리플로우

> **해설** SMT 공정 기본 흐름
> • 인쇄기에서 메탈마스크로 솔더 페이스트를 패드에 인쇄함
> • 칩 마운터가 표준 칩을 고속으로 장착해 대다수 소형 부품을 실장함
> • 이형 마운터가 QFP · 커넥터 등 이형 · 대형 부품을 정밀 장착함
> • 리플로우에서 열 프로파일에 따라 솔더를 용융 · 냉각해 접합을 완성함

정답 04 ② 05 ② 06 ④

07 다음 중 테입 릴피더의 설명으로 틀린 것은?

① tape reel의 폭의 따라 구분된다.
② 비교적 대용량 공급 장치이다.
③ 비교적 높은 신뢰성을 갖고 있다.
④ 타 공급 장치에 비해 고가이다.

해설 테이프 릴 피더 특징
- 테이프 폭·피치 규격(예: 8·12·16 mm 등)에 따라 피더가 구분됨
- 릴 단위 연속 공급으로 스틱·트레이 대비 대용량 연속성이 우수함
- 구조가 단순·안정적이라 급지 신뢰성이 높음
- 보편 장비라 비용 효율이 높아 '타 공급 장치 대비 고가'라는 진술은 부적절함

08 부품의 뒤집힘 및 모로섬 불량 발생 요인이 아닌것은?

① Nozzle의 흡착 불량
② 부품공급장치 불량
③ 부품공급장치 Pickup Offset 값 틀어짐
④ 부품장착위치에 과납으로 인한 불량

해설 뒤집힘·모로섬 원인 판별
- 노즐 흡착 불량은 픽업 편심·낙하로 뒤집힘이나 모로섬을 유발함
- 부품공급장치 불량은 테이프 포켓 정위치 불량 등으로 뒤집힘 발생 가능성이 큼
- 픽업 오프셋 값 틀어짐은 중심 불일치로 장착 시 회전·기울어짐을 초래함
- 과납은 주로 브리징·번짐 원인으로, 뒤집힘·모로섬의 직접 원인이라 보기 어려움

09 다음 중에서 표면실장용 부품으로만 되어 있는 것은?

① PLCC, SOJ, Radal 리드부품
② 각형 CHIP, 원통 CHIP, SOP, QFP
③ Axial 리드부품, Radial 리드부품, DIP부품
④ CSP, BGA, MLCC, DIP 부품

해설 표면실장용 부품 판별
- 각형 CHIP·원통 CHIP(MELF)은 리드리스 표면실장 부품임
- SOP·QFP는 표면실장 패키지로 리플로우 접합에 사용됨
- ①의 Radial, ③의 Axial/Radial/DIP, ④의 DIP는 삽입형(IMT) 부품임

정답 07 ④ 08 ④ 09 ②

10 다음 칩 마운터 중 다수 장착헤드와 노즐로 칩 부품을 동시에 일괄로 기판에 장착하는 방식은?

① 겐트리 방식
② 로터리 방식
③ 모듈러 방식
④ 랜덤 액세스 방식

> **해설** 모듈러 방식(동시 일괄 장착)
> • 여러 장착 모듈을 병렬 구성해 다수 헤드 · 노즐이 동시에 또는 분담해 일괄 장착 수행함
> • 회전식 헤드(로터리) 채용 모듈을 조합하면 한 사이클에 복수 칩 동시 배치가 가능함
> • 고속 대량 생산에 유리하며 부품 특성별 모듈 · 피더 최적화로 택타임을 단축함
> • 겐트리는 X · Y 순차 배치, 랜덤 액세스는 유연 배치 개념으로 동시 일괄 장착과 구분됨

11 전자기기 조립공정에서의 비파괴 검사사항으로 틀린 것은?

① In circuit test
② Aging test
③ Bare board test
④ 인장강도 검사

> **해설** 전자기기 조립 비파괴 검사
> • In-circuit test는 조립된 보드의 전기적 특성을 프로브로 측정하는 비파괴 검사임
> • Aging test는 고온 · 전압 등 스트레스를 가해 초기 불량을 거르는 신뢰성 스크리닝으로 파괴 없이 수행됨
> • Bare board test는 실장 전 PCB의 오픈 · 쇼트를 전기적으로 확인하는 비파괴 검사임
> • 인장강도 검사는 시편을 파단시켜 강도를 측정하는 파괴 시험이므로 비파괴 검사에 해당하지 않음

12 다음 칩 마운터 피더 종류 중 50000개 이상의 Chip을 공급할 수 있는 종류는?

① 8mm 더블 피더
② Tray 피더
③ Bulk 피더
④ 스틱 피더

> **해설** 칩 마운터 피더의 공급 능력
> • Bulk 피더는 대량의 칩을 벌크(산포) 형태로 저장 · 공급할 수 있어 50,000개 이상 공급이 가능함
> • 8mm 더블 피더는 소형 칩을 테이프 형태로 공급하므로 저장량이 제한적임
> • Tray 피더는 트레이 단위 공급으로 대형 · 이형 부품에 사용되어 수량 제한이 큼
> • 스틱 피더는 라인형 공급으로 수량이 적어 대량 공급에는 부적합함

13 다음 전자부품 실장기술 관련용어 중 틀린 것은?

① SMT → Surface Mount Technology
② SMC → Surface Mount Capacitor
③ SMD → Surface Mount Device
④ SMA → Surface Mount Assembly

정답   10 ③   11 ④   12 ③   13 ②

해설 SMT 약어 판별
- SMC는 Surface Mount Component로, 'Surface Mount Capacitor'가 아님
- SMT는 Surface Mount Technology로 공정 · 기술을 의미함
- SMD는 Surface Mount Device로 표면실장 부품을 지칭함
- SMA는 Surface Mount Assembly로 표면실장 조립체를 가리키는 약어로 쓰임

14 리플로우 납땜 시 솔더균열 원인이 아닌 것은?

① 기계적 진동이나 충격　　　　② 기판의 휨
③ 플럭스의 과소　　　　　　　　④ 납의 과소

해설 솔더 균열 원인 판별
- 솔더 균열은 열충격 · 기계적 진동 · 외력 등으로 접합부에 응력이 집중될 때 발생함
- 기판 휨은 리플로우 중 · 후에 접합부에 반복 굽힘 응력을 가해 균열을 유발함
- 납 과소는 필렛 체적 부족으로 응력 집중과 피로 파단을 초래함
- 플럭스 과소는 주로 비젖음 · 미납 · 오픈을 유발하며 균열의 직접 원인으로 보기 어려움

15 솔더링 불량유형 중 브리지(bridge)의 설명으로 올바른 것은?

① 리드의 끝 부분에 솔더가 원뿔이나 고드름처럼 형성된 것
② 예비가열시 솔더의 퍼짐이 생겨 회로의 패턴부터 솔더 입자가 상화함으로써 발생
③ 인접하는 리드 또는 전극패턴이 솔더로 연결되어 쇼트(short)를 일으키는 현상
④ 리드선에 솔더가 적게 묻은 것

해설 브리지(Bridge) 불량
- 인접한 리드 또는 패드 사이가 솔더로 연결되어 전기적 쇼트가 발생함
- 원인에는 과납 인쇄, 스텐실 개구 과대, 판 분리 속도 부적정, 장착 오프셋 등이 있음
- 리플로우 프로파일 불량으로 젖음이 과도하거나 점도가 낮아져 흐름이 심해질 때 빈발함
- 대책은 스텐실 개구 최적화 · SPI 관리 · 장착 정렬 개선 · 프로파일 보정 및 질소 적용 등임

16 비전검사기(AOI)를 통해 검사할 수 없는 것은?

① 인쇄 후 인쇄 상태의 검사　　　② 칩 이형 부품의 장착 상태 검사
③ 부품 장착 후 전기적 동작 상태 검사　④ 리플로우(Reflow) 후 납땜 상태 검사

해설 AOI(비전검사)로 불가한 항목
- AOI는 광학 기반으로 인쇄 상태 · 부품 장착 정렬 · 리드 변형 · 납땜 형상 등을 검사함
- 전기적 동작 여부는 전원을 인가한 기능/ICT 시험 대상이며 AOI로는 판별 불가함
- 인쇄 후(SPI) · 장착 후 · 리플로우 후의 외관 결함 검출에 효과적임
- BGA 등 하부 접합은 X-ray(AXI)로 보완 검사함

정답 14 ③　15 ③　16 ③

17 다음 중 가장 먼저 개발된 표면실장 IC형태는 어느 것인가?

① CSP

② QFP

③ BGA

④ Flip Chip

> **해설** 표면실장 IC 초기형태
> - QFP가 표면실장용 패키지로 가장 먼저 널리 상용화됨
> - BGA는 1990년대 고밀도 · 열특성 대응을 위해 확산됨
> - CSP는 소형 · 박형화를 위해 QFP · BGA 이후에 보급됨
> - Flip Chip은 칩 직접접합(DCA) 계열로 후발 고집적 공정으로 분류됨

18 표면실장에 사용하는 프린터의 반복 인쇄정밀도는 대략 어느 정도인가?

① ±2.0mm

② ±0.2mm

③ ±0.02mm

④ ±0.002mm

> **해설** 프린터 반복 인쇄 정밀도
> - 일반 SMT 스크린 프린터의 반복 정밀도는 대략 ±20~±25 μm 수준임
> - 고급 장비는 ±12.5 μm 수준까지 달성 가능하나 표준 사양은 ±0.02 mm 근사임
> - ±2.0 mm · ±0.2 mm는 과대, ±0.002 mm(±2 μm)는 일반 프린터 사양으로 과도하게 엄격함
> - 정밀도는 비전 정합, 백업핀 지지, 스퀴지 상태, 스텐실/보드 평탄도 등에 좌우됨

19 다음 중 솔더링 불량과 관계없는 것은?

① 솔더를 인쇄한 후 방치시간이 과다 함

② 솔더크림 인쇄 시 솔더크림의 인쇄가 무너지거나 번짐

③ 솔더크림이 수분을 흡수 했을 때

④ 유효기간 이내의 솔더크림을 1~10℃로 냉장보관 했을 때

> **해설** 솔더링 불량과의 관련성
> - 1~10℃ 냉장 보관을 유효기간 내에 시행하는 것은 권장 조건으로 불량 원인이 아님
> - 인쇄 후 방치시간 과다는 플럭스 활성 저하 · 산화 · 점도 변화로 미납 · 브리징을 유발함
> - 인쇄 무너짐 · 번짐은 스퀴지 · 점도 · 분리속도 불량으로 쇼트 · 형상 불량을 초래함
> - 솔더크림의 수분 흡수는 가스 발생으로 스패터 · 솔더볼 등 결함을 증가시킴

20 다음 중 솔더 종류 중 무연 솔더가 아닌 것은?

① Sn-Pb-Ag

② Sn-Ag-Cu

③ Sn-Zn-Bi

④ Sn-Ag-Bi-Cu

정답 17 ② 18 ③ 19 ④ 20 ①

해설 무연 솔더 판별
- 무연 솔더는 Pb 성분이 없는 합금계를 의미함
- Sn-Ag-Cu, Sn-Zn-Bi, Sn-Ag-Bi-Cu 등은 대표적 Pb-free 계열임
- Sn-Pb-Ag는 Pb를 포함하므로 유연 솔더로 분류되어 무연 솔더가 아님
- 무연 적용 시 피크 온도 상승과 젖음성 변화를 고려해 프로파일 · 기판 재료를 조정함

2과목 : 전자기초

21 다음 중 표면실장용 크림솔더가 가져야 할 특성이 아닌 것은?

① 점착성   ② 인쇄성
③ 신뢰성   ④ 발포성

해설 크림솔더 필수 특성
- 점착성이 충분해 리플로우 전까지 부품을 안정적으로 유지함
- 인쇄성 · 빠짐성 · 형상 유지가 좋아 스텐실 개구 충진과 전사가 안정됨
- 칙소성 · 점도 안정과 보관 안정성, 리플로우 시 젖음성이 우수해야 함
- 발포성은 가스 발생으로 솔더볼 · 보이드 유발 요소이므로 요구 특성이 아님

22 열풍 방식 리플로우의 경우 납땜 불량요인과 관계가 가장 먼 것은?

① 구간별 온도   ② 컨베이어 진동
③ 풍속   ④ UV 램프

해설 열풍 리플로우 불량 요인
- 구간별 온도 설정 불량은 젖음 불량 · 브리징 등 결함을 유발함
- 컨베이어 진동은 부품 위치 변화 · 인쇄 형상 무너짐을 초래함
- 풍속은 대류 효율 · 온도 균일도 · 가열율에 직접 영향함
- UV 램프는 광경화용 장치로 열풍 리플로우 공정 변수와 무관함

23 메탈마스크 개구부(구멍)의 최소 Size는 스텐실 두께의 몇 배인가?

① 1.0   ② 1.5
③ 2.5   ④ 3.5

해설 메탈마스크 개구 최소 규격
- 스텐실 두께 t 대비 개구부 최소 치수는 통상 $\geq 1.5 \times t$로 설계함
- Aspect ratio = (개구 폭 또는 최소변) ÷ $t \geq 1.5$ 기준을 충족해야 페이스트 빠짐성이 확보됨
- Area ratio = $(L \times W) \div [2 \times (L+W) \times t] \geq 0.66$ 유지 시 미세 피치에서도 전사 안정성 향상됨
- 기준 미만이면 미납 · 번짐 · 브리징 · 개구 막힘이 증가하므로 두께 · 개구 · 프로파일을 함께 최적화함

정답   21 ④   22 ④   23 ②

24 비전 검사장비 사용을 검사기능과 위치에 따라 나눌 때 옳지 않은 것은?

① PCB 상태를 검사하기 위하여 투입 공정에서 Bare Board 검사기
② 리플로우 뒤에서 장착검사와 솔더링 검사를 동시에 하는 납땜 검사기
③ 마운터 뒤에 위치하는 부품의 장착 유무 및 각종 결함을 검사하는 장착 상태 검사기
④ 스크린 프린터 뒤에서 솔더크림의 양과 위치를 검사하는 솔더 페이스트 검사기

> **해설** 비전 검사기 배치 · 기능 판별
> - Bare Board Test는 PCB 제조 단계의 전기적 오픈 · 쇼트 검사로 SMT 투입 공정에서 쓰는 비전 검사기가 아님
> - 스크린 프린터 뒤에는 SPI가 솔더 페이스트의 양 · 위치 · 형상을 검사함
> - 마운터 뒤에는 장착 상태 AOI가 부품 존재 · 극성 · 틀어짐 등을 검사함
> - 리플로우 뒤에는 납땜 AOI가 필렛 형상 · 브리지 · 미납 등과 장착 상태를 함께 판별함

25 칩 라벨 표시 R3216G1R2J1-8W150V를 설명한 것으로 틀린 것은?

① R : 저항소자이다.
② 3216 : 크기는 가로3.2mm × 세로1.6mm이다.
③ 1R2J1 : 저항값과 오차는 1.2Ω ±5%이다.
④ 8W150V : 정격은 8W 150V 이다.

> **해설** 칩 라벨 해석
> - R은 저항 소자(Resistor) 분류 코드임
> - 3216은 크기 3.2 mm × 1.6 mm의 메트릭 사이즈로 1206(inch)와 대응함
> - 1R2J는 1.2 Ω ±5%를 의미하고 뒤의 '1'은 포장 · 사양 식별코드이므로 저항값 · 오차에 포함되지 않음
> - 8W150V는 통상 1/8W와 150 V 정격을 압축 표기한 형태로 해석 가능해 적절함

26 온도 프로파일을 설정할 때 고려해야 하는 항목과 관계가 먼 것은?

① 인쇄회로기판 종류 ② 부품 특성
③ 세척제 ④ 솔더 페이스트 조성

> **해설** 온도 프로파일 고려 요소
> - PCB 재질 · 두께 · 크기 · 구리량 등 열용량에 따라 승온 · 피크 · 냉각 조건을 조정함
> - 부품 내열 규격 · 열용량 · MSL 특성에 맞춰 예열 · TAL · 피크를 설정함
> - 솔더 페이스트 합금 · 플럭스 조성의 융점 · 활성온도를 반영해 프로파일을 결정함
> - 세척제는 리플로우 후 공정 변수로 프로파일 설정과 직접 연관이 낮음

정답 **24** ①　**25** ③　**26** ③

27 솔더의 국내 시험규격은 어떤 것인가?

① KSC 2508

② KSC 2509

③ BS 219

④ JISZ 3282

> **해설** 솔더 국내 시험규격
> - KSC 2508은 국내 KS 전기 · 전자 분야에서 연납(솔더)에 대한 대표 시험규격임
> - KSC 2509는 솔더 자체 규격이 아닌 타 항목 규격으로 본 문항 취지와 다름
> - BS 219와 JIS Z 3282는 각각 영국 · 일본 규격으로 '국내' 규격에 해당하지 않음

28 스크린 프린터에서 사용하는 메탈 마스크 사용시 유의 사항이 아닌 것은?

① 사용 전 개구부의 cleaning 상태를 확인하여 사용한다.

② 사용 중 스퀴즈나 솔더 공급용 주걱에 의하여 손상되지 않도록 한다.

③ 생산 종료된 메탈 마스크는 작업 완료된 상태 그대로 놓아두어야 한다.

④ 사용하지 않는 메탈 마스크는 개구부의 전, 후면에 보호 비닐 테이프를 붙여 보관한다.

> **해설** 메탈 마스크 사용 · 보관 유의
> - 사용 전 개구부 세정 상태와 막힘 여부를 확인함
> - 사용 중 스퀴지 · 주걱 접촉으로 인한 손상 방지를 위해 압력 · 각도를 적정 유지함
> - 생산 종료 후 즉시 세정 · 건조 · 방청하여 보관하며 방치는 잔류 페이스트 경화 · 오염 유발임
> - 미사용 시 개구부 전후면에 보호 테이프 부착 후 평판 상태로 보관함

29 다음 중 표면실장 인라인 구성 설비가 아닌 것은?

① 스크린 프린터

② 마운터

③ 리플로워

④ 솔더 교반기

> **해설** SMT 인라인 구성 설비
> - 인라인 핵심은 스크린 프린터 · 마운터 · 리플로우로 인쇄 · 장착 · 납땜을 연속 처리함
> - 솔더 교반기는 페이스트 점도 균질화 등 보조 장치로 라인 핵심 설비가 아님
> - 인라인 품질 관리는 SPI · AOI · 프로파일 관리 등 검사 · 조건 제어로 수행함
> - 교반기는 오프라인 또는 개별 공정 보조로 운용되며 인라인 구성 요소로 분류하지 않음

30 장착 공정에서 장착 에러를 일으킬 수 있는 원인으로 틀린 것은?

① 부적절한 장착 높이

② 부품인식 에러

③ 기판의 휨

④ 느린흡착속도

정답 27 ①　28 ③　29 ④　30 ④

해설 장착 에러 원인 판별
- 장착 높이 불량 · 부품 인식 에러 · 기판 휨은 직접적으로 위치 오차 · 틀어짐 · 브리징 등을 유발함
- 흡착 속도의 빠르고 느림은 주로 택타임과 연관되며 장착 에러의 직접 원인으로 보긴 어려움
- 장착 품질에는 흡착 진공 레벨 · 노즐 막힘 · 픽업 높이 · 오프셋 보정이 더 큰 영향을 미침
- 대책은 장착 Z · 압력 보정, 비전 정렬 최적화, 백업핀으로 평탄도 확보, 진공 라인 유지관리임

31 칩 부품 실장 시 틀어짐이 발생하였다. 그 해결 방법으로 틀린 것은?

① 장착 높이 재설정
② 부품 높이 재설정
③ 장착 시 지연 시간 재설정
④ 부품 인식 높이 재설정

해설 칩 틀어짐 대책 판별
- 장착 높이 · 압력 재설정으로 페이스트 전단을 줄여 회전 · 미끄럼 억제함
- 부품 높이(DB) 재설정으로 계산된 Z 오프셋을 보정해 패드 접촉 상태 안정화함
- 장착 지연 시간 조정으로 헤드 이탈 시 점착력 형성과 잔류 진공 영향 최소화함
- 부품 인식 높이 재설정은 카메라 초점 관련으로 장착 후 틀어짐 개선과 직접 연관이 낮음

32 고속 마운터에서 미삽 불량 원인으로 보기 어려운 것은?

① 백업 핀(Backup Pin) 위치불량
② 버큠 센서 불량
③ 인식마크 불량
④ 노즐 막힘

해설 고속 마운터 미삽 불량 원인 판별
- 미삽은 주로 공급 · 흡착 계통 이상(피더 · 노즐 막힘 · 버큠 센서 불량)에서 직접 발생함
- 버큠 센서 불량은 픽업 확인 실패로 부품을 놓치거나 공장착을 유발함
- 노즐 막힘 · 오염은 흡착력이 저하되어 픽업 실패→미삽으로 이어짐
- 인식마크 불량은 좌표 보정 실패로 정지 · 위치 오차를 유발하나 '미삽'의 직접 원인으로 보기 어려움

33 실장기(장착기)의 구동 방식이 아닌 것은?

① IN-LINE 방식
② ONE BY ONE 방식
③ OFF-LINE 방식
④ MULTI 방식

해설 실장기 구동 방식 구분
- ONE BY ONE은 헤드가 부품을 1개씩 픽업 · 장착하는 구동 방식에 해당함
- MULTI는 다수 헤드 · 노즐이 동시에 또는 분담 장착하는 구동 방식에 해당함
- IN-LINE은 설비 배치 형태를 뜻하며 구동 방식이 아닌 생산 라인 구성 개념임
- OFF-LINE도 라인 외 부하 작업 개념으로 구동 방식과는 무관함

정답 31 ④   32 ③   33 ③

34 Solder Paste가 Reflow 진행 후에도 특정부분이 전극에 젖지 않고 Solder Paste 그 자체의 상태로 존재하고 있을 때의 원인은?

① Reflow 온도분포의 Peak 온도가 기준치보다 높다.
② Reflow 온도분포의 불균일하거나 또는 Solder Paste 열화
③ Reflow 내부 열풍에 의하여 Solder Paste가 전극에 젖지 않음.
④ Reflow 내부에서 Solder Paste에 포함되어 있던 Flux Gas에 의한 경우

> **해설** 리플로우 후 비젖음 원인
> - 구간별 온도 불균일 또는 피크 · TAL 부족으로 솔더 용융 · 젖음이 미흡해 페이스트가 그대로 잔존함
> - 솔더 페이스트의 산화 · 수분 흡수 · 장기 방치 등 열화 시 플럭스 활성 저하로 비젖음이 발생함
> - 패드 산화 · 오염 · 표면처리 열화가 있으면 동일 현상이 가중되므로 SPI · 패드 상태 점검이 필요함
> - 대책은 프로파일 균일화와 TAL 확보, 신선 페이스트 사용 · 보관 준수, 패드 세정 · 재도금 검토임

35 장비에서 한 시간에 12000점의 칩을 장착할 때 택 타임(Tack Time)은?

① 0.2sec/chip
② 0.3 sec/chip
③ 0.4 sec/chip
④ 0.5 sec/chip

> **해설** 택트타임 계산
> - 택트타임은 한 개 부품을 장착하는 데 걸리는 평균 시간임
> - 시간당 12000점 처리량이므로 3600초 ÷ 12000 = 0.3초/점 계산됨
> - 0.3초/칩은 선택지 ②와 일치함
> - 장비 교정 · 동시동작 최적화로 실효 택트타임과 라인 TAKT 일치가 중요함

36 0.25W, 200kΩ의 부하에 최대로 직접 가할 수 있는 전압은 약 몇 V 인가?

① 200
② 223
③ 423
④ 600

> **해설** 저항에 가할 수 있는 최대 전압
> - 전력식 $P = V^2/R$에서 $V = \sqrt{PR}$로 변형함
> - $V = \sqrt{0.25\,W \times 200\,k\Omega} = \sqrt{50,000} = $ 약 223.6 V

37 솔더 페이스트와 같이 열처리가 필요한 땜납재료를 필요한 부위에 도포한 다음 가열 용융시켜 납땜이 되도록 하는 공정으로 맞는 것은?

① 마이그레이션
② 딥 솔더링
③ 리플로우 솔더링
④ 레진 리세션

정답 34 ② 35 ② 36 ② 37 ③

해설 **리플로우 솔더링**
- 솔더 페이스트를 인쇄 · 도포한 뒤 가열해 용융시키며 접합을 형성하는 SMT 표준 공정임
- 가열 방식은 열풍 · 적외선 · 열풍+적외선 · VPS · 레이저 등으로 운용됨
- 인쇄 → 장착 → 리플로우 → 냉각 순서로 필렛을 형성해 대량 · 고속 생산에 적합함
- 딥 솔더링은 용탕에 기판을 담그는 방식이며 마이그레이션 · 레진 리세션은 납땜 공정명이 아님

38 인쇄회로기판(PCB)의 장점에 해당하지 않는 것은?

① 대량생산으로 생산성이 향상된다.
② 다른 회로에 사용하기 쉽다.
③ 제조의 표준화와 자동화가 이루어진다.
④ 제품의 소형, 경량화에 기여한다.

해설 **PCB 장점 판별**
- PCB는 특정 회로를 전용으로 설계 · 제작하므로 다른 회로에 범용 재사용이 쉽다고 보기 어려움
- 다층화 · 양면화 · SMT 적용으로 제조의 표준화와 자동화에 유리함
- 대량 생산 시 공정 반복성과 균일성으로 생산성이 향상됨
- 고밀도 배선 · 부품 실장으로 제품의 소형 · 경량화에 기여함

39 단일접합트랜지스터(UJT)의 구성에 대한 설명으로 옳은 것은?

① 2개의 이미터로 구성
② 1개 컬렉터와 2개의 이미터로 구성
③ 1개의 이미터와 2개의 베이스로 구성
④ 1개의 이미터, 베이스 및 컬렉터로 구성

해설 **UJT의 구성**
- UJT는 1개의 이미터(E)와 2개의 베이스(B1, B2)로 구성됨
- 반도체 바 양단에 B1 · B2가 형성되고 E가 pn 접합을 이뤄 단일 접합 구조를 가짐
- 컬렉터 단자가 없으며 BJT와 달리 스위칭 · 발진용 단자 구성이 특징임
- 내부 저항 RB1 · RB2와 n(내부 비율) 특성으로 네거티브 저항 영역을 형성함

40 광원이 검사하고자 하는 대상물의 밑에서 광을 조사시켜 등이 있는 부분은 투과하지 못하고 등이 없는 부분에서만 투과된 광을 검출하는 방식으로 플렉시블 PCB의 검사에 주로 사용되는 PCB 검사 방식은?

① 반사광 방식
② Metal-non metal(형광 검출) 방식
③ Substrate Illumination 방식
④ Via-Hole Test 방식

정답 **38** ② **39** ③ **40** ③

해설 투과광(Substrate Illumination) 검사
- 기판 하부에서 광을 조사해 비도전부 · 개구부만 투과된 빛을 검출하는 방식임
- 박막 · 반투명 특성의 플렉시블 PCB에서 오픈 · 패턴 단락 형상 검지에 유리함
- 반사광 방식은 상부 조명으로 표면 결함을 주로 판별하며 본 문항 기술과 다름
- 형광 검출 · 비아 홀 전기시험과도 목적 · 원리가 달라 ③이 적합함

3과목 : 공압기초

41 PCB의 배선밀도를 높이기 위한 방법으로 옳은 것은?

① 배선과 배선 사이를 넉넉하게 한다.
② 비아 홀을 크게 한다.
③ 부품 홀을 크게 한다.
④ PCB를 고 다층화 한다.

해설 배선밀도 향상 방법
- 다층화로 내층 배선을 확보해 신호선 경로를 늘리고 표층에는 부품 배치 · 임피던스 제어를 용이하게 함
- 전원 · 그라운드 평면을 내층에 두어 리턴 경로를 안정화하고 표면 배선 혼잡을 완화함
- ①의 간격 확대는 밀도를 낮추며 ② · ③의 홀 대형화는 유효 배선 면적을 축소함
- 실제 설계에서는 미세선폭/미세간격 · 마이크로비아와 병행해 다층화를 적용함

42 스크린 인쇄법에 의한 배선패턴의 전사 과정이 올바른 것은?

① 건조 → 패널 → 정면 처리 → 스크린 인쇄
② 패널 → 스크린 인쇄 → 건조 → 정면 처리
③ 건조 → 정면 처리 → 스크린 인쇄 → 패널
④ 패널 → 정면 처리 → 스크린 인쇄 → 건조

해설 스크린 인쇄 전사 공정 순서
- 패널 준비 후 전면 처리로 표면 에너지와 청정도를 높여 젖음성 · 부착성 확보함
- 전처리된 기판에 스크린 인쇄로 솔더 페이스트(또는 잉크) 패턴을 전사함
- 인쇄 후 건조 · 경화로 형상을 고정해 번짐 · 오염을 방지함

43 전자신호의 주파수를 디지털 신호로 바꾸어 숫자 표시기에 표시해 주는 측정기로 맞는 것은?

① 주파수 계수기   ② 싱크로스코프
③ 디지털 LCR 미터   ④ 오실로스코프

정답 41 ④ 42 ④ 43 ①

해설 주파수 계수기
- 설정된 게이트 시간 동안 펄스를 계수해 주파수를 디지털 숫자로 표시함
- 입력 신호를 정형해 카운터로 집계하고 표시부에 출력함
- 오실로스코프는 파형 관측 · 주기 추정 용도로 정밀 주파수 표시에 특화되지 않음
- 디지털 LCR 미터는 L · C · R 측정, 싱크로스코프는 위상 동기 비교 용도임

44 CAD 프로그램의 주요 기능 중에 부품의 이동, 패턴 변형, 패턴 복사, 패턴 삭제, 블록 이동과 같은 기능은?

① 배선패턴의 설계 기능
② 도형처리 기능
③ 설계규칙검사 기능
④ PCB 외형, 드릴데이터 등의 작성 기능

해설 CAD 도형처리 기능
- 부품 이동 · 회전 · 복사 · 삭제 등 개체 편집 기능에 해당함
- 패턴 변형 · 블록 이동처럼 도형 단위의 수정 작업을 수행함
- 배선패턴 설계는 배치 · 라우팅 중심의 설계 단계 기능임
- 설계규칙검사와 외형 · 드릴 데이터 작성은 각각 검사 · 출력 기능임

45 PCB 제조에 사용되는 동박적층판의 종류 중 정보처리 분야인 휴대전화, 무선통신용으로 사용되는 것은?

① 복합 동박적층판
② 내열수지 동박적층판
③ 고주파용 동박적층판
④ 플렉시블 동박적층판

해설 정보통신용 동박적층판 선택
- 휴대전화 · 무선통신 회로는 RF 손실이 낮은 고주파용 동박적층판이 적합함
- 낮은 유전율 · 손실탄젠트와 미세 거칠기 동박로 고주파 신호 무결성이 확보됨
- 내열수지 동박적층판은 고온 내열 목적 중심으로 RF 전용이라 보기 어려움
- 플렉시블 동박적층판은 굴곡 · 경량화 용도로 쓰이며 고주파 특성 최적화와는 구분됨

46 가변 용량 다이오드가 주로 사용되는 용도로 거리가 먼 것은?

① TV나 FM수신기의 AFC회로
② 동조 회로
③ 정전압 회로
④ 주파수 변조 회로

해설 가변 용량(버랙터) 다이오드 용도 판별
- 역바이어스 전압으로 정전용량을 가변해 공진 주파수를 조정함
- 동조회로 · VCO · AFC · PLL · FM 변조 등 전압제어 튜닝에 사용됨
- 주파수 변조는 정전용량 변화로 반송파 주파수를 바꿔 구현함
- 정전압 회로는 제너 다이오드 등 항복 특성을 이용하므로 버랙터 용도가 아님

정답 44 ② 45 ③ 46 ③

47 PCB CAD의 주요 기능으로 거리가 먼 것은?

① 3D 모델링을 위한 디자인 기능   ② 부품의 배치 기능
③ 배선 패턴의 설계 기능   ④ 설계 규칙 검사 기능

> **해설** PCB CAD 주요 기능
> - PCB CAD의 핵심은 부품 배치 · 배선 설계 · 설계 규칙 검사 등 전기적 설계 지원임
> - 3D 모델링은 기구 설계(MCAD) 중심 기능으로 PCB CAD에서는 부가적 시각화 수준임
> - 배선 패턴의 설계 기능은 라우팅 · 층간 비아 설계 등으로 필수 기능임
> - 설계 규칙 검사는 간격 · 전압 · 제조 가능성 등을 자동 점검하는 기본 기능임

48 다음 중 표면 장벽(surface-barrier), 핫-캐리어 다이오드라 불리는 쇼트키 장벽(Schottky- barrier) 다이오드의 응용분야로 거리가 먼 것은?

① 레이더 시스템   ② 통신장비에서 혼합기와 검파기
③ A/D 변환기   ④ FM 수신기의 AFC회로

> **해설** 쇼트키 다이오드 응용 판별
> - 쇼트키는 낮은 순방향 전압과 매우 빠른 스위칭으로 고주파 혼합기 · 검파기에 적합함
> - 레이더 · 통신 장비의 마이크로파 검파 · 믹서 소자로 널리 사용됨
> - 고속 샘플링 · 클램프 회로 등 A/D 전단의 고속 구동에도 활용됨
> - FM 수신기의 AFC는 용량 가변이 필요한 버랙터 다이오드를 사용하므로 쇼트키와 거리가 있음

49 일반적인 인쇄회로기판(PCB)에서 인가전압 1V당 최소한도의 패턴(배선)간격으로 적절한 것은?

① 0.005 ~ 0.007 mm   ② 0.05 ~ 0.07 mm
③ 0.5 ~ 0.7 mm   ④ 5 ~ 7 mm

> **해설** 전압당 최소 패턴 간격(일반 PCB)
> - 일반 외부배선 기준을 전압당 환산하면 대략 0.003~0.007 mm/V 범위임
> - 실무에서는 30 V에서 약 0.15~0.2 mm 수준 → 1 V당 약 0.005~0.007 mm로 근사됨
> - 오염도 · 표면처리 · 환경(습도 · 오염등급)에 따라 여유를 더 두어 설계함
> - 고전압 · 고신뢰 용도는 IPC 기준을 상향 적용하여 간격을 확대함

정답   47 ①   48 ④   49 ①

50 금속 중의 전자에 열이나 빛 등의 에너지를 가하면 전자가 공간에 방출된다. 다음 중 이러한 전자방출의 종류에 해당 되지 않는 것은?

① 1차 전자 방출
② 열전자 방출
③ 전계 방출
④ 광전자 방출

해설 전자 방출 종류 판별
- 전자 방출의 대표 유형은 열전자 방출, 광전자 방출, 전계 방출, 2차 전자 방출임
- 1차 전자 방출이라는 용어는 표준 분류에 해당하지 않음
- 2차 전자 방출은 고에너지 입자 충돌로 방출 전자가 추가로 튀어나오는 현상임
- 열전자 · 광전자 · 전계 방출은 각각 가열 · 광자 · 강전계에 의해 금속 표면 전자가 방출됨

51 다음은 무슨 기호인가?

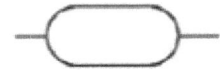

① 필터
② 공기 탱크
③ 공압 발생기
④ 공기압 조정 유닛

해설 공기탱크(리저버) 기호 판독
- 압축공기를 저장하는 탱크를 나타내는 폐용기 형상 기호임
- 압력 맥동 완충 · 압력 안정 · 순간 수요 대응 등 회로 안정화 역할을 수행함
- 드레인 · 압력계 · 안전밸브 등을 부착해 응축수 배출과 과압 보호가 가능함

52 공기 압축기 중 회전식 압축기의 종류가 아닌 것은?

① 스크루 압축기
② 피스톤 압축기
③ 루트 블로어
④ 베인 압축기

해설 회전식 압축기 구분
- 스크루 · 루츠 · 베인은 로터 회전에 의해 압축하는 회전식 압축기임
- 피스톤식은 왕복운동으로 압축하는 왕복동식 압축기로 회전식이 아님
- 회전식은 맥동과 진동이 적고 연속 유량 특성이 우수함
- 왕복동식은 고압 형성이 유리하나 맥동 · 진동과 유지보수 부담이 큼

53 다음 중 압력의 단위는?

① Pa
② N
③ m/s
④ mol

정답 50 ① 51 ② 52 ② 53 ①

> **해설** 압력 단위 판별
> - 압력은 단위면적당 힘으로 SI 유도단위는 Pa=N/m² 임
> - N은 힘의 단위로 kg · m/s² 에 해당함
> - m/s 는 속도의 단위로 위치 변화율을 나타냄
> - mol 은 물질량의 단위로 압력과 무관함

54 2개의 복동 실린더를 직렬로 연결한 형태이며, 큰 힘을 얻을 수 있는 실린더는?

① 충격 실린더　　　　　　② 탠덤 실린더
③ 다위치 제어 실린더　　　④ 서보 실린더

> **해설** 탠덤 실린더 개요
> - 두 개의 복동 실린더를 직렬 결합해 한 로드에 추력을 합성함
> - 동일 보어 대비 이론 추력이 약 2배까지 증가하나 마찰 손실은 고려 필요함
> - 스트로크는 단일 실린더와 유사하며 포트는 각 실린더를 동시 구동하도록 구성함
> - 큰 하중 구동 시 보어 확대 없이 설치 공간을 절감하는 데 유리함

55 압력제어 밸브의 기능에 대한 설명으로 틀린 것은?

① 공압회로 내의 압력에 따라 액추에이터의 동작순서를 제어할 수 있다.
② 저압의 압축공기를 일정한 압력으로 상승시켜 공압 기기에 공급한다.
③ 규정 이상으로 압력이 상승하면 대기 중으로 방출한다.
④ 부하의 변동에 따라 변화하는 압력을 일정하게 유지한다.

> **해설** 압력제어 밸브 기능 판별
> - 시퀀스 밸브는 회로 압력 도달 여부로 액추에이터의 동작 순서를 제어함
> - 감압 밸브는 공급 압력 · 부하 변동과 무관하게 2차측 압력을 낮춰 일정하게 유지함
> - 릴리프 밸브는 설정값 초과 시 압력을 대기 등으로 방출해 과압을 보호함
> - 저압을 고압으로 '증압'하는 기능은 증압기 장치의 역할로 압력제어 밸브의 기능이 아님

56 압축 공기의 건조 방식 중에서 가장 경제성이 높은 방법은?

① 냉각 건조식　　　　　　② 흡수 건조식
③ 흡착 건조식　　　　　　④ 가열 건조식

> **해설** 가장 경제적인 공기 건조 방식
> - 냉각(냉동) 건조식은 설비 · 운전비가 낮고 일반 공장용 이슬점(+3~+10℃) 확보에 적합함
> - 흡수식은 소모제가 필요해 소모비 · 폐기비가 커 경제성이 떨어짐
> - 흡착식은 −40℃급 저이슬점이 가능하지만 초기투자 · 재생에너지 비용이 큼
> - 가열 건조식은 에너지 소비가 커 특수 · 고요구 조건이 아니면 경제성이 낮음

정답　54 ②　55 ②　56 ①

57 다음 중 공압 장치의 장점이 아닌 것은?

① 에너지 축적이 용이하다.　　② 제어방법이 간단하다.
③ 동력전달 방법이 복잡하다.　　④ 인화의 위험이 없다.

> **해설** 공압 장치 장점 판별
> - 공기탱크로 에너지 축적이 용이함
> - 밸브 · 실린더 중심이라 제어가 간단함
> - 불연성 매체라 인화 위험이 적음
> - 동력전달 방법이 복잡하다는 진술은 장점이 아니며 실제로 배관이 단순함

58 피스톤의 면적이 $0.01m^2$인 실린더에 공급되는 공기의 압력이 5bar 이면, 실린더 피스톤이 내는 힘의 크기는 몇 N인가?

① 0.05　　　　　　　　　　② 5
③ 500　　　　　　　　　　④ 5000

> **해설** 실린더 추력 계산
> - 압력은 5 bar = $5×10^5$ Pa로 환산함
> - 피스톤 면적 A = 0.01 m², 힘 F = P×A 적용함
> - F = $5×10^5$ × 0.01 = $5×10^3$ N 계산됨
> - 따라서 실린더 피스톤이 내는 힘은 5000 N임

59 밀폐된 용기 속에 정지 유체의 일부에 가해지는 압력은 모든 방향으로 일정하게 전달된다는 법칙은?

① 보일의 법칙　　　　　　② 샤를의 법칙
③ 파스칼의 법칙　　　　　④ 에너지 보존의 법칙

> **해설** 파스칼의 법칙
> - 밀폐된 유체의 한 부분에 가한 압력은 감쇄 없이 모든 방향으로 동일하게 전달됨
> - 압력은 P=F/A로 정의되며 단위는 Pa(N/m²) 사용
> - 유압프레스 · 유압브레이크 등에서 작은 힘으로 큰 힘을 얻는 원리로 응용됨
> - 기체 · 액체 모두에 적용되지만 산업 현장에서는 주로 비압축성에 가까운 액체 유압계에 활용됨

정답 57 ③　58 ④　59 ③

60 다음 그림 기호의 명칭으로 옳은 것은?

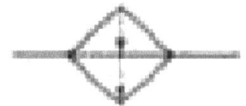

① 온도 조절기　　　　　　　② 압력계측기
③ 가열기　　　　　　　　　　④ 냉각기

해설 온도 조절기 기호
- 온도 센싱 표식과 제어 기능 표식이 결합된 계장기호로 '온도 조절기'를 의미함
- 압력계측기는 원형 게이지 표식이나 P 표기가 사용되며 본 기호와 다름
- 가열기 · 냉각기는 공정장치 기호로 코일 · 핀 형상 등 열교환 표식이 사용됨

정답 60 ①

전자부품장착기능사 기출문제
2013. 07. 21.

1과목 : SMT 개론

01 리플로우 장비의 가열방식으로 틀린 것은?

① 적외선 법
② 전기 저항법
③ 열풍 법
④ 침적 법

> **해설** 리플로우 가열 방식 판별
> • 리플로우는 적외선 · 열풍 · IR+열풍 · VPS 등으로 가열함
> • 전기 저항 가열은 오븐 히터의 원리로 사용되며 리플로우 열원 분류로 수용됨
> • 열풍 방식은 대류로 가열하여 표준 SMT 공정에 널리 사용됨
> • 침적 법은 납욕에 담그는 딥/웨이브 솔더링 계열로 리플로우 가열 방식이 아님

02 표면실장공정에 사용할 수 있는 기판(PCB)의 최소 크기 L(mm) x W(mm) x T(mm)는 대략 얼마인가?

① 30mm×30mm×0.2mm
② 40mm×40mm×0.3mm
③ 50mm×50mm×0.4mm
④ 60mm×60mm×0.5mm

> **해설** SMT 라인 최소 기판 규격
> • 범용 프린터 · 마운터 · 리플로우의 표준 최소 처리 크기는 대략 50 mm × 50 mm임
> • 기판 두께는 처짐 · 흡착 안정성 확보를 위해 보통 0.4 mm 이상을 요구함
> • 30~40 mm급은 클램핑 · 피듀셜 인식 · 인쇄 지지 면적이 부족해 비표준임
> • 장비 · 지그 옵션에 따라 예외가 있어도 일반 사양 기준으로는 50×50×0.4 mm가 합리적임

03 다음 중 자동형 스크린프린터의 내부기능이 아닌 것은?

① 기판 및 메탈마스크를 자동 보정한다.
② 스퀴지의 압력을 자동으로 조정한다.
③ 인쇄 구간별로 속도조절이 가능하다.
④ 초음파 세척을 할 수 있다.

정답 01 ④ 02 ③ 03 ④

해설 자동 스크린프린터 내부 기능 판별
- 자동 보정은 피듀셜 인식으로 기판 · 메탈마스크 위치를 자동 정합함
- 스퀴지 압력은 서보로 자동 제어해 인쇄 두께 재현성을 확보함
- 인쇄 구간별 속도 프로파일을 설정해 롤링 · 충진을 최적화함
- 초음파 세척은 보통 별도 세척 설비에서 수행하며 프린터 내 기본 기능이 아님

04 다음 중 Solder 선택 시 적용할 사항이 잘못된 것은?

① 표면세정 작용 및 재산화 방지작용을 위해서 Flux 성분 함유량이 아주 작은 제품군을 적용한다.

② 납의 전도성이 나쁠 경우 Ag(은) 함유량이 있는 제품군을 적용한다.

③ 납의 용융점을 낮추기 위해 Bi(비스무트) 함유량이 있는 제품군을 사용한다.

④ 환경규제 적용 Solder Paste(Pb-free) 선택시 이에 적합한 Reflow(경화 Device) 장비를 적용한다.

해설 솔더 선택 기준
- 플럭스 함유량은 세정 · 재산화 방지 · 젖음성 확보에 필수이며 과소 함량은 인쇄 · 리플로우 불량을 증가시킴
- 전도성과 기계적 특성 보완을 위해 Ag 함유 합금을 선택함
- 용융점 저감을 위해 Bi 함유 합금을 사용할 수 있으나 취성 관리가 필요함
- Pb-free 선택 시 더 높은 피크 온도에 맞는 리플로우 장비 · 프로파일을 적용함

05 Screen Printer 인쇄공정 중 Metal Mask 와 PWB의 Gap이 Fine-Pitch일 경우 가장 알맞은 간격은?

① 0.0~0.5mm

② 0.5~1.0mm

③ 1.0~1.5mm

④ 1.5~2.0mm

해설 Fine-pitch 인쇄 시 메탈마스크~PWB 갭
- 미세 피치에서는 접촉 인쇄가 기본이므로 갭 0.0~0.5 mm가 적정함
- 갭이 커지면 개구 충진 · 전사율이 저하되고 브리징 · 번짐 위험이 증가함
- 분리는 갭보다 스퀴지 설정 · 보드 석션 · 세퍼레이션 속도 제어로 품질을 확보함
- 큰 오프컨택 갭은 두꺼운 에멀전 스크린 등 특수 경우에 해당하며 메탈 스텐실 미세 피치에는 부적합함

정답 04 ① 05 ①

06 기판의 인식마크에 대한 설명으로 잘못된 것은?

① 기판마크 위치를 카메라로 인식하여, 장착 위치를 보정하기 위한 것이다.
② 인식마크의 형상은 원형의 1가지로만 제작이 가능하다.
③ 인식마크의 재질은 동박, Solder 도금 등 다양화 할 수 있다.
④ 기판의 제지에 따라 인식마크를 선명하게 식별할 수 있는 밝기가 달라진다.

> **해설** PCB 인식마크(Fiducial) 기본
> • 비전 카메라가 기준점을 인식해 좌표·회전 오차를 보정함
> • 인식마크 형상은 원형 권장이나 십자·사각 등도 가능하므로 '원형 1가지만 가능'은 오류임
> • 재질은 노출 동·도금 패드·솔더 도금 등으로 구현하며 솔더마스크는 충분히 개방함
> • 기판 재질·솔더마스크 색·표면처리에 따라 대비·반사가 달라져 인식 밝기와 신뢰도가 달라짐

07 Mounter Setting 시 유의사항이 아닌 것은?

① Back Pint의 Setting 불량　② 장착 Speed의 Setting 불량
③ 장착 부품의 Color 불량　④ 노즐 (Nozzle)의 선택 불량

> **해설** 마운터 설정 유의사항 판별
> • 장착 속도 설정은 택타임·정렬·충격에 영향을 주는 핵심 파라미터임
> • 노즐 선택은 부품 크기·형상·질량에 맞춰 흡착 안정과 정렬 정밀도를 좌우함
> • 백업핀 등 보드 지지는 처짐 방지와 착좌 품질 확보에 중요함
> • 부품 색상은 비전 인식의 주요 기준이 아니므로 '장착 부품의 Color 불량'은 설정 유의사항과 거리가 있음

08 이형 Mounter에서 작업할 경우 옳지 않은것은?

① PCB의 피디셜 마크(Fiducial Mark)를 인식하여 장착 Error를 방지한다.
② 큰 Size의 이형부품을 작업할 시에는 PCB의 평탄도를 맞추지 않아도 된다.
③ 부품의 Size에 맞게 Nozzle를 선택하여 Pickup Error를 최소화 한다.
④ Fine Pitch 작업 시에는 부품의 Pickup위치, 이송시간, 부품의 높이 등을 확인해야 한다.

> **해설** 이형 마운터 작업 유의 사항
> • 피듀셜 인식으로 좌표·회전 오차를 보정해 장착 에러를 예방함
> • 대형·중량 부품일수록 PCB 평탄도·백업핀·클램핑이 필수이므로 맞추지 않아도 된다는 진술은 오답임
> • 부품 크기·형상에 맞는 노즐 선택으로 픽업 안정과 진공 유지가 확보됨
> • 파인 피치 작업은 픽업 위치·이송 시간·장착 Z 높이 등 주요 파라미터를 확인해야 함

정답 06 ②　07 ③　08 ②

09 메탈 마스크 중 Additive 마스크에 대한 설명으로 옳은 것은?

① 브리지 발생이 높다.
② 피치 폭이 0.3mm 이하의 초정밀 부품에는 사용이 곤란하다.
③ 제작기간이 길어 단납기 대응이 어렵고, 가격이 비싸다.
④ 빠짐성이 좋지 않아 패턴 폭을 줄일 수 없다

> **해설** Additive(전해형) 메탈마스크 특성
> • 전해 도금으로 형성되어 개구 벽면이 매끄럽고 테이퍼 제어가 가능해 페이스트 빠짐성이 우수함
> • 미세 피치 · μBGA 등 초정밀 부품에 유리하여 브리징 · 미납을 저감함
> • 공정이 복잡해 레이저컷 대비 제작기간이 길고 단납기 대응이 어려우며 가격이 높음
> • 빠짐성이 좋아 개구 축소 · 단차 패턴 적용 등 공정 최적화 범위가 넓음

10 솔더링 후의 검사 방법으로 환경검사에 해당하는 것은?

① X-선 투과검사　　② 인장 파괴검사
③ 초음파 검사　　④ 열피로 검사

> **해설** 납땜 후 환경검사
> • 환경검사는 실제 사용 환경의 스트레스를 모사해 접합 신뢰성을 평가함
> • 열피로 검사는 열사이클 · 열충격으로 반복 팽창수축을 유발해 크랙 · 보이드 진전을 확인함
> • X선 투과 · 초음파 검사는 비파괴 탐상, 인장 파괴검사는 기계적 파괴시험에 해당함
> • 제시 보기 중 환경검사로 분류되는 항목은 열피로 검사임

11 표면실장용 MELF (Metal Electrode Leadless Faced)에 대한 설명으로 틀린 것은?

① 금속전기표면 소자이다.
② 표면실장용 실린더 (Cylinder)형 부품이다.
③ 수동소자에 사용되는 부품형태이다.
④ 몸체 양끝에는 절연물로 만들어진 캡 (Cap)이 있다.

> **해설** MELF 패키지의 특징
> • MELF는 Metal Electrode Leadless Face의 약어로 금속 전극 무리드 표면실장 패키지임
> • 원통형 본체 양끝에 금속 전극 캡이 형성되어 리플로우 납땜에 적합함
> • 주로 칩 저항 · 커패시터 등 수동소자에 널리 적용되며 일부 소신호 다이오드에도 사용됨
> • ④의 '절연물 캡'은 사실과 달라 끝단은 도금된 금속 전극임

12 비전검사장비 (AOI: Automated Optical Inspector)에 대한 설명으로 틀린 것은?

① PLCC, SOJ, BGA 등의 납땜, 미납의 검출이 가능하다.
② QFP IC의 납땜 Short, 장착 틀어짐 검출이 가능하다.
③ 문자인식이 가능함으로 오삽, 역삽 검출이 가능하다.
④ QFP IC, 트랜지스터 (SOT), Fine Pitch 콘넥터 등 Lead들뜸 검출이 가능하다.

> **해설** AOI 비전검사 한계
> • AOI는 광학 방식이라 BGA 하부 납접합은 직접 판별이 어려워 AXI 등 X-ray가 필요함
> • PLCC · SOJ 등 리드가 노출된 부품은 쇼트 · 미납 · 틀어짐 검출이 가능함
> • 문자/OCR · 극성 검사를 통해 오삽 · 역삽 판별이 가능함
> • 리드 들뜸은 측광 · 3D 높이 측정으로 검출 가능하며 설정 · 해상도 의존성이 큼

13 다음 중 솔더 크림 선택 시 고려사항이 아닌 것은?

① 용융점 및 온도 프로파일 (Profile)   ② 솔더의 점도 및 칙소성
③ 부품균열   ④ 플럭스 (Flux)의 무게 비

> **해설** 솔더 크림 선택 고려사항
> • 합금 조성 · 용융점과 리플로우 온도 프로파일의 적합성을 확인함
> • 점도 · 칙소성으로 스텐실 개구 충진 · 롤링 · 탈리 특성을 점검함
> • 플럭스 타입 · 활성도 · 함량(무게 비)과 잔사 특성을 공정 · 세정 방식과 맞춤
> • 금속 분율 · 파우더 입도(Type 3~5)와 스텐실 두께 · 피치 조건을 매칭함

14 일반적인 표면실장 부품의 공급형태가 아닌 것은?

① Tapping (Reel)   ② Tray
③ Stick   ④ Pipe

> **해설** SMT 부품 공급 형태
> • 표준 공급 형태는 Tape & Reel, Tray, Stick(튜브)임
> • Tape & Reel은 대량 고속 실장에 적합하며 포켓 규격이 표준화됨
> • Tray는 BGA · QFP 등 대형 · 정밀 패키지에 사용됨
> • Pipe는 표준 공급 형태가 아니므로 보기 중 부적합임

15 다음 중 기판에 힘을 발생시켜, 실장되어 있는 부품의 변형률 및 단락 여부 등을 측정하는 시험 방법은?

① 열 충격 시험   ② 벤딩 시험
③ 고온 고습 시험   ④ PCT (Pressure Cooker Test)

 정답 12 ① 13 ③ 14 ④ 15 ②

해설 기판 벤딩 시험
- 기판에 굽힘 하중을 가해 실장 부품·솔더 조인트의 변형률과 전기적 이상을 평가함
- 굽힘 중 연속 저항·단락 여부를 모니터링하여 접합 신뢰성과 기판 강성을 확인함
- 열충격·고온고습·PCT는 환경 스트레스 시험으로 기계적 굽힘 하중과 목적이 다름
- 모바일·자동차용 보드처럼 휨 응력이 예상되는 제품에 적합한 내구성 검증 방법임

16 스퀴지가 인쇄성에 미치는 요소가 아닌 것은

① 평행도
② 경도
③ 재질
④ 갭 (Gap)

해설 스퀴지 인쇄성 영향 요소
- 스퀴지 평행도는 스텐실 접촉 균일성과 두께 재현성을 좌우함
- 스퀴지 경도와 재질은 롤링·개구 충진·탈리 특성에 직접 영향함
- 스퀴지 각도·압력·속도·날 상태도 인쇄 품질을 좌우함
- 갭(snap-off)은 메탈마스크~PCB 간격 설정으로 스퀴지 요소가 아니므로 보기 ④가 해당됨

17 Chip 0603을 EIA (inch) size 로 표시한 것은?

① 1005
② 0402
③ 0201
④ 01005

해설 칩 규격 변환(0603 metric EIA inch)
- 0603(metric)는 0.6 mm × 0.3 mm 크기를 의미함
- EIA(inch) 표기는 0.01 inch 단위로 표기하며 0201은 0.02" × 0.01" 임
- 0603(metric)과 대응하는 EIA(inch) 규격은 0201 임

18 표면 실장기 (표준품)에서 기판(PWB)의 휨 정도에 따른 생산 가능한 범위를 설명한 것이다. 올바른 것은?

① 평면기준에서 위 방향으로 최대 0.5mm, 아래 방향으로 최대 0.5mm 이다.
② 평면기준에서 위 방향으로 최대 1mm, 아래 방향으로 최대 1mm 이다.
③ 평명기준에서 위 방향으로 최대 3mm, 아래 방향으로 최대 3mm 이다.
④ 평면기준에서 위 방향으로 최대 5mm, 아래 방향으로 최대 5mm 이다.

해설 기판 휨 허용 범위(표준 실장기)
- 표준 사양에서는 평면 기준 위·아래 각각 최대 0.5 mm 내에서 생산 가능함
- 휨이 1 mm 이상이면 스텐실 밀착 불량·장착 Z 오차·브리징 위험이 증가함
- 백업핀·바큠 테이블로 평탄도를 확보해 인쇄·실장 품질을 유지함
- 대형·박형 기판이나 BGA·파인피치는 허용 휨이 더 엄격함

정답 16 ④ 17 ③ 18 ①

19 다음 중 비전 검사기에서 검출이 안되는 것은?

① 오삽 불량

② BGA 브릿지 불량

③ QFP냉납 불량

④ IC 뒤집힘 불량

> **해설** AOI 비전검사 한계
> - AOI는 광학 방식이라 패키지 하부 접합부를 직접 관측하지 못함
> - BGA 브릿지·보이드 등 하부 접합 결함은 AXI(X-ray)로 검사하는 것이 표준임
> - 오삽·역삽·뒤집힘은 문자·극성·형상 인식으로 검출 가능함
> - QFP의 냉납·쇼트·리드 들뜸 등 표면 형상 기반 결함은 규칙 설정에 따라 검출 가능함

20 장착 종정에서 부품을 장착한 후 솔더가 눌려 부품 밖으로 빠져나오는 현상이 발생했다. 이때 장착 장비에서 행하는 조치로 가장 적절한 것은?

① 부품의 흡착 위치 재조정

② 부품의 장착 위치 재조정

③ 부품의 흡착 높이 재조정

④ 부품의 장착 높이 재조정

> **해설** 장착 높이(Z) 과압궤 대책
> - 장착 Z를 상향 미세 조정해 페이스트 압궤를 줄여 솔더가 외곽으로 빠져나옴을 억제함
> - 장착 압력·속도 프로파일을 함께 완화해 전단 슬립·브리징 발생을 저감함
> - 보드 백업핀·평탄도를 점검해 처짐으로 인한 상대 Z 과압을 방지함
> - 흡착 높이·XY 위치 보정보다 장치 측 조치의 핵심은 장착 높이와 압력 재조정임

2과목 : 전자기초

21 SMT 부품의 종작특성의 장점으로 옳은 것은

① 열에 약하다.

② 고주파 (RF) 특성이 좋다.

③ 진동과 충격에 강하다.

④ 소형부품으로 취급이 쉽다.

> **해설** SMT 동작 특성 장점
> - 리드·배선 길이가 짧아 기생 인덕턴스·정전용량이 감소하여 고주파 특성이 우수함
> - 신호 경로 단축으로 반사·크로스토크 저감과 임피던스 제어가 용이함
> - ①의 '열에 약함', ④의 '취급이 쉬움'은 장점으로 보기 어려움
> - ③은 설계·고정 조건에 따라 향상되나 본 문항의 핵심 장점은 고주파 특성 우수성임

정답 19 ② 20 ④ 21 ②

22 다음 중 SMT 공정 작업환경에 대한 설명으로 옳은 것은?

① 이온아이져 (Ionizer)는 최대 유효거리의 이격거리를 확인하여 설치한다.

② 제전용 매트는 도전층이 표면으로 오도록 설치한다.

③ 작업장의 습도를 가능한 상대습도를 30%이하로 낮춰 정전기 발생을 줄이다.

④ 어스링은 손목착용이 발목착용보다 접지효과가 있다.

해설 SMT 작업환경 기본
- 이오나이저는 제조사 지정 최대 유효거리 내에 설치해 이온이 부품·작업물에 도달하도록 운용함
- 제전 매트는 표면은 정전기 확산용 '저항성(소산성)', 하부는 도전층 구조로 설치함
- 작업장 습도는 일반적으로 40~60% 범위를 유지해 정전기 발생을 억제함
- 손목 어스링과 발목·힐 그라운더는 용도에 맞게 사용 시 모두 효과적이며 작업 형태에 따라 선택함

23 솔더링 연납땜의 납을 녹이는 융점온도는?

① 300℃ 미만　　　　　　　② 450℃ 미만

③ 600℃ 미만　　　　　　　④ 750℃ 미만

해설 연납땜(Soft Solder) 융점 범위
- 연납은 용가재의 융점이 450℃ 미만인 납땜 방법임
- 대표 합금은 Sn-Pb, Sn-Ag-Cu 등으로 대략 180~230℃에서 용융함
- 450℃ 이상은 경납(브레이징) 범주로 구분됨
- SMT 리플로우는 합금·부품 사양에 맞춰 보드 피크를 대략 230~250℃ 내에서 운용함

24 다음 중에서 솔더링 재료로 적합하지 않은 것은?

① 솔더　　　　　　　　　　② 플럭스

③ 고무　　　　　　　　　　④ 모재 금속 (기판, 부품전극)

해설 솔더링 재료의 범주
- 솔더링 재료에는 용가재(솔더), 플럭스, 모재 금속(기판·전극)이 포함됨
- 고무는 비금속 비도전성 재질로 고온에서 열분해되어 솔더링 재료로 부적합함
- 플럭스는 산화막 제거·젖음성 향상 등 접합 보조 역할을 수행함
- 모재 금속은 솔더가 젖어 접합을 형성하는 대상 재료임

25 표면실장 장치 (Mounter)에서 부품을 흡착하는 부분의 도구를 무엇이라 하는가?

① 노즐　　　　　　　　　　② 카셋트

③ 헤드　　　　　　　　　　④ 헤드 유니트

정답　22 ①　23 ②　24 ③　25 ①

26 아래 그림과 같은 이상적 온도 Profile 중 A–B 예열구간의 대략 시간 설정으로 알맞은 것은?

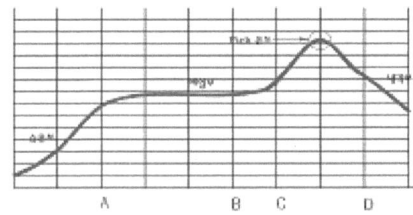

① 60-120초   ② 120-180초

③ 180-240초   ④ 240-300초

> **해설** A–B 예열구간 시간 설정
> - A–B는 Preheat 단계로 솔더 페이스트 용매 제거와 부품 · 기판 균일 가열 목적임
> - 권장 시간은 60~120 s로 설정해 열충격과 스패터 발생을 억제함
> - 램프율은 1~3 ℃/s, 소크 진입 온도는 150~180 ℃ 범위로 운용함
> - 시간이 과소면 용제 잔존 · 브리징, 과대면 플럭스 열화 · 산화 증가 우려가 있음

27 솔더 크림을 인쇄하고 칩 부품을 장착한 후 리플로 솔더링 될 때까지 부품탈락을 고정 시켜 주는 힘은?

① 크림 솔더의 점착력   ② 크림 솔더의 인장강도

③ 크림 솔더의 칙소성   ④ 크림 솔더의 무게

> **해설** 리플로우 전 부품 고정력
> - 인쇄 직후부터 리플로우 전까지 부품을 붙잡아 주는 힘은 크림 솔더의 점착력임
> - 점착력은 페이스트 조성 · 점도 · 개구량 · 장착 압력 · 주변 온습도 · 경과시간(오픈/택 타임)에 좌우됨
> - 인장강도는 경화(용융 후) 기계적 강도를 의미하며 리플로우 전 고정력과는 별개임
> - 양면 하부 실장 등 점착이 부족한 경우에는 칩 본드(디스펜싱)를 보조로 사용함

28 그림과 같이 인쇄회로기판에 부품을 표면실장하는 경우 반드시 인라인으로 구성되어야만 하는 설비가 아닌 것은?

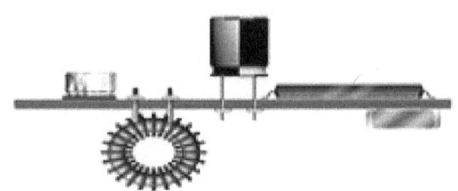

① 스크린 프린터   ② 마운터

③ 리플로우   ④ X –Ray 검사장치

정답   26 ①   27 ①   28 ④

> **해설** SMT 인라인 필수 설비
> - 스크린 프린터·마운터·리플로우는 인쇄·실장·용융 접합의 핵심 공정으로 인라인 구성이 필수임
> - X-Ray 검사장치는 내부 접합 결함 확인용 품질검사 설비로 생산 핵심 공정에 해당하지 않음
> - X-Ray·AOI 등 검사는 공정 후 샘플링 또는 오프라인 운용이 가능함
> - 생산성·품질 요구에 따라 인라인 연동이 가능하나 필수 요건은 아님

29 Solder cream 종류, 인쇄사양, 실장공정 및 Reflow 시간, 냉각속도 등이 발생요인이며, C-ray 촬영을 하면 접합된 내부에 작은 공기방울이 보인다. 해당하는 불량명칭은 무엇인가?

① Manhattan (Tombstone) ② Solder ball
③ Void ④ Short

> **해설** Void 불량
> - 솔더 접합 내부에 공기·휘발성 가스가 갇혀 X-ray에서 밝은 공동으로 보이는 현상임
> - 발생 요인은 솔더 크림 조성·점도, 스텐실 두께·개구, TAL·리플로우 프로파일, 냉각속도 등임
> - 열·전기 전도 저하와 기계적 강도 감소로 신뢰성이 떨어지며 전력·고전류 부품에서 치명적임
> - 대책은 페이스트·개구 최적화, 예열·소크로 가스 배출, 진공·질소 리플로우 적용, 램프율·냉각 조정임

30 칩 부품을 장착할 때 장착 높이설정 불량으로 발생하는 문제점은?

① 칩 부품에 솔더 크림이 눌려 브릿지불량이 발생한다.
② 장착부품이 틀어지거나 이탈, 솔더볼, 쇼트등의 불량이 나타난다.
③ 솔더크림이 산화되어 불량이 발생한다.
④ 온도가 올라가 부품 특성 불량이 생긴다.

> **해설** 장착 높이 불량 영향
> - 장착 Z가 과대이면 부품과 페이스트 사이가 떠 틀어짐·이탈이 발생함
> - 장착 Z가 과소이면 페이스트가 과압궤되어 외곽 유출로 솔더볼·쇼트가 증가함
> - 보드 평탄도 부족·백업핀 미세오차와 결합되면 위치 오차와 들뜸이 가중됨
> - 대책은 장착 Z·압력 미세 조정, 백업핀·섹션 지지 최적화, SPI 피드백 연계임

31 무연솔더 (Pb-free Solder)의 주요 불량유형이 아닌 것은?

① 리프트 오프 (Lift-off) ② 휘스커 (Whisker)
③ 솔더 포트 (Pot) 내부 침식 ④ 접합 강도 저하

> **해설** 무연솔더 주요 불량 판별
> - 무연 전환 시 대표 이슈는 휘스커·리프트오프·솔더 포트(Cu) 침식 등이 해당됨
> - ③ 솔더 포트 내부 침식은 웨이브 설비에서 무연 합금의 구리 용해가 커져 나타나는 전형적 문제임
> - '접합 강도 저하'는 합금·프로파일·기판 조건에 좌우되는 성능 항목으로 고정 불량유형으로 보지 않음
> - SAC계는 정적 강도는 높고 충격·열피로에서 취성 크랙이 쟁점이므로 '강도 저하' 일반화는 부적절함

정답 29 ③ 30 ② 31 ④

32 다음 중 표면실장기술의 부품관련 특징을 설명한 것으로 틀린 것은?

① 칩 (Chip) 부품은 리드를 포함하며 소형이다
② 부품실장은 표면을 사용하기 때문에 양면을 실장할 수 있다.
③ 칩 부품은 리드선이 없어 인덕턴스가 감소하고 고주파 특성이 향상된다.
④ 부품실장 밀도가 향상된다.

해설 SMT 부품 특징 판별
- 칩 부품은 리드선이 없는 리드리스 구조로 패드에 직접 납땜됨
- 리드가 없어서 기생 인덕턴스 · 정전용량이 작아 고주파 특성이 우수함
- 표면 실장을 사용해 양면 실장과 고밀도 배치가 가능함

33 솔더 페이스트 인쇄 불량의 요인이 아닌 것?

① 스퀴지 속도　　② 판 분리 우선순위 및 속도
③ 가열시간　　④ 솔더 페이스트 열화

해설 솔더 페이스트 인쇄 불량 요인 판별
- 가열시간은 리플로우 공정 변수로 인쇄 단계의 직접 요인이 아님
- 스퀴지 속도는 충진 · 롤링 · 탈리 성능에 영향을 주어 미납 · 번짐과 직결됨
- 판 분리 우선순위 · 속도는 스텐실 이탈 시 전사율과 퍼짐에 영향을 줌
- 페이스트 열화는 점도 · 칙소성 변화를 유발해 형상 유지와 빠짐성에 악영향을 줌

34 PCB 기판에 있어서 무연화 (Pb-free) 대책에 해당하는 것은?

① PCB 두께 감소　　② 전자파 설계
③ 내열성 확보　　④ 수동 칩 내장

해설 무연화 PCB 대책
- Pb-free 리플로우의 피크 온도 상승(약 230~250℃)에 대응해 고Tg · 고내열 기판 채택이 필수임
- 기판 수지의 열분해온도(Td) 상승 · 선팽창계수(CTE) 저감 소재로 휨 · 박리 · 비아 크랙 위험을 저감함
- 무연 대응 솔더마스크 · 표면처리(예: OSP, ENIG 등) 적용으로 고온 · 산화 환경에서 접합 신뢰성을 확보함
- 두께 감소 · 전자파 설계 · 수동 칩 내장은 무연화 자체 대책과 직접 연관이 낮음

35 프린트 공정에서 스퀴지 스트로크 압력과대, 스퀴지 경도 부족으로 인한 불량 유형은?

① 인쇄된 납량이 많음　　② 솔더페이스트 안 빠짐
③ 메탈마스크 판구멍 막힘　　④ 메탈마스크 밑면 오염

정답　32 ①　33 ③　34 ③　35 ④

해설 스퀴지 조건과 밑면 오염
- 스퀴지 압력 과대 · 경도 부족은 립이 휘어 언더스텐실 누설이 증가해 밑면 오염이 발생함
- 밑면 오염은 퍼짐 · 브리지 · 미세 피치 쇼트로 직결됨
- 경도는 통상 80~90 Shore A, 각도 45~70°, 압력은 최소 충진 기준으로 설정함
- 분리 속도 최적화 · 진공 석션 · 와이퍼 세정 주기화로 밑면 오염을 억제함

36 PCB는 무엇의 약자인가?

① Printed Circuit Board   ② Panel Circuit Board
③ Pattern Circuit Board   ④ Plating Circuit Board

해설 PCB 약어 의미
- PCB는 Printed Circuit Board의 약어임
- 전자부품 장착과 회로 연결을 위한 인쇄배선 기판을 의미함
- 기계적 지지와 전기적 연결 기능을 동시에 제공함
- 단면 · 양면 · 다층 · 플렉시블 등 다양한 형태로 제작됨

37 A/D 변환기 중 많은 수의 비교기가 사용되므로 변환기 중에서 속도가 매우 빠른 반면 값이 비싼 변환기는?

① 디지털-램프 A/D 변환기   ② 병렬형 A/D 변환기
③ 선형 램프 A/D 변환기   ④ 연속근사 A/D 변환기

해설 병렬형(플래시) A/D 변환기
- 2^{N-1}개의 비교기를 병렬로 사용해 한 번의 클록에 변환 완료함
- 가장 빠른 변환 속도를 제공하나 비교기 수 많아 칩 면적 · 소모전력 · 비용이 큼
- 해상도는 비교기 수 증가 한계로 보통 저~중간 비트수에 적합함
- 비교기 배열 출력은 우선순위 인코더로 디지털 코드로 변환함

38 LC 발진회로에서 LC회로의 C 값을 4배로 하면 그 주파수는 원래 주파수에 비해 어떻게 바뀌는가?

① 2배로 커진다.   ② 4배로 커진다.
③ 1/2로 작아진다.   ④ 1/4로 작아진다.

해설 LC 발진 주파수–정전용량 변화
- LC 발진 주파수 $f = 1/(2\pi\sqrt{(LC)})$ 임
- C를 4배로 증가시키면 $\sqrt{C}$가 2배가 됨
- 분모가 2배가 되어 주파수는 1/2로 감소함
- 따라서 C 4배 증가 시 주파수는 원래의 1/2로 작아짐

정답   36 ①   37 ②   38 ③

39 다음 중 직류(DC)를 교류(AC)로 변환하는 장치는?

① 인버터   ② 변압기
③ 컨버터   ④ 조삼기

> **해설** DC→AC 변환 장치
> • 인버터(inverter)는 직류 전원을 교류 전원으로 변환하는 장치임
> • 변압기는 AC 전압을 변화시키며 DC 변환 기능은 없음
> • 컨버터는 일반적으로 AC→DC 정류 또는 전압 변환을 의미함
> • 조삼기는 조명 제어 장치 등으로 DC→AC 기능과 무관함

40 전계 효과 트랜지스터(FET)의 특징에 관한설명으로 틀린 것은?

① 전자와 정공 2개의 반송자에 의하여 동작하는 양극성 소자이다.
② 전압제어소자로 다수 캐리어에 의해 작동하며, 게이트의 역전압에 의해 드레인 전류가 제어된다.
③ 일반 트랜지스터에 비하여 입력 임피던스가 높아 전압증폭기로 사용된다.
④ 전력소비가 적고 소형화에 유리하여 대규모 IC에 적합하다.

> **해설** FET 특징 판별
> • FET는 다수 캐리어로만 동작하는 단극성 소자임
> • 게이트 역전압으로 드레인 전류를 제어하는 전압제어 소자이며 입력 임피던스가 높음
> • 전력 소모가 작고 소형화 · 고집적에 유리해 대규모 IC에 적합함
> • 전자와 정공 두 반송자로 동작한다는 ①은 BJT 설명으로 FET와 상충함

3과목 : 공압기초

41 다음 전자기기 기호가 의미하는 것은?

① 포토 트랜지스터   ② 서미스터
③ 정전압 다이오드   ④ 전계 효과 트랜지스터

정답   39 ①   40 ①   41 ②

> **해설** 서미스터 기호 판별
> - 저항 기호에 온도 표식(대각 화살표나 T)이 더해져 온도에 따라 저항이 변함을 의미함
> - NTC · PTC는 기호 옆 표기나 부호로 구분함
> - 포토트랜지스터는 트랜지스터 기호에 빛 화살표가 입사하는 형태임
> - 정전압 다이오드는 변형된 다이오드 기호, FET는 게이트 · 드레인 · 소스 3단자 표기임

42 CAD 프로그램의 주요기능으로 거리가 먼 것은?

① 부품의 등록기능   ② 부품의 배치기능

③ 작성된 회로의 설계규칙검사   ④ PCB 가공기능

> **해설** CAD 주요 기능 판별
> - CAD는 부품 라이브러리 등록 · 관리 기능을 제공함
> - 회로 · PCB 설계에서 부품 배치와 배선 작업을 지원함
> - 작성된 회로 · 패턴에 대해 설계규칙검사(DRC)를 수행함
> - PCB 가공은 제작 · CAM 공정으로 CAD의 직접 기능이 아님

43 오실로스코프를 사용하여 바로 측정할 수 없는 것은?

① 저항   ② 전압

③ 위상   ④ 주파수

> **해설** 오실로스코프로 직접 측정 불가 항목
> - 오실로스코프는 시간에 따른 전압 파형을 표시하는 계기로 저항을 직접 측정하지 못함
> - 저항 측정은 기준 전류 · 전압을 가해 전압강하나 전류를 읽는 DMM · 브리지 등 별도 장비가 필요함
> - 전압은 채널 입력으로 직접 읽을 수 있고 커서로 정확도를 높일 수 있음
> - 주파수와 위상은 파형의 주기 · 시간차 또는 X–Y(리사주)로부터 산출 가능함

44 다음 중 일반적인 다층 PCB 제조공정 순서로 옳은 것은?

① 내층재 재단 → 내층의 가공 → 적층 → 외층의 가공 → 가이드 홀 가공

② 내층재 재단 → 내층의 가공 → 적층 → 가이드 홀 가공 → 외층의 가공

③ 내층재 재단 → 내층의 가공 → 가이드 홀 가공 → 적층 → 외층의 가공

④ 내층재 재단 → 가이드 홀 가공 → 내층의 가공 → 적층 → 외층의 가공

> **해설** 다층 PCB 공정 순서
> - 내층재 재단 후 가이드 홀을 선가공해 내층 패턴 공정의 정합 기준을 확보함
> - 가이드 홀 기준으로 내층 이미지 전사 · 식각 등 내층 가공을 수행함
> - 가공 완료된 내층들을 기준 정합 상태로 적층 · 프레스하여 코어를 일체화함

정답   42 ④   43 ①   44 ④

45 회로나 전송계를 측정할 경우에 신호원과 부하사이 또는 전송로와 부하사이에 접소하여부 하에 걸리는 전압을 임의뢰 감쇠시키는 기구는 무엇인가?

① 어테뉴에이터 (Attenuator) ② 인덕터 (Inductor)

③ 커패시터 (Capacitor) ④ 트랜지스터 (Transistor)

> **해설** 어테뉴에이터의 역할
> - 신호원과 부하 사이에 삽입하여 부하에 걸리는 전압·전력을 의도적으로 감쇠함
> - 임피던스 정합을 유지하며 계측기의 과입력 보호와 선형 측정을 돕는 기구임
> - 고정형·가변형·스텝형 패드 등으로 구성되어 감쇠량을 선택적으로 제공함
> - 인덕터·커패시터·트랜지스터는 각각 에너지 저장·필터·증폭·스위칭 소자로 감쇠 전용 소자가 아님

46 실리콘 제어정류기 (SCR)에 관한 설명으로 틀린 것은?

① PNPN 소자 중 하나로서 계전기 제어, 모터 제어 등 광범위하게 이용된다.

② 다이오드와 같이 역 바이어스 때는 차단상태가 된다.

③ 게이트에 전류를 흐르게 해서 ON 상태가 되면 게이트 전류를 0으로 하여도 계속 전 류가 흐른다.

④ 게이트가 2개가 쌍방향으로 흐른다.

> **해설** SCR 기본 특성 판별
> - SCR은 PNPN 구조의 사이리스터로 단자는 애노드·캐소드·게이트 1개임
> - 역바이어스에서는 차단 상태가 유지됨
> - 순바이어스에서 게이트 트리거로 도통되며 전류가 유지전류 이하로 떨어질 때까지 래치됨
> - 쌍방향 도통 소자는 트라이액이며 '게이트가 2개'라는 서술은 SCR 특징과 불일치임

47 PCB 가공 과정에 있어서 면취 (Bevelling) 가공을 하는 주된 이유는?

① 도금 두께를 일정하게 하기 위해

② 균일한 노광 효과를 가지기 위해

③ 부스러기 등에 의한 배선 패턴의 단락을 방지하기 위해

④ 동박적층판에 남은 약품이나 연마제 등을 제거하기 위해

> **해설** 면취(Bevelling) 가공 목적
> - 커넥터 단자부(골드 핑거) 모서리를 경사 처리해 삽입 시 긁힘·칩핑을 줄임
> - 모서리 버·부스러기 발생을 억제해 배선 패턴 단락 위험을 예방함
> - 소켓 삽입성이 향상되어 접촉 안정성과 내구성이 개선됨
> - 도금 두께 균일화·노광 균일화·세척 목적이 아니라 단자부 형상 최적화가 핵심임

정답 45 ① 46 ④ 47 ③

48 다음 중 n형 반도체를 만드는 불순물이 아닌 것은?

① As (비소)
② Sb (안티몬)
③ P (인)
④ In (인듐)

> **해설** n형 도핑 불순물 판별
> • n형은 5가 원소(도너) 주입으로 전자를 다수 캐리어로 만드는 경우임
> • As · Sb · P는 5가 도너로서 n형 반도체를 형성함
> • In은 3가 원소로 수용체(acceptor) 역할을 하여 p형 반도체를 형성함
> • 따라서 n형을 만드는 불순물이 아닌 것은 ④ In(인듐)임

49 다음 포토다이오드의 종류 중 관전류 증촉작용이 있고 암전류가 적으며 응답속도가 빠르고 파장 감도가 넓어서 광섬유에 의한 광통신 등에 사용되는 것은?

① PN 포토다이오드
② PIN 포토다이오드
③ 애벌런치 포토다이오드
④ 포토센서모듈 (포토 IC)

> **해설** 애벌런치 포토다이오드(APD)
> • 높은 역전계에서 애벌런치 항복을 이용해 내부 광전류 이득을 제공함
> • 내부 이득 덕분에 고감도 · 고속 수신에 유리해 광섬유 통신 수신기에 널리 사용됨
> • 넓은 파장 감도 범위를 구현해 통신 파장대에서 효율적으로 동작함
> • PN · PIN 대비 내부 증폭 이점이 있어 수신 감도를 높일 수 있으나 전용 바이어스 · 저잡음 설계가 필요함

50 PCB의 제조공정 중에 부식액, 도금액, 납땜 등으로부터 특정영역을 보호하기 위하여 사용하는 피복 재료를 통칭하는 것으로 맞는 것은?

① 랜드
② 레지스트
③ 레진
④ 디스미어

> **해설** 레지스트(Resist)의 역할
> • 포토레지스트 · 솔더레지스트로 특정 영역을 식각 · 도금 · 납땜으로부터 보호함
> • 포토공정에서는 감광막이 회로 패턴을 정의하고 현상 후 노출부만 가공됨
> • 솔더레지스트는 패드 외 영역을 피복해 브리징 방지 · 절연 · 보호 기능을 수행함
> • 랜드는 접합 패드이고 레진은 일반 수지 명칭 · 디스미어는 드릴홀 수지 제거 공정임

51 미리 결정된 순서대로 제어 신호가 출력되어 순차적으로 작업이 수행되어지는 제어 방법으로 자동화에 이용되는 제어 방법은?

① 공압 제어
② 논리 제어
③ 시퀀스 제어
④ 서보 제어

정답 48 ④ 49 ③ 50 ② 51 ③

해설 시퀀스 제어
- 미리 정한 순서와 조건에 따라 제어 신호를 출력해 공정을 단계적으로 수행함
- 릴레이 · PLC로 스텝 전이와 인터록을 구현하여 자동화 라인에 널리 적용됨
- 타이머 · 카운터 · 센서 입력에 따라 단계 진행 · 정지 · 안전 동작을 관리함
- 공압은 구동 매체, 논리 제어는 포괄 개념, 서보는 위치 · 속도 제어로 시퀀스와 목적이 다름

52 액추에이터의 공급 쪽 관로에 바이패스 관로를 설치하여 불필요한 압유를 탱크로 배출시켜 속도를 제어하는 회로는?

① 미터 인 회로
② 미터 아웃 회로
③ 레지스터 회로
④ 블리드 오프 회로

해설 블리드 오프 회로
- 공급측 배관에 바이패스를 설치해 일부 유량을 탱크로 우회 배출하여 액추에이터 유입 유량을 줄임
- 펌프 토출은 유지하면서 불필요한 입유를 탱크로 빼 속도를 제어함
- 미터인 · 미터아웃은 스로틀을 유입측 · 배출측에 두는 방식으로 블리드 오프와 원리가 다름
- 부하 변화에 따른 속도 변동이 크며 경부하에서 간단한 속도 제어에 적용됨

53 두 개의 복동 실린더를 조합시킨 것으로 직경에 비하여 출력이 큰 실린더는?

① 차동 실린더
② 텔레스코프 실린더
③ 탠덤 실린더
④ 충격 실린더

해설 탠덤 실린더 특징
- 두 개의 복동 실린더를 직렬 결합해 동일 보어에서 추력을 합산함
- 보어를 키우지 않고 출력 증가가 가능해 설치 공간 제약에 유리함
- 결합된 로드로 한 방향 추력을 2배 수준으로 확보함
- 차동은 유량 변환, 텔레스코프는 스트로크 확장, 충격 실린더는 감쇠 목적과 구분됨

54 실린더에 공급되는 공기의 압력이 5 bar 이다. 이 압력은 몇 Pa 인가?

① 50000
② 500000
③ 10000
④ 100000

해설 압력 단위 환산
- 1 bar = 10^5 Pa 임
- 5 bar = 5×10^5 Pa 계산됨
- 따라서 5 bar = 500000 Pa 임
- bar → Pa 환산은 10^5 배 곱셈임

정답 52 ④   53 ③   54 ②

55 압축공기 저장탱크에 부착해야 할 요소 중 관계없는 것은?

① 배수기　　　　　　　　② 안전밸브
③ 압력스위치　　　　　　④ 유량제어밸브

> 해설　공기저장탱크 부착 요소
> • 안전밸브는 과압 방지를 위해 필수 부착 요소임
> • 배수기(드레인)는 응축수 제거를 위해 필수임
> • 압력스위치 · 게이지 등 압력 감시 · 제어 장치는 통상 탱크에 설치됨
> • 유량제어밸브는 라인 제어용으로 탱크 필수 부착 요소가 아님

56 다음 공압장치의 장점에 해당하지 않는 것은?

① 동력전달 방법이 간단하고 용이하다.
② 인화의 위험이 없다.
③ 부하변동에도 균일한 속도를 얻을 수 있다.
④ 제어가 간단하고 취급이 용이하다.

> 해설　공압장치 장단점 판별
> • 공기는 압축성이 커 부하 변동 시 속도 유지가 어렵다는 한계가 있음
> • 동력 전달 경로가 단순하고 설비 · 배관이 비교적 간편함
> • 가연성 유체가 아니어서 인화 · 폭발 위험이 낮음
> • 제어가 단순하고 취급 · 유지보수가 용이함

57 공기의 흐름이 한 방향으로만 허용되도록 할 목적으로 사용되는 밸브는?

① 릴리프 밸브　　　　　　② 체크 밸브
③ 감압 밸브　　　　　　　④ 스퀸스 밸브

> 해설　체크 밸브의 역할
> • 유체를 한 방향으로만 통과시키고 역류를 차단함
> • 내부 볼 · 디스크 · 스프링 구조로 역방향 압력에서 자동 폐쇄됨
> • 릴리프는 과압 시 배출, 감압은 일정 저압 유지, 시퀀스는 압력에 따른 동작 순서 제어임
> • 공압 회로에서 실린더 보호와 라인 압력 유지에 널리 사용됨

58 다음 중 압력의 단위로 적합하지 않은 것은?

① N/m^2　　　　　　　　② Pa
③ J/s　　　　　　　　　　④ Bar

정답　55 ④　56 ③　57 ②　58 ③

[해설] 압력 단위 판별

- 압력은 단위면적당 힘으로 N/m^2이며 SI 유도단위 Pa와 동일함
- bar는 10^5 Pa로 정의된 비SI 단위로 압력 단위에 해당함
- J/s는 에너지/시간으로 W와 동일한 전력 단위임

59 다음 공기탱크의 역할과 거리가 먼 것은?

① 공기의 압력의 맥동을 평준화한다.
② 공기 중의 수분을 드레인으로 배출시킨다.
③ 압력 변화를 최소화한다.
④ 압축 공기의 공급을 불안정하게 한다.

[해설] 공기탱크의 역할

- 압력 맥동을 완충하여 라인 압력을 평준화함
- 응축수 · 오일 등을 드레인으로 배출해 공기 품질을 향상함
- 순간 수요 변화를 흡수해 압력 변동을 최소화함
- 공급을 불안정하게 만드는 기능은 없으므로 ④는 역할과 거리가 멂

60 다음 증압기의 사용 목적으로 옳은 것은?

① 압력 증폭 　　　　　　　② 속도 제어
③ 스틱-슬립현상 방지 　　　④ 에너지 저장

[해설] 증압기의 사용 목적

- 증압기는 공급 공기압을 부분적으로 높여 고압이 필요한 구간에만 사용하는 장치임
- 대면적 피스톤 · 레버리지 원리를 이용해 국부적으로 압력을 증폭함
- 속도 제어는 유량 조절로 수행하며 증압기의 목적이 아님
- 에너지 저장은 축압기(어큐뮬레이터)의 역할로 증압기와 구분됨

정답　59 ④　　60 ①

전자부품장착기능사 기출문제
2014. 07. 20.

1과목 : SMT 개론

01 SMT실장 시 칩 날림(결품) 불량이 자주 발생하고 있는 상황에서 조치 프로세서로 적절하지 못한 경우는? (단, Vision 설비 기준이다.)

① A씨는 I/O 체크 메뉴 상에서 수동으로 버큠을 On 한 후 Nozzle 끝단 진공상태를 확인하였다.

② B씨는 부품형태 DB에서 T(두께) 값을 실 두께보다 1.5배로 재설정하였다.

③ C씨는 Program Editor 상에서 Place Z Offset 값을 약간 내렸다.

④ D씨는 부품 DB에서 (일부설비 : Paramater) 설비사가 추천하는 Air Blow값으로 되어있는지 확인하였다.

> **해설** 칩 날림 대응 프로세스 판별
> - 노즐 진공 상태를 I/O 수동 On으로 확인하는 점검은 적절함
> - 부품 두께 T 값은 실측치로 관리해야 하며 1.5배 과대 설정은 픽업 · Z 높이 산정 오류로 결품을 유발함
> - Place Z Offset의 소폭 하향 조정은 착좌 안정과 반발 억제에 유효함
> - Air Blow는 설비사 권장값 적용 여부를 확인 · 유지하여 분사로 인한 칩 이탈을 방지함

02 인쇄 불량 현상과 원인의 연결이 옳지 않은 것은?

① 납량 과다 인쇄 – 스퀴지 인가 압력 과다

② 크림솔더 칙소성 불량 – 인쇄 형상 퍼짐(늘어짐) 변형

③ 마스크 충진 불량 – 인쇄 로링성 부족

④ 솔더 볼 발생 – 메탈 마스크 세척 미실시

> **해설** 스크린 인쇄 불량 · 원인 연결 판별
> - 스퀴지 압력 과다는 개구 내 페이스트를 과도히 긁어 내거나 언더스텐실 유출을 유발해 미납 · 브리징 쪽으로 이어지기 쉬워 과다 인쇄의 직접 원인이라 보기 어려움
> - 크림솔더 칙소성 불량은 인쇄 형상 퍼짐 · 늘어짐 · 변형을 유발함
> - 마스크 충진 불량은 로링성 부족 · 과속 인쇄 · 점도 과다 등으로 발생함
> - 메탈마스크 세척 미실시는 잔류 페이스트로 솔더볼 · 브리징 등 결함을 유발할 수 있음

정답 01 ② 02 ①

03 스퀴지의 작업조건에 대한 내용으로 옳은 것은?

① 스피드를 높이면 롤링이 좋아진다.

② 인쇄 속도가 느릴 경우 충진이 나빠진다.

③ 스퀴지의 각도는 일반적으로 45-70도가 사용되고 있다.

④ 스퀴지 스피드가 빨라지면 크림솔더를 기판 위에 누르는 힘이 적어진다.

> **해설** 스퀴지 작업 조건
> • 스퀴지 각도는 일반적으로 45~70° 범위에서 운용함
> • 스퀴지 속도가 빠르면 롤링 · 개구 충진이 저하되므로 과속은 지양함
> • 인쇄 속도를 너무 느리게 하면 퍼짐 · 형상 변형이 늘 수 있어 적정 속도를 유지함
> • 누르는 힘은 설정 압력과 각도에 주로 좌우되며 속도 증감이 직접 압력을 줄이는 것은 아님

04 기판의 인식마크(fiducial mark)에 대한 설명으로 옳지 않은 것은?

① 기판마크 위치를 카메라로 인식하여, 장착위치를 보정하기 위한 것이다.

② 인식마크의 형상은 원형(元型)의 1가지로만 제작이 가능하다.

③ 인식마크의 재질은 동박, solder 도금 등 다양화 할 수 있다.

④ 기판의 재질에 따라 인식마크를 선명하게 식별할수 있는 밝기가 달라진다.

05 표면실장 인라인 검사공정 구성과 관련이 없는 것은?

① 인쇄 검사　　　　　　② 장착 검사
③ ICT 검사　　　　　　④ 납땜 검사

> **해설** SMT 인라인 검사 구성
> • 인쇄 검사는 SPI로 솔더 페이스트 인쇄 상태를 실시간 확인함
> • 장착 검사는 AOI 등으로 픽앤플레이스 결과를 확인함
> • 납땜 검사는 리플로우 후 AOI · AXI로 솔더 접합을 확인함
> • ICT 검사는 조립 완료 후 오프라인 설비에서 수행되며 인라인 기본 구성에 포함되지 않음

06 부품 오장착을 방지하기 위한 대책으로 거리가 먼 것은?

① 바코드 부착 관리　　　② 부품 교환 시 규격 확인
③ 부품 리스트 부착　　　④ 카세트 검사 및 교정

정답　03 ③　04 ②　05 ③　06 ④

해설 오장착 방지 대책 판별
- 바코드 부착 관리는 자재 동정 · 투입 이력을 통제해 오장착을 직접 예방함
- 교환 시 규격 확인은 부품 혼입 · 대체 규격 오류를 차단함
- 부품 리스트 부착은 작업자 확인 · 교차 점검으로 오투입을 줄임
- 카세트 검사 · 교정은 급송 안정 · 픽업 품질 개선 목적이며 오장착 예방과 직접 연계성이 낮음

07 표면 실장기 중 회전하는 핸드 유닛을 12~16개 사용하여 고속실장용에 사용하는 방식은 무엇인가?

① 로봇(Robot) Type
② 로타리(Rotary) Type
③ 갠트리(Gentry) Type
④ 모듈러(Moduler) Type

해설 로타리(터릿) 타입 특징
- 회전 터릿에 다수 노즐을 장착해 한 점에서 회전하며 고속 실장을 수행함
- 표준 칩류의 대량 고속 장착에 특화되어 칩 슈터로 분류됨
- PCB는 이동하고 헤드는 회전 중심에서 픽앤플레이스를 반복함
- 이형 · 대형 부품은 갠트리 · 다기능 마운터에서 후공정으로 처리함

08 실장 부품이 인쇄 회로 기판에 삽입 될 때에 실장 부품의 핀이 삽입되는 홀 주위에 입혀지는 얇은 구리박막을 무엇이라고 하는가?

① 랜드
② 리드
③ 비아
④ 배선

해설 랜드의 정의와 역할
- 랜드는 핀이 삽입되는 홀 주위에 형성된 얇은 동박 패드임
- 납땜 시 열 · 전류 전달과 기계적 고정을 담당해 접합 신뢰성을 높임
- 비아는 층간 전기적 연결 목적의 관통홀로 부품 삽입용 랜드와 구분됨
- 설계 시 애뉴러 링 폭 · 솔더마스크 개구 · 패드 직경을 규격에 맞게 확보함

09 전자 부품 실장 후 솔더 양이 많아 전극부위 이상으로 덮인 상태의 불량을 무엇이라 하는가?

① 솔더 쇼트
② 솔더 과다
③ 솔더 볼
④ 솔더 과소

해설 솔더 과다 불량
- 전극부위를 넘어 솔더가 과도하게 덮인 상태를 의미함
- 원인은 스텐실 두께 · 개구 과대, 스퀴지 압력 · 속도 과다, 페이스트 점도 저하, 장착 Z 오프셋 과소 등임
- 브리징 · 쇼트 유발, 외관 불량과 리워크 난이도 증가, 신뢰성 저하로 이어짐
- 대책은 스텐실 두께 · 개구 최적화, 스퀴지 조건 · 페이스트 관리, 배치 높이 보정, 리플로우 프로파일 재조정임

정답 07 ② 08 ① 09 ②

10 다음 중 장착 공정에서 발생할 수 있는 불량에 속하지 않는 것은?

① 과납
② 역삽
③ 틀어짐
④ 부품 깨짐

> **해설** 장착 공정 불량 판별
> - 과납은 스텐실 두께 · 개구 · 스퀴지 조건 · 페이스트 상태 · 리플로우 조건 등 인쇄 · 납땜 공정 요인임
> - 역삽은 부품 극성 · 방향 인식 오류로 발생하는 장착 공정 불량임
> - 틀어짐은 피크앤플레이스 좌표 · Z 높이 · 흡착 상태 문제로 발생하는 장착 불량임
> - 부품 깨짐은 노즐 압궤 · 착좌 충격 · 보드 휨 등 장착 단계의 기계적 스트레스로 발생함

11 리플로우(Reflow)가열 방식 중 표면실장용으로 잘 사용하지 않는 방식은?

① 증기(VPS) 가열방식
② 적외선(IR)가열방식
③ 열풍(Hot Air) 가열방식
④ 적외선(IR) + 열풍(Hot Air) 가열방식

> **해설** 리플로우 가열 방식 활용
> - 표준 SMT 라인에서는 열풍 대류, IR, IR+열풍 방식이 주류로 사용됨
> - 증기상(VPS) 가열은 포화 증기 응축잠열을 이용하나 설비 · 매체 관리와 공정 유연성 측면에서 일반 SMT 에선 채택 빈도가 낮음
> - VPS는 보이드 억제 · 온도 오버슈트 완화 등 특수 용도에서 제한적으로 사용됨
> - 따라서 표면실장용으로 잘 사용하지 않는 방식은 증기 가열방식임

12 리플로우 솔더링 기계에 대한 설명이 아닌 것은?

① 솔더 크림 인쇄 후 부품이 실장 된 PCB에 열을 가해 납땜 작업을 위한 설비이다.
② 방식으로는 대류(열풍), 적외선, 대류+적외선, VPS등이 있다.
③ 납땜부 기판 온도는 최대 250℃ 이하로 한다.
④ Flux 도포 방식에는 발포식, Wave식, Spray식 등이 있다.

> **해설** 리플로우 설비 설명 판별
> - 리플로우는 솔더 크림 인쇄 · 부품 실장 후 PCB에 열을 가해 납을 용융하는 설비임
> - 가열 방식은 대류(열풍) · IR · 대류+IR · VPS 등이 사용됨
> - 피크 보드 온도는 합금 · 부품 사양을 고려해 대개 250℃ 이하로 설정함
> - 발포식 · 웨이브식 · 스프레이식 플럭스 도포는 웨이브 솔더 공정 설명이며 리플로우에는 해당하지 않음

정답 10 ① 11 ① 12 ④

13 부품의 미세화, 고밀도화에 따라 발생 정도가 많은 결함중의 하나로 인접 랜드(land) 간에 납이 연결된 불량 유형은?

① 솔더볼   ② 맨하탄
③ 브리지   ④ 휘스커

> **해설** 브리지 불량
> • 인접 랜드 사이가 솔더로 연결되어 전기적 단락이 발생한 상태임
> • 스텐실 두께 · 개구 과대, 과다 인쇄, 스퀴지 압력 · 속도 불량, 페이스트 점도 저하가 주요 원인임
> • 부품 오프셋 · 미세 피치 · 실장 밀도 과다 · 리플로우 램프업 과도 · 보드 오염 등이 영향을 미침
> • 스텐실 최적화 · SPI/AOI 피드백 · 배치 Z · 오프셋 보정 · 프로파일 조정 · 클리어런스 확보로 예방함

14 그림과 이상적 온도 profile 중 c-d구간 내 P점의 온도로 알맞은 것은?

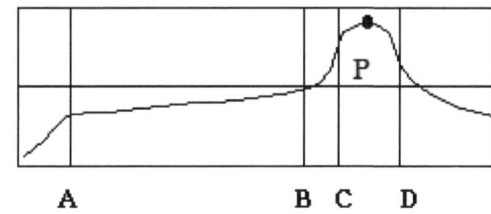

이상적인 온도 profile(Sn + Pb)

① 120~150℃   ② 150~190℃
③ 210~230℃   ④ 250~280℃

> **해설** 리플로우 프로파일 P점(유연 Sn-Pb)
> • Sn-Pb 솔더의 융점은 183℃로 P점은 완전 용융 확보를 위한 피크 온도임
> • 이상적 피크는 210~230℃ 범위로 설정함
> • 과도한 피크는 부품 · 기판 열손상과 보이드 증가 위험이 있음
> • TAL · 램프업 · 냉각 조건을 함께 최적화해 접합 신뢰성을 확보함

15 인쇄공정에 관한 설명으로 옳지 않은 것은?

① 메탈 마스크와 솔더의 점착력이 강해야 한다.
② PCB와 솔더의 점착력이 강해야 한다.
③ PCB와 메탈 마스크 사이에 부압이 형성되어야 한다.
④ 메탈 마스크 표면에 대기압력이 작용한다.

정답 13 ③   14 ③   15 ①

스크린 인쇄 접착 · 압력 원리
- 인쇄 후 페이스트는 스텐실에서 쉽게 떨어져 패드로 옮겨져야 하므로 스텐실과의 점착력은 약해야 함
- PCB 패드와의 점착력은 강해야 인쇄 형상 유지와 납량 재현성이 확보됨
- 석션 블록으로 PCB 하부에 부압을 형성해 PCB~스텐실 밀착과 평탄 지지가 확보됨
- 메탈마스크 표면은 대기압 상태에서 스퀴지 인가압이 작용해 충진 · 이탈이 이루어짐

16 박형 QFP가 수분을 흡수한 상태로 리플로우 솔더링을 했을 때 발생하는 불량은?

① 브릿지
② IC Package 크랙
③ 기판 크랙
④ 톰스톤(맨하탄)불량

해설 **패키지 팝콘 크랙**
- 박형 QFP가 수분을 흡수한 상태로 리플로우 시 급가열되면 수분이 기화해 내부 수증기압이 급상승함
- 수증기압이 몰딩 수지와 리드프레임 계면을 벌려 박리 · 미세균열이 발생하며 외관 크랙으로 진행됨
- 결과적으로 와이어 단선 · 전기적 불량 · 신뢰성 저하 등 치명적 문제를 유발함
- 예방은 MSL 준수 · 개봉 후 노출 시간 관리 · 드라이 보관 · 규정 조건 베이킹으로 수행함

17 SMT공정에 사용되는 기자재에 대한 설명으로 옳지 않은 것은?

① 칩 카운터-칩 부품과 Axial radial 부품을 카운트 하는 디지털 계수기
② 테이프 커터기-부품 Reel의 폐 테이프를 자동 절단하여 모으는 장치
③ 인버터-PCB양면 작업을 위해 180° 반전하는 장비
④ 터닝 컨베이어(TC)-작업자의 편의를 위해 자동으로 PCB의 전후를 돌려주는 장비

해설 **SMT 보조장비 기능 판별**
- 칩 카운터는 칩 테이프 부품과 Axial/Radial 테이프 부품의 수량을 계수하는 디지털 장비로 사용됨
- 테이프 커터기는 릴에서 나오는 폐 테이프를 자동 절단 · 수거하여 작업성을 높임
- 인버터는 양면 작업을 위해 PCB를 180° 반전시키는 장비임
- 터닝 컨베이어는 라인 흐름 방향을 90° 전환 · 정렬하는 장비로 PCB의 앞면/뒷면 반전 장비가 아님

18 솔더에 포함되는 불순물에 의한 나쁜 영향을 설명한 것으로 옳지 않은 것은?

① 브릿지 발생
② 표면광택 저하
③ 솔더의 젖음성 저하
④ 솔더 산화물(dross)감소

해설 **솔더 불순물의 영향**
- 불순물과 산화물은 젖음성 저하 · 퍼짐 불량을 유발함
- 점도 상승과 산화피막 형성으로 브리징 · 솔더볼 발생이 증가함
- 표면 광택이 떨어지고 거칠음 · 흑변 등이 나타남
- 솔더 산화물(dross)은 오히려 증가하므로 감소라는 설명은 오류임

정답 16 ② 17 ④ 18 ④

19 플럭스의 역할로 옳지 않은 것은?

① 청정화

② 산화 방지

③ 재산화 방지

④ 세척 방지

> **해설** 플럭스의 기본 역할
> - 금속 표면 산화막과 이물을 제거해 접합면을 청정화함
> - 가열 중 산소 차단과 환원 작용으로 산화를 방지함
> - 젖음성 향상과 표면장력 저감으로 솔더 퍼짐과 접합을 촉진함
> - 세척 방지는 플럭스의 역할이 아니며 잔사는 공정에 따라 세정 또는 무세정 방식으로 관리함

20 Solder Paste 및 칩 Bond가 도포된 PCB Chip 부품을 납땜 또는 경화시키는 장치는?

① 리플로우(Reflow)

② 언로더(Unloader)

③ 스크린 프린트(Screen Printer)

④ 이형 칩 마운트(Multi Chip Mounter)

> **해설** 리플로우 설비의 역할
> - 솔더 페이스트가 인쇄된 PCB에 열을 가해 솔더를 용융 · 접합시키는 장치임
> - 칩 본드가 도포된 경우 공정 조건에 따라 경화용으로도 운용 가능함
> - 예열 · 소크 · 피크 · 냉각의 온도 프로파일을 설정 · 관리하여 접합 신뢰성을 확보함
> - 언로더 · 스크린 프린터 · 이형 칩 마운터는 각각 배출 · 인쇄 · 부품 실장 장비로 납땜 · 경화 장치는 아님

2과목 : 전자기초

21 SMT실장 부품 CHIP_R1005의 정확한 수치 해석으로 옳은 것은?

① 가로 : 10.0mm 세로 : 5mm

② 가로 : 1.0inch 세로 : 5.0inch

③ 가로 : 10.0mm 세로 : 0.5mm

④ 가로 : 0.5inch 세로 : 1.0inch

> **해설** 칩 규격 1005 치수 해석
> - 1005는 미터법 코드로 가로 1.0 mm, 세로 0.5 mm를 의미함
> - 각 두 자리는 0.1 mm 단위로 읽어 10 → 1.0 mm, 05 → 0.5 mm로 해석됨
> - 1005(metric)는 0402(imperial) 규격에 대응함

정답 19 ④ 20 ① 21 ③

22 괄호 안에 들어갈 용어로 옳은 것은?

> 리플로우 내부로 이송되는 기판과 부품에는 히터와 가열 된 공기에 의해 전도, (   ).
> (   )의 형태로 열에너지가 전달된다.

① 대류, 복사   ② 대류, 반사

③ 반사, 집광   ④ 복사, 집광

해설 리플로우 열전달 방식
- 리플로우 오븐의 기본 열전달은 전도·대류·복사 3가지임
- 가열 공기 흐름에 의한 대류가 기판·부품 표면 가열의 주된 메커니즘임
- 히터·IR에 의한 복사가 병행되어 소크·피크 구간의 온도 상승을 보조함
- 반사·집광은 광 경로 개념이지 기본 열전달 방식이 아니므로 대류·복사가 정답임

23 다음 표면실장공정에서 자기보정(self alignment)의 효과를 기대할 수 있는 공정은?

① 프린터 공정   ② 리플로우 공정

③ 마운터 공정   ④ 검사공정

24 다음 중 가장 발전된 전자부품 실장방식은?

① COB(Chip On Board)   ② MCM(Multi Chip Module)

③ MMT(Mixed Mount Tech.)   ④ SMT(Surface Mount Tech.)

해설 전자부품 실장 방식 비교
- MCM은 복수 칩을 한 모듈에 집적해 고밀도·고성능·소형화를 동시에 달성함
- SMT는 보드 레벨 실장이며 MMT는 관통형과 SMT의 혼합 적용 단계임
- COB는 보드에 베어칩을 직접 실장하는 방식으로 모듈 집적 수준은 아님
- 발전된 집적도·신호 지연 감소·패키지 소형화 측면에서 MCM이 가장 발전된 방식임

25 표면실장기술의 차세대 기술로서 Bare IC Chip을 직접기판에 탑재하여 회로접속을 행하는 기법은?

① DIP   ② SOP

③ QFP   ④ COB

정답   22 ①   23 ②   24 ②   25 ④

해설 COB(Chip On Board) 개념
- 베어 다이를 기판에 직접 접착 · 와이어 본딩하여 회로 접속을 수행함
- 패키지 없이 실장하므로 소형화 · 경량화 · 고밀도 구현에 유리함
- 몰딩 · 언더필 등으로 칩 보호와 신뢰성을 확보함
- SMT · MMT 대비 모듈 집적 단계 이전의 보드 레벨 직접 실장 기법임

26 인쇄공정의 불량 유형으로 옳지 않은 것은?

① 미납   ② 무너짐
③ 솔더 번짐   ④ 위치 틀어짐

해설 인쇄공정 불량 판별
- 인쇄공정 대표 불량은 미납 · 무너짐(슬럼핑) · 솔더 번짐 등임
- '위치 틀어짐'은 보통 부품 정렬 · 좌표 오차로 분류되는 장착공정 불량임
- 스텐실 정합 불량은 '인쇄 위치 불일치'로 별도 표현하며 보기의 용어와 구분됨

27 리플로 납땜시 부품 내부에 침투된 수분에 의해 발생하는 현상에 해당하는 것은?

① Lift-Off 현상   ② Popcorn 현상
③ Solder Ball 불량   ④ Manhattan현상

해설 리플로우 중 수분 기화에 따른 팝콘 현상
- 패키지 내부에 흡습된 수분이 리플로우 가열 시 급격히 기화하며 내부 수증기압이 상승함
- 수증기압에 의해 몰딩 수지와 리드프레임 계면이 박리되고 미세균열이 발생함
- 박형 QFP · QFN · BGA 등 MSL 민감 패키지에서 발생 위험이 높음
- 예방은 MSL 기준 준수 · 개봉 후 노출시간 관리 · 드라이 보관 · 규정 조건 베이킹임

28 장착 장비에서 부품을 지속적으로 공급해 주는 장치는 무엇인가?

① 노즐(Nozzle)   ② 컨베이어(Conveyor)
③ 로더(Loader)   ④ 피더(Feeder)

해설 피더(Feeder)의 역할
- 피더는 테이프 · 트레이 · 스틱 포장된 부품을 마운터에 지속 공급하는 장치임
- 인덱싱 · 피치 제어로 픽업 위치를 정확히 제공해 택타임과 실장 정밀도를 보장함
- 노즐은 부품 픽업 · 이송 · 실장 기능이며 컨베이어는 PCB 이송, 로더는 PCB 투입 장치임
- 피더 상태 · 피치 · 장력 · 정렬 오차 관리는 결품 · 미장착 · 틀어짐 예방에 중요함

정답 26 ④ 27 ② 28 ④

29 디스 펜서로 칩 본드를 도포할 때 도포량과 관계가 없는 것은?

① 경화온도　　　　　　　　② 도포압력
③ 도포 노즐 내경　　　　　　④ 칩 본드 점도

> 해설 **칩 본드 디스펜싱 도포량 영향**
> • 도포압력은 토출 유량을 직접 좌우해 도포량에 영향함
> • 노즐 내경이 작을수록 유량이 줄고 점성 영향이 커져 도포량이 변함
> • 칩 본드 점도는 유동성에 영향을 줘 동일 조건에서도 도포량이 달라짐
> • 경화온도는 도포 후 조건으로 도포량 결정과 직접 관련이 없음

30 IMT(자삽) 부품과 CHIP(SMT) 부품을 혼재 실장하는 공정에서 접착제 도포를 위한 장치를 무엇이라 하는가?

① Vision inspection　　　　② Screen printer
③ Dispenser　　　　　　　④ Multi Mounter

> 해설 **혼재 실장 접착제 도포 장치**
> • 디스펜서는 IMT · SMT 혼재 공정에서 칩 본드 등 접착제를 점 · 선 패턴으로 정량 도포함
> • 스크린 프린터는 메탈마스크로 솔더 페이스트를 인쇄하는 장비임
> • 비전 인스펙션은 인쇄 · 장착 후 형상과 위치를 검사하는 장비임
> • 멀티 마운터는 표준 칩과 이형 부품을 실장하는 장비이며 접착제 도포 장치는 아님

31 스크린 프린터 작업에 필요한 주요 3요소가 아닌 것은?

① 스퀴지　　　　　　　　　② 메탈 마스크
③ 플럭스　　　　　　　　　④ 솔더 페이스트

32 표면실장용 부품변천과정 중 부품크기 표기가 옳지 않은 것은?

① 3.2mm×1.6mm　　　　② 2.0mm×1.2mm
③ 1.6mm×0.8mm　　　　④ 1.2mm×0.8mm

> 해설 **표준 칩 규격(metric) 판별**
> • 칩 규격은 L×W(mm)로 표기하며 대표 규격은 3216 · 2012 · 1608 · 1005임
> • 3.2×1.6, 2.0×1.2, 1.6×0.8은 각각 3216 · 2012 · 1608에 해당함
> • 1.2×0.8은 일반 표준 시리즈에 해당하지 않으며 1005는 1.0×0.5, 0603은 0.6×0.3임

정답　29 ①　30 ③　31 ③　32 ④

33 장착 공정에서 흡착 에러대책 중 옳지 않은 것은?

① 헤드 속도를 빠르게 한다. ② 정기적으로 노즐 관리를 한다.

③ 흡착높이의 정도(精度)를 관리한다. ④ 부품에 맞는 흡착 노즐을 사용한다.

> **해설** 흡착 에러 대책 판별
> - 헤드 속도를 빠르게 하는 것은 피더 인덱싱 · 정렬 · 진공 안정 시간을 줄여 흡착 실패를 유발하므로 대책이 아님
> - 노즐 오염 · 마모 · O링 손상에 대한 정기 관리로 진공 유지와 픽업 안정성을 확보함
> - 흡착 Z 높이 정밀 관리를 통해 패드 압궤 · 부품 들뜸 · 오프셋을 예방함
> - 부품 크기 · 형상 · 표면 조건에 맞는 노즐 규격 · 재질을 선택해 흡착력과 정렬 신뢰성을 높임

34 Bare chip 실장 방식으로 옳지 않은 것은?

① Wire Bonding ② Flip Chip Bonding

③ Dispensing ④ Tape Automated Bonding

> **해설** Bare chip 실장 방식
> - 와이어 본딩은 베어 다이 패드와 기판을 금 · 알루미늄 와이어로 접속함
> - 플립칩 본딩은 솔더 범프로 칩을 뒤집어 기판과 직접 접속함
> - TAB는 테이프 리드에 칩을 본딩해 모듈화 후 기판과 접속함
> - 디스펜싱은 접착제 · 페이스트 도포 공정 명칭으로 실장 방식이 아님

35 부품 실장 후 검사하는 방법으로서 육안 검사로 확인이 가장 어려운 것은?

① 솔더량 ② 부품 미삽 및 오삽

③ 냉납 ④ 부품 외부 결함

> **해설** 육안 검사 난이도
> - 냉납은 외관상 정상처럼 보일 수 있어 육안으로 판별이 가장 어려움
> - 젖음 불량 · 미세 균열 · 미용융 등 전기적 결함이 많아 전기시험 · 현미경 · AXI 확인이 필요함
> - 솔더량 과다 · 과소, 미삽 · 오삽, 외부 결함은 형상 변화가 커 육안 · AOI로 판별이 상대적으로 용이함
> - 리플로우 프로파일 · 패드 청정 · 페이스트 관리 · Z 높이 보정으로 냉납 발생을 예방함

36 제어회로구성에서 트랜지스터(TR)의 주요 기능 2가지는?

① 증폭기능, 스위칭기능 ② 스위칭기능, 발진 기능

③ 증폭기능, 발진기능 ④ 점멸기능, 스위칭기능

정답 33 ① 34 ③ 35 ③ 36 ①

해설 트랜지스터의 주요 기능
- 소신호를 전력 · 전압 · 전류 측면에서 크게 만드는 증폭 기능을 수행함
- 베이스 구동으로 컬렉터~이미터 경로를 온 · 오프로 제어하는 스위칭 기능을 수행함
- 증폭 동작은 선형 영역 바이어싱이 핵심이며 왜곡 · 대역폭 · 이득 안정화를 고려함
- 스위칭 동작은 포화 · 차단 상태 전환 속도와 손실 최소화를 고려해 설계함

37 4층의 PCB와 같이 정교한 정합이 필요하지 않은 경우에 여러 개의 PCB를 동시에 적층하여 생산성을 높이는 방법을 말하는 것은?

① Deburring
② Dry Film 박리
③ Mass Lamination
④ Backup Board

해설 대량 적층 라미네이션 개념
- 정교한 정합 요구가 낮은 보드를 여러 장 적층해 동시 라미네이션하여 생산성을 높임
- 개별 적층 대비 프레스 활용 효율과 사이클 타임을 단축함
- 코어 · 프리프레그 적층에서 압력 · 온도 · 시간을 일괄 관리해 공정 균일성을 확보함
- 고정밀 레지스트레이션이 필요한 고층 · 고밀도 보드는 개별 라미네이션을 적용함

38 PCB 제조용으로 사용되는 부식액의 종류 중 부식속도가 비교적 빠르고 가격도 싸기 때문에 널리 이용되고 있는 것은?

① 알칼리 부식액
② 염화철 부식액
③ 염화동 부식액
④ 과산화수소/황산계 부식액

39 오실로스코프를 이용하여 2개의 주파수의 위상각을 측정하기 위한 방법으로 맞는 것은?

① 리사쥬 도형
② 사이클 도형
③ 싱크로 도형
④ 리모델로 도형

해설 오실로스코프 위상각 측정(리사쥬)
- 두 신호를 X · Y 입력에 연결해 리사쥬 도형으로 위상차를 측정함
- 동주파수에서 타원 · 원 · 직선 형상으로 나타나며 형상과 교차점으로 위상각을 산정함
- 위상각은 도형 치수 비를 이용해 구하며 X · Y 감도를 동일하게 맞춘 상태에서 판독함
- 주파수가 다르면 도형이 회전 · 변형되어 안정되지 않으므로 위상 측정 조건에 부적합함

정답 37 ③ 38 ② 39 ①

40 저항값 R이 회로에 I의 전류가 흐르고 있다. 이 회로의 저항이 "0.8 x R"로 변경된 경우 흐르는 전류는 얼마로 변화는가? (단, 전압을 일정하다고 가정한다.)

① $0.8 \times I$　　　　　　　② $8 \times I$

③ $0.125 \times I$　　　　　　④ $1.25 \times I$

해설 저항 변화에 따른 전류 변화
- 전압 일정 시 전류는 $I = V/R$로 저항에 반비례함
- R이 0.8R로 감소하면 전류 $I' = V/(0.8R) = (1/0.8) \cdot V/R$임
- $1/0.8 = 1.25$이므로 $I' = 1.25I$가 됨
- 저항 20% 감소는 전류 25% 증가에 해당함

3과목 : 공압기초

41 다음 중 P형 반도체를 만드는 불순물은?

① B(붕소)　　　　　　　② As(비소)

③ P(인)　　　　　　　　④ Sb(안티몬)

해설 P형 반도체 도핑
- P형은 수용체(acceptor) 불순물을 넣어 정공을 다수 캐리어로 만드는 경우임
- 3가 원소인 붕소(B)가 대표적 P형 도핑 원소임
- 붕소는 공유결합에서 전자 1개가 부족해 정공을 형성함
- 비소(As) · 인(P) · 안티몬(Sb)은 5가 원소로 N형 도핑에 사용됨

42 회로의 층수에 의해서 PCB를 분류할 경우 그 종류가 아닌 것은?

① 단면 PCB　　　　　　② 양면 PCB

③ 다층 PCB　　　　　　④ 플렉시블 PCB

해설 PCB 분류 기준
- 층수 기준 분류는 단면 PCB · 양면 PCB · 다층 PCB로 구분됨
- 플렉시블 PCB는 기판 재질 · 구조에 따른 분류로서 층수 분류가 아님
- 플렉시블은 단면 · 양면 · 다층 등 어떤 층수로도 제작 가능함
- 층수 분류와는 별도로 리지드 · 플렉시블 · 리지드플렉스 등 기계적 분류가 존재함

정답 40 ④　41 ①　42 ④

43 다음 기호가 나타내는 것은?

$$\dashv \vdash$$

① 저항 ② 코일
③ 콘덴서 ④ 건전지

해설 콘덴서 회로 기호
- 평행한 두 선으로 표시되어 두 도체 판이 전하를 저장함을 상징함
- 무극성은 두 선 길이가 같고 유극성은 한쪽 곡선 또는 + 표기로 극성을 나타냄

44 PCB의 가공이 완료된 시점에서 PCB 상의 모든 랜드에 검사용 핀 혹은 프로브를 접촉시켜 이상의 유무를 검사하는 방법을 무엇이라 하는가?

① BBT(Bare Board Test) ② 회로 시험기(Circuit Test)
③ 동작시험(Function Test) ④ 비아 홀 검사(Via-Hole Test)

해설 BBT(Bare Board Test)의 개념
- 부품 실장 전 가공 완료된 PCB에서 모든 랜드 · 네트를 프로브로 접촉해 단락 · 단선 이상을 검출함
- 설계 넷리스트와 대조해 오픈 · 쇼트 · 누락 패턴 등을 전기적으로 확인함
- 장비는 베드오브네일즈 또는 플라잉 프로브 방식을 사용함
- 회로시험기 · 동작시험은 실장 후 검사, 비아 홀 검사는 주로 치수 · 외관 검사에 해당함

45 전자기기 제작 시 PCB 사용의 장점이 아닌 것은?

① 오배선의 우려가 적다.
② 제품의 균일성과 신뢰성이 높다.
③ 잡음, 온도 등이 안정 상태를 유지한다.
④ 소량 다품종 생산의 경우 제조단가가 낮아 진다.

해설 PCB 사용 장점 판별
- PCB는 설계된 패턴으로 배선 오류 · 오배선 위험이 낮음
- 공정 표준화로 제품 균일성과 신뢰성이 높음
- 레이아웃 · 그라운드 · 구리면 설계로 잡음 억제와 열 분산에 유리함
- 소량 다품종은 초기 세팅 · 제작비 부담이 커 단가가 낮아지는 장점이 아님

정답 43 ③ 44 ① 45 ④

46 다음 중 다이오드의 규격을 결정하는 대표적인 데이터로 거리가 먼 것은?

① 최대 인덕턴스   ② 최대 역방향 전류
③ 최대 순방향 전압   ④ 최대 순방향 전류

> **해설** 다이오드 규격 주요 항목
> • 규격은 보통 최대 순방향 전류 IF, 최대 역방향 전압 VR, 역방향 전류 IR, 정격 전력 등으로 결정됨
> • 순방향 전압 VF는 정해진 전류 조건에서의 전압강하로 손실 · 발열 평가에 중요함
> • 최대 역방향 전류는 역바이어스에서의 누설 한계로 신뢰성과 직결됨
> • 인덕턴스는 다이오드의 규격 지표가 아니므로 최대 인덕턴스는 규격 결정 항목과 거리가 멂

47 다음 중 정전압 특성을 이용하여 전압의 안정화에 사용되는 다이오드는?

① 정류 다이오드   ② 제너 다이오드
③ 터널 다이오드   ④ 스위칭 다이오드

> **해설** 정전압 다이오드의 용도
> • 제너 다이오드는 역바이어스 항복영역에서 거의 일정 전압을 유지함
> • 기준 전압원으로 사용되어 전원 라인의 전압 변동을 안정화함
> • 직렬 저항과 조합해 부하 변화에도 제너 전압을 유지함
> • 정류 · 스위칭 · 터널 다이오드는 정전압 유지 목적의 소자가 아님

48 PCB 기술에 관한 설명으로 옳지 않은 것은?

① PCB는 Printed Circuit Board의 약자이다.
② 초기에는 감광성 필름을 이용하여 패턴을 형성하였으나 요즘에는 스크린 인쇄법을 이용하여 제작하는 추세이다.
③ PCB는 일정 수준의 기계적인 강도와 제조 공정 중 가해지는 고온에 견딜 수 있는 내열성도 가지고 있어야 한다.
④ PCB는 전자부품을 전기적으로 연결해 주는 역할과 전자 부품과 기계적인 부품들을 고정시키는 지지대의 역할을 가진다.

> **해설** PCB 기술 설명 판별
> • 최근 패턴 형성은 감광성 레지스트(드라이필름 · LDI 등) 노광 · 현상 방식이 주류임
> • 스크린 인쇄는 주로 솔더마스크 · 실크 인쇄 등에 제한 적용되며 패턴 제작 추세가 아님
> • PCB는 전기적 연결과 기계적 지지 역할을 겸함
> • 제조 공정 온도 · 응력에 견딜 기계적 강도와 내열성이 요구됨

정답 46 ①   47 ②   48 ②

49 일반 쌍극성 트랜지스터의 단자가 아닌 것은?

① 이미터   ② 컬렉터
③ 게이트   ④ 베이스

> 해설 BJT 단자 식별
> - 일반 BJT의 단자는 이미터 E, 컬렉터 C, 베이스 B임
> - 게이트는 FET · MOSFET 등 전계효과 트랜지스터의 제어 단자임
> - BJT는 베이스 전류로 컬렉터~이미터 전류를 제어하는 전류구동 소자임
> - FET는 게이트 전압으로 드레인~소스 전류를 제어하는 전압구동 소자임

50 PCB설계 GL 회로도를 그릴 때 고려사항에 대한 설명으로 틀린 것은?

① 대각선과 곡선은 가급적 사용하지 않는다.
② 대칭으로 동작하는 회로는 전원회로를 기준으로 대칭되게 그린다.
③ 기호와 접속선의 굵기는 같게 한다.
④ 신호의 흐름은 가급적 왼쪽에서 오른쪽으로, 위에서 아래로 한다.

> 해설 회로도(GL) 대칭 배치 원칙
> - 대칭으로 동작하는 회로는 전원회로가 아니라 기능 중심 축 · 기준전위(GND) 또는 기준 신호선을 기준으로 좌우 대칭 배치함
> - 전 원망은 상단 VCC · 하단 GND 등으로 수직 배치해 가독성과 전원 분리를 확보하며 대칭의 기준으로 사용하지 않음
> - 대칭 배치는 신호 경로 · 쌍소자 비교 · 핀명 배치의 일관성을 높이기 위한 것이며 전원회로 기준 대칭과는 목적이 다름

51 그림은 무슨 밸브를 나타내는 기호인가?

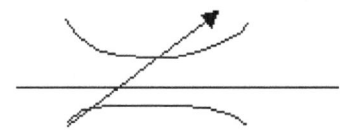

① 체크밸브   ② 교축밸브
③ 셔틀밸브   ④ 릴리프 밸브

> 해설 교축밸브 기호 판별
> - 대각선 화살표가 있는 가변 오리피스 표기로 유량을 제한 · 조절하는 밸브임
> - 체크밸브는 한 방향 흐름만 허용하는 역지 밸브 기호로 교축과 목적 · 표기가 다름
> - 셔틀밸브는 두 입력 중 높은 압력 하나를 선택하는 OR 기능으로 두 체크 기호 조합 형태임
> - 릴리프 밸브는 스프링 표기와 배출선이 있어 과압 시 배출하는 안전 밸브로 구분됨

🖋 정답   49 ③   50 ②   51 ②

52 솔레노이드 밸브의 특징에 대한 설명으로 옳지 않은 것은?

① 내구 수명이 길다.　　　　　② 전력 소모가 낮다.

③ 스위칭 시간이 길다.　　　　④ 접점 완성률이 높다.

> **해설** 솔레노이드 밸브 특징 판별
> - 솔레노이드 밸브는 전자석 구동 특성으로 응답이 빠르며 스위칭 시간이 짧음
> - 구조가 단순하고 마모 부품이 적어 내구 수명이 긴 편임
> - 코일 소비전력은 소형·파일럿식 중심으로 비교적 낮게 운용됨
> - 반복 구동 시 포트 전환의 재현성·완결성이 높아 접점 완성률이 높음

53 대기 압력이 0.9kgf/cm²일 때 공기 저장탱크의 압력계가 5kgf/cm²이다. 탱크의 절대압력은 몇 kgf/cm²인가?

① 5 kgf/cm²　　　　　　　　② 4.1 kgf/cm²

③ 5.9 kgf/cm²　　　　　　　④ 4.5 kgf/cm²

> **해설** 절대압력 계산
> - 압력계 표시 5 kgf/cm²는 게이지압으로 대기압을 기준으로 한 초과압임
> - 절대압력은 게이지압 + 대기압으로 계산함
> - 대기압 0.9 kgf/cm²이므로 절대압력 = 5 + 0.9 = 5.9 kgf/cm²임

54 다음 중 피스톤식 요동형 액추에이터 종류가 아닌 것은?

① 요크식　　　　　　　　　② 나사식

③ 크랭크식　　　　　　　　④ 베인식

> **해설** 피스톤식 요동형 액추에이터 구분
> - 피스톤의 직선 운동을 요크·크랭크·나사 기구로 회전 요동으로 변환함
> - 요크식은 스카치 요크 구조로 피스톤 스트로크를 회전각으로 변환함
> - 크랭크식은 피스톤 로드와 크랭크 링크로 회전운동을 얻음
> - 베인식은 피스톤이 없는 회전 베인 구조로 피스톤식 요동형에 해당하지 않음

55 피스톤과 실린더가 직접 접촉하지 않아 마찰이 적고, 오일이 필요 없는 경우가 많고 식료품 가공, 제약회사 등에 많이 사용되는 압축기는?

① 격판 압축기　　　　　　　② 베인 압축기

③ 스크루 압축기　　　　　　④ 피스톤 압축기

정답　52 ③　53 ③　54 ④　55 ①

> **해설** 무오일 공기용 격판 압축기
> - 격막이 공기와 구동부를 완전히 분리해 공기에 윤활유가 혼입되지 않음
> - 식품 · 제약처럼 청정 압축공기를 요구하는 공정에 적합함
> - 격막 · 밸브 상태 관리로 누설 · 오염을 예방하며 신뢰성이 확보됨
> - 베인 · 스크루 · 피스톤 직접 접촉식은 윤활유 혼입 가능성이 있어 무오일 용도에 부적합함

56 맥동 현상(stick slip)에 대한 설명으로 옳지 않은 것은?

① 유압 실린더 운동에서 흔히 나타난다.

② 공압 실린더에서 3mm/s 이하의 저속에서 발생한다.

③ 피스톤과 실린더의 접촉면 마찰과 공기의 압축성 때문에 발생한다.

④ 실린더가 조금 움직였다가 정지하고 또 조금 움직이는 현상이 반복되는 현상이다.

> **해설** 맥동(stick slip) 판별
> - 스틱슬립은 유압에서도 발생하나 윤활 · 감쇠 · 비압축성 특성으로 공압 대비 빈도가 낮아 '유압에서 흔히'라는 진술은 부적절함
> - 공압은 공기 압축성과 씰 마찰 영향으로 저속 영역에서 스틱슬립이 빈발하며 보통 수 mm/s 이하에서 두드러짐
> - 원인은 정지 마찰이 운동 마찰보다 큰 특성, 가이드 · 씰 마찰, 구동계 순응성 등에 의해 설명됨

57 터보형 공기 압축기의 설명으로 옳지 않은 것은?

① 무급유 설계가 가능하다.　　② 축류식과 베인식이 있다.

③ 공기 유동의 원리를 이용한다.　　④ 토출공기의 맥동 및 소음이 적다.

> **해설** 터보형 공기압축기 판별
> - 터보형은 동압축 방식으로 원심식과 축류식이 대표이며 베인식은 용적식에 해당함
> - 무급유 유로 설계가 가능해 청정 공기 공급 용도에 적합함
> - 임펠러로 속도를 올린 뒤 디퓨저에서 압력으로 전환하는 유동 원리를 이용함
> - 토출 맥동이 작고 소음 · 진동이 비교적 낮아 대용량 연속 운전에 유리함

58 방향제어 밸브에서 4/3-way 라 표시할 때 숫자의 의미로 옳은 것은?

① 3은 연결구의 수이다.　　② 3은 제어 위치 수이다.

③ 4는 변환 위치 수이다.　　④ 4는 작업 라인 수이다.

> **해설** 4/3-way 표기의 의미
> - 첫 숫자 4는 포트 수를 뜻함
> - 둘째 숫자 3은 스풀의 제어 위치 수를 뜻함
> - 4/3-way 밸브는 P · A · B · R의 4포트와 3개 위치를 가짐
> - 5/3-way는 포트 5개 · 위치 3개를 의미함

정답 　56 ①　57 ②　58 ②

59 압력에 대한 단위의 표시가 옳지 않은 것은?

① 1 bar는 105Pa이다.　　　　② 1 atm 1.01325 bar이다.
③ 1 bar는 1.01971 kgf/cm²이다.　④ 1 mmHg는 1.03323 kgf/cm²이다.

> **해설** 압력 단위 상호환산
> - 1 bar = 10⁵ Pa로 정의됨
> - 1 atm = 1.01325 bar로 환산됨
> - 1 bar ≈ 1.01971 kgf/cm²로 환산됨

60 PCB기판을 흡착하여 이송하고자 한다. 이때 진공압에 의하여 기판을 흡착하는 역할을 하는 것을 무엇이라 하는가?

① 패드　　　　　　　　　　② 소음기
③ 완충기　　　　　　　　　④ 브레이크

> **해설** 진공 흡착 패드의 역할
> - 진공압으로 PCB 표면을 흡착해 이송 · 고정 기능을 수행함
> - 패드 재질 · 직경 · 형상은 기판 표면 상태와 무게에 맞춰 선택함
> - 진공 라인 · 밸브 · 게이지와 연동해 흡착력과 해제 타이밍을 제어함
> - 패드 마모 · 오염은 흡착 불량과 낙하 위험을 유발하므로 정기 점검이 필요함

정답 59 ④　60 ①

전자부품장착기능사 기출문제
2015. 07. 19.

1과목 : SMT 개론

01 실장기(Mounter)의 노즐(Nozzle)에 관한 설명으로 틀린 것은?

① 헤드(Head) 끝 부분에 장착되어 있다.
② 부품의 종류에 맞도록 선택하여 사용된다.
③ 부품을 피더(Feeder)에서 흡착하여 기판에 탑재한다.
④ 미소 칩(Chip)은 집게(Gripper)로 된 노즐을 사용한다.

> **해설** Mounter 노즐의 기능과 적용
> - 노즐은 헤드 끝단에 장착되어 부품을 흡착 · 이송 · 실장함
> - 부품 크기 · 형상 · 재질에 맞춰 노즐 규격 · 재질을 선택해 사용함
> - 표준 칩류는 진공 흡착식 노즐로 피더에서 픽업해 기판에 탑재함
> - 그리퍼형은 커넥터 · 중량물 등 이형 부품에 사용되며 미소 칩에는 적용하지 않음

02 일반적인 SMT LINE을 구성한 것으로 옳은 것은?

① 로더 → 스크린 프린트 → 이형 칩 마운트 → 표준 칩 마운트 → 리플로우 → 언로더
② 로더 → 스크린 프린트 → 표준 칩 마운트 → 이형 칩 마운트 → 리플로우 → 언로더
③ 로더 → 스크린 프린트 → 표준 칩 마운트 → 리플로우 → 이형 칩 마운트 → 언로더
④ 로더 → 표준 칩 마운트 → 스크린 프린트 → 이형 칩 마운트 → 리플로우 → 언로더

> **해설** SMT 기본 라인 흐름
> - 일반 구성은 로더 → 스크린 프린트 → 표준 칩 마운트 → 이형 칩 마운트 → 리플로우 → 언로더 순서로 운용됨
> - 표준 칩은 고속 칩 마운터에서 대량 · 고속으로 먼저 실장됨
> - 커넥터 · QFP · SOP 등 이형 · 정밀 부품은 멀티기능 마운터에서 후공정으로 실장됨
> - 리플로우는 모든 부품 실장 완료 후 일괄 솔더링을 수행함

03 실장기술에서 실장부품의 발전방향으로 틀린 것은?

① 복합 부품화
② 소형화, 미소화
③ Lead 이형 부품화
④ IC Lead 의 fine pitch화

정답 01 ④   02 ②   03 ③

해설 SMT 실장부품 발전 동향

- 실장부품은 소형화 · 경량화 · 저프로파일로 발전함
- 기능 복합화 · 고집적화가 진행되어 모듈 · SiP 등 패키지 통합이 확대됨
- 미세 피치 · 고밀도 실장 요구로 BGA · CSP · QFN 등 리드리스 패키지 채택이 증가함
- Lead 이형 부품화는 자동화 · 리플로우 적합성 · 고밀도 구현에 역행하므로 발전방향이 아님

04 다음 중 리플로우 온도 프로파일에 영향을 미치는 요소 및 설명으로 틀린 것은?

① 선 공정 구성장비 : 리플로우 전의 구성장비 종류

② 리플로우 내의 배기 풍속 : 배기풍속의 빠르고 느림

③ 기판의 종류 : 재질, 크기 두께에 따라 열용량을 다르게 받음

④ 탑재 부품 및 실장 밀도 : 탑재부품의 크고 작음, 실장밀도의 높고 낮음

해설 리플로우 프로파일 영향 요인

- 프로파일은 리플로우 오븐 조건과 기판 · 부품의 열용량 · 열부하에 의해 결정됨
- 리플로우 내 배기 풍속의 빠름 · 느림은 열전달과 체류시간에 영향을 줌
- 기판 재질 · 크기 · 두께, 탑재 부품 크기 · 실장 밀도는 흡열량 차이로 프로파일을 변화시킴
- 리플로우 전 구성장비 종류는 열거동에 직접 영향을 주는 요소가 아니므로 제시 설명이 부적절함

05 일반적인 메탈마스크의 스텐실 두께로 옳은 것은?

① 0.05~0.1 mm ② 0.12~0.2 mm

③ 0.25~0.33 mm ④ 0.4~0.48 mm

해설 메탈마스크 스텐실 두께 기준

- 일반적인 범용 스텐실 두께 범위는 0.12~0.20 mm임
- 미세 피치 · 고밀도 패턴은 솔더 브리지 억제를 위해 0.10~0.12 mm로 얇게 적용함
- 대형 패키지 · 파워 소자 등 솔더량이 필요한 경우 0.20 mm 이상을 사용하기도 함
- 최적 두께는 패드 개구율 · 피치 · 부품 높이 · 솔더 페이스트 특성 · 기판 평탄도 등을 종합해 결정함

06 스크린 프린터(Screen printer)의 설명 중 틀린 것은?

① 스크린 프린터에서 backup pin은 필요가 없다.

② 스크린 프린터의 종류에는 전자동, 반자동, 수동이 있다.

③ 스퀴지(Squeeze)로 일정한 압력을 가하면서 크림솔더를 이동시킨다.

④ 납(Solder mask), 칩 Bond 등 스크린 마스크(Screen mask)를 이용하여 프린트 한다.

 정답 04 ① 05 ② 06 ①

해설 스크린 프린터 기본
- 백업핀은 얇은 PCB 처짐·뒤틀림을 방지해 평탄 지지와 인쇄 두께 균일 확보에 필수임
- 스크린 프린터는 전자동·반자동·수동 형식으로 구분됨
- 스퀴지 압력·속도로 크림솔더를 스텐실 개구에 충전해 전사함
- 솔더페이스트·칩본드·솔더마스크 등은 스크린·스텐실을 이용해 도포함

07 아래 온도 프로파일에 대한 설명 중 틀린 것은?

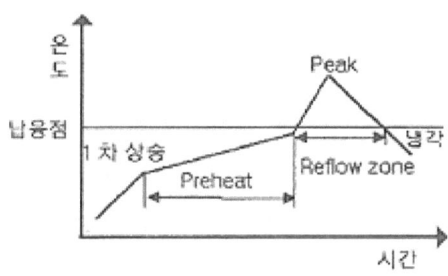

① 1차 상승은 휘발 성분을 없앤다.
② Preheat 구간은 일정한 온도 (150℃ 전후)를 유지하며, Flux를 활성화시킨다.
③ 접합강도를 높이기 위해서는 빠른(급격) 냉각보다는 늦은(완만) 냉각이 유리하다.
④ Peak 온도는 부품이 사양을 고려하여 설정하되 일반적으로 210~220℃ [무연 납 : 230~250℃] 이내에서 설정한다.

해설 리플로우 온도 프로파일
- 1차 상승 구간은 솔더 페이스트 용제를 증발시켜 휘발 성분 제거와 솔더볼 억제를 수행함
- 프리히트 구간은 150℃ 전후에서 기판·부품을 균일 예열하고 플럭스를 활성화함
- 접합강도 향상에는 완만 냉각보다 급격 냉각이 유리함
- 피크 온도는 부품 사양을 고려하되 유연 210~220℃, 무연 230~250℃ 범위에서 설정함

08 IC 사용 및 보관 방법 중 틀린 것은?

① 보관소는 접지를 사용한다.
② 습도를 60~100%로 유지한다.
③ 포장 개봉 후 가급적 48시간 이내에 사용한다.
④ 개봉된 IC는 드라이 (Dry)함에 보관한다.

해설 IC 보관·취급 기본
- 보관소와 작업자는 접지 적용으로 ESD 위험을 낮춤
- 습도는 낮게 관리하며 MSL 기준에 따라 건식 보관·제습제·HIC를 사용함
- 포장 개봉 후에는 가급적 48시간 이내 사용 또는 재포장·베이킹으로 노출 시간을 관리함
- 개봉품은 드라이 캐비닛 등 건조 환경에서 밀봉 보관함

정답 07 ③ 08 ②

09 SMT를 이용하여 생산할 경우 단점이 아닌 것은?

① 고밀도로 Total cost를 절감한다.
② 공정의 System 화로 집중적인 투자 경비가 필요하다.
③ 새로운 부품의 개발 및 설비의 향상으로 변화에 대응하여야 한다.
④ 부품의 소형화, IC lead 의 협소 등으로 불량 수정 및 재작업이 어렵다.

> **해설** SMT 적용 시 장단점
> • 고밀도 실장으로 공간 효율 · 공정 효율을 높여 총비용 절감이 가능함
> • 공정의 시스템화와 자동화 설비 도입으로 초기 투자비가 큼
> • 신형 부품 · 장비 도입 주기가 짧아 지속적인 대응이 필요함
> • 소형화 · 미세 피치로 리워크와 불량 수정이 어렵게 됨

10 온도프로파일 측정 주기 및 관리에 대한 설명 중 틀린 것은?

① 온도 프로파일의 측정주기는 1회/일 및 생산모델 변경 시 측정한다.
② 측정된 온도 프로파일은 표준 온도 프로파일과의 적합성을 비교한다.
③ 온도 프로파일 측정용 샘플(열전쌍이 접속된 기판)은 재사용하면 안된다.
④ 온도 프로파일 측정용 샘플(열전쌍이 접속된 기판)은 모델별로 관리 보관한다.

> **해설** 온도 프로파일 측정 · 관리
> • 측정 주기는 1회/일과 생산모델 변경 등 조건 변화 시 수행함
> • 측정값은 표준 프로파일과 비교해 예열 · 소크 · 피크 · TAL 등 허용 범위를 점검함
> • 열전쌍이 접속된 샘플 기판은 손상 · 변형이 없으면 재사용 가능함
> • 샘플 기판은 모델별로 식별 · 관리하여 이력 추적성과 일관성을 유지함

11 다음 중 부품을 자동 삽입하는 공정용어는?

① loader   ② radial
③ reflow   ④ routing

> **해설** 자동 삽입 공정 용어
> • Radial은 방사형 리드 부품을 자동으로 삽입하는 공정 명칭임
> • Loader는 기판을 투입하는 장치 · 공정으로 삽입 공정이 아님
> • Reflow는 실장 완료 후 솔더를 용융 · 접합하는 공정임
> • Routing은 기판 절단 · 디패널링 공정으로 삽입 공정이 아님

정답 09 ①   10 ③   11 ②

12 표준 칩 마운트(Chip Mounter)의 설명으로 옳은 것은?

① 표준화되지 않은 여러 가지 부품을 실장하는 장치이다.

② 표준화된 부품과 이형부품을 실장하는 다기능 장치이다.

③ 표준화되지 않은 이형 type의 부품과 lead 부품을 실장하는 장치이다.

④ 표준화된 부품을 실장하는 장치를 말하며 고속 마운트라고도 말한다.

> **해설** 표준 칩 마운터의 정의
> - 표준화된 SMD 칩 부품을 고속으로 대량 실장하는 장치임
> - 다수의 헤드 · 노즐과 고속 피더를 사용해 택타임을 최소화함
> - 커넥터 · QFP · BGA 등 이형 · 정밀 부품은 다기능 마운터에서 후공정으로 실장함
> - 표준 칩 마운터는 칩 실장기 · 고속 마운터라고도 불림

13 실장공정 환경 중 온도관리 조건으로 알맞은 것은?

① 10~15℃
② 15~22℃
③ 22~27℃
④ 27~32℃

> **해설** 실장공정 환경 온도
> - SMT 작업장은 일반적으로 22~27℃ 범위를 권장함
> - 온도 안정화는 크림솔더 점도 · 인쇄 재현성 · 퍼짐성 유지에 유리함
> - 과저온 · 과고온은 패드 젖음 · 브리징 · 보이드 등 불량 위험을 높임
> - 온도는 습도 관리(40~60%)와 함께 유지해 정전기 · 수분흡습 문제를 억제함

14 리플로우 가열방식 중 대류 작용을 이용한 것은?

① 열풍방식
② IR 가열방식
③ 증기 가열방식
④ 레이저 가열방식

> **해설** 리플로우 가열 방식
> - 열풍방식은 가열 공기를 순환시켜 대류 열전달로 기판 · 부품을 가열함
> - IR 방식은 복사열을 이용하며 그림자 효과와 선택 가열 특성이 존재함
> - 증기상 방식은 포화 증기 응축잠열로 가열되어 온도 오버슛 억제에 유리함
> - 레이저 방식은 특정 부품 · 영역을 국부적으로 복사 가열함

15 전자 부품 실장 및 납땜 후 랜드 또는 부품 주변에 납볼이 있는 불량은?

① Solder ball
② Solder 과다
③ Solder 과소
④ 맨하탄

정답 12 ④ 13 ③ 14 ① 15 ①

해설 납볼(Solder ball) 불량
- 리플로우 후 랜드 · 부품 주변에 구형의 납 입자가 산발적으로 남은 상태를 의미함
- 원인은 과다 인쇄 · 스텐실 개구/벽면 상태 불량 · 페이스트 수분/용제 잔존 · 급격 가열에 의한 스패터 발생 등임
- 대책은 스텐실 두께/개구 최적화, 스퀴지 압력 · 속도 보정, 프리히트로 용제 안정 증발, 리플로우 램프업 완화 · 피크 관리임
- 납볼은 세정성 저하 · 브리징 유발 · 신뢰성 저하로 이어지므로 발생 시 즉시 원인 제거와 리워크 · 세정이 필요함

16 다음 중 인쇄기 항목이 아닌 것은?

① 에칭 (Etching)
② 스퀴즈 (Squeeze)
③ 메탈마스크 (Metal mask)
④ 석션 블록 (Suction block)

해설 스크린 인쇄기 구성요소 판별
- 스크린 인쇄기는 스퀴지 · 메탈마스크(스텐실) · 석션 블록(진공 지지) 등으로 구성됨
- 에칭은 PCB나 스텐실 제작의 식각 공정으로 인쇄기 항목이 아님
- 스퀴지는 크림솔더를 개구에 충전하도록 압력 · 속도를 제어함
- 석션 블록은 기판을 흡착 고정 · 평탄 지지해 인쇄 정밀도를 확보함

17 마운터에서 발생하는 불량이 아닌 것은?

① 미장착
② 틀어짐
③ 솔더 부족
④ 부품 일어섬

해설 마운터 공정 불량 분류
- 마운터 공정 대표 불량은 미장착 · 틀어짐 · 부품 일어섬 등임
- 솔더 부족은 주로 인쇄공정 요인으로 스텐실 두께 · 개구 · 스퀴지 조건 · 페이스트 상태에 기인함
- 부품 일어섬은 본질적으로 리플로우 영향이 크지만 마운터 배치 높이 · 정렬 불량이 촉발 요인이 될 수 있음
- 따라서 솔더 부족은 마운터에서 발생하는 불량으로 분류하지 않음

18 리플로우 공정에서 솔더볼(Solder ball) 불량과 밀접한 온도 프로파일 구간은?

① 냉각구간
② 승온구간
③ 예열구간
④ 용융구간

해설 솔더볼과 온도 프로파일
- 솔더볼은 예열구간에서 용제 · 플럭스가 급격히 기화하며 스패터가 발생해 주로 유발됨
- 예열에서 점진 가열 · 소크로 휘발 성분을 안정 제거하면 솔더볼이 억제됨
- 예열 온도 · 시간 · 램프율 관리가 핵심이며 보통 150℃ 전후 소크와 1~3℃/s 램프업을 유지함
- 냉각 · 용융구간은 접합 형상 · 결정 구조에 더 영향을 주며 솔더볼의 주요 원인 구간이 아님

정답 16 ① 17 ③ 18 ③

19 리플로우(Reflow) 장비 사용 시 가장 중요한 공정조건으로, 솔더 조성, PCB 크기, 실장면적 등에 따라서 최적의 온도 변화 곡선을 설정하여 관리하는 것은?

① 가열 (Heating)
② 열전대 (Thermo couple)
③ 온도 프로파일 (Profile)
④ 리플로우 체커 (Reflow checker)

해설 **리플로우 온도 프로파일 관리**
- 온도 프로파일은 솔더 조성 · 기판 크기 · 실장 밀도 등에 맞춘 최적 온도 변화 곡선임
- 예열 · 소크 · 리플로우 · 냉각 각 구간의 온도 · 시간 · 램프율 · TAL을 관리함
- 프로파일은 합금별 피크 온도와 부품 내열 조건을 동시에 만족하도록 설정됨
- 열전대 · 리플로우 체커는 측정 · 검증 도구이며 공정조건 그 자체는 온도 프로파일임

20 다음 중 부품의 장착 순서가 올바르게 나열된 것은?

① 2012 커패시터 → 40mm QFP →BGA(Ball Grid Array) → 1005 저항
② 1005 저항 → 2012 커패시터 → 40mm QFP →BGA(Ball Grid Array)
③ 40mm QFP → 1005 저항 → 2012 커패시터 →BGA(Ball Grid Array)
④ BGA(Ball Grid Array) → 40mm QFP → 1005 저항 → 2012 커패시터

해설 **부품 장착 순서 원칙**
- 칩 저항 · 커패시터 같은 소형 · 저질량 부품을 먼저 실장해 페이스트 젖음 균형과 이동 위험을 낮춤
- 표준 칩은 고속 마운터에서 1005 → 2012 순으로 대량 실장함
- 대형 · 정밀 패키지인 QFP 등은 다기능 마운터에서 후공정으로 배치함
- BGA는 위치 정밀도 · 보이드 · 열부하 관리가 중요하므로 최종 단계에서 실장함

2과목 : 전자기초

21 다음 중 SMT의 구성장비가 아닌 것은?

① 로더
② 노광기
③ 칩 마운터
④ 스크린프린터

해설 **SMT 라인 구성 장비 판별**
- SMT 라인은 로더 · 스크린프린터 · 칩 마운터 · 리플로우 · AOI · 언로더로 구성됨
- 노광기는 포토리소그래피 공정 장비로 PCB 제조 단계에서 패턴 · 솔더마스크를 형성함
- SMT는 이미 제작된 PCB에 부품을 실장 · 납땜하는 조립 공정임
- 따라서 노광기는 SMT 구성장비가 아니며 나머지는 SMT 라인 장비에 해당함

정답 **19** ③ **20** ② **21** ②

22 크림솔더나 칩 본드를 인쇄하거나 도포한 기판에 각종 칩 부품을 장착하는 장비는?

① 디스펜서   ② 칩 마운터
③ 리플로우 경화로   ④ 솔더 인쇄기(스크린 프린터)

해설 **칩 마운터의 역할**
- 칩 마운터는 솔더 페이스트 인쇄 또는 칩 본드 도포가 끝난 기판에 칩 부품을 자동 배치함
- 디스펜서는 점착용 접착제나 플럭스를 도포하는 장비임
- 스크린 프린터는 메탈마스크로 크림솔더를 인쇄하는 장비임
- 리플로우 경화로는 실장 완료 후 솔더 용융 · 접합 또는 본드 경화를 수행함

23 솔더 페이스트 인쇄 작업 시 지켜야 할 사항에 대한 설명으로 틀린 것은?

① 생산해야 할 기판이 인쇄할 면과 메탈마스크가 맞는지 확인한다.
② 실내환경에 적응하도록 항상 스크린프린터 커버를 오픈시켜 놓고 작업해야 한다.
③ 냉장고에서 꺼내 솔더 페이스트는 뚜껑을 개봉하지 않고 라인의 실내온도와 일치하는 시간까지 상온 방치한다.
④ 주기적으로 메탈마스크 위의 납량을 확인하여 보충해주어야 하며 스퀴지 양쪽으로 밀려난 솔더 페이스트를 안쪽으로 밀어 넣는다.

해설 **솔더 페이스트 인쇄 기본**
- 기판 인쇄 면과 메탈마스크 일치 여부를 작업 전 확인함
- 냉장에서 꺼낸 페이스트는 결로 방지를 위해 개봉하지 않은 채 실온에 충분히 적응시킴
- 프린터 커버는 이물 · 건조 · 온습도 변동을 막기 위해 닫고 작업하므로 항상 오픈은 잘못됨
- 스텐실 위 페이스트 양을 주기적으로 점검 · 보충하고 양측으로 밀린 페이스트는 안쪽으로 모아 재혼합함

24 SMT 부품실장 시 장착점을 보정하기 위해 PCB기판에 만든 인식표는?

① Side mark   ② Clamp mark
③ Pattern mark   ④ Fiducial mark

해설 **Fiducial mark의 기능**
- 비전 시스템이 기준점을 인식해 좌표 · 회전 · 스케일 오차를 보정함
- 기판 공차 · 인쇄 변형 · 열팽창에 따른 장착 위치 편차를 상쇄함
- 글로벌 · 로컬 피듀셜을 병행 적용해 보드 전체와 부품 근처 기준을 제공함
- 노출 동 또는 도금 패드와 충분한 클리어런스를 확보해 인식 신뢰도를 높임

정답   22 ②   23 ②   24 ④

25 생산관리에서 누적되어있는 데이터 항목의 내용 중에 가동률을 나타내는 식은?

① (흡착 시간 / 흡착횟수)×100

② (흡착 정지 시간 / 흡착횟수)×100

③ (운전 시간 / 전원 on 시간)×100

④ (운전 정지 시간 / 전원 on 시간)×100

> **해설** 가동률 산정식
> - 가동률은 설비의 가용 시간 대비 실제 운전 시간의 비율임
> - 분모는 전원 on 시간 등 총 가용 시간으로 정의함
> - 분자는 생산에 실제 투입된 운전 시간임
> - 운전 정지 시간/전원 on 시간은 비가동률이며 흡착 관련 지표는 가동률과 무관함

26 다음 중 리플로우 납땜 시 발생되는 불량이 아닌것은?

① 오픈   ② 브리지

③ 솔더크랙   ④ 솔더 레지스트

> **해설** 리플로우 납땜 불량 판별
> - 리플로우 공정 대표 불량에는 오픈 · 브리징 · 솔더 크랙 · 맨하탄 등이 포함됨
> - 솔더 레지스트는 PCB의 솔더 마스크 층으로 비접합부 보호 · 브리징 억제 역할을 함
> - 솔더 레지스트는 재료 · 도막 상태를 뜻하며 불량 명칭으로 분류되지 않음

27 외부 환경으로부터 반도체 칩을 보호하고, PCB와 전기적으로 접속, 반도체 칩에서 발생하는 열 방출, PCB에 실장하기 쉬운 형태를 제공하는 것은?

① 패키지   ② 펠리클

③ 리드프레임   ④ 본디와이어

> **해설** 반도체 패키지의 역할
> - 외부 환경으로부터 칩을 보호하고 기계적 강도를 제공함
> - 리드 · 솔더볼 · 패드를 통해 PCB와 전기적 접속을 제공함
> - 히트슬러그 · 기판 · 몰딩 재료로 열을 방출해 신뢰성을 확보함
> - 리드프레임 · 본딩와이어는 패키지의 구성 요소이며 펠리클은 포토마스크 보호용임

정답   25 ③   26 ④   27 ①

28 다음 중 스크린프린터 공정에서 필요없는 요소는?

① 플럭스   ② 스퀴지
③ 메탈 마스크   ④ 솔더페이스트

> **해설** 스크린프린터 공정 요소 판별
> • 스크린 인쇄는 메탈 마스크와 스퀴지로 솔더페이스트를 개구에 충전해 전사함
> • 솔더페이스트에는 이미 플럭스가 포함되어 별도의 플럭스는 사용하지 않음
> • 별도 플럭스 도포는 웨이브 솔더 등 다른 공정에서 적용됨

29 장착 공정에서 장착 에러를 일으킬 수 있는 원인으로 보기 어려운 것은?

① 기판의 휨   ② 느린 흡착 속도
③ 부적절한 장착 높이   ④ 부품인식 에러(Error)

> **해설** 장착 에러 주요 원인 판별
> • 기판 휨은 보정 실패 · Z 오차로 좌표 편차와 틀어짐을 유발함
> • 부적절한 장착 높이는 페이스트 압궤 · 슬립으로 미장착 · 오프셋을 유발함
> • 비전 인식 에러는 부품 각도 · 좌표 보정 실패로 장착 오차를 유발함
> • 흡착 속도 느림은 주로 택타임 저하 요인이며 장착 에러의 직접 원인으로 보기 어려움

30 납땜 되어있는 부품이 전극과 land 사이에 크랙이 발생되는 원인은?

① Reflow 온도 Profile에서 예열구간이 길 경우
② Reflow 온도 Profile에서 예열구간이 짧을 경우
③ Reflow 온도 Profile에서 Peak 온도가 낮을 경우
④ Reflow 온도 Profile의 냉각구간에서 충격을 받을 경우

> **해설** 솔더 조인트 크랙 원인
> • 냉각 구간에서 진동 · 충격이 가해지면 전극~랜드 계면에 열응력 집중으로 균열이 발생함
> • 솔더와 전극 · 기판의 열팽창률 차이로 냉각 시 전단응력이 커져 크랙이 진행됨
> • 냉각 중 PCB 휨 · 처짐 · 충돌이 있으면 응고 중인 솔더가 파괴되어 균열이 확대됨
> • 대책은 냉각 단계의 충격원 제거 · 균일 냉각 확보 · 기판 지지 강화 · 피크와 TAL의 적정 관리임

31 플럭스의 역할이 아닌 것은?

① 청정화   ② 산화방지
③ 세척방지   ④ 재산화방지

정답   28 ①   29 ②   30 ④   31 ③

해설 플럭스의 기본 역할
- 금속 표면의 산화막 · 이물 제거로 접합면을 청정화함
- 가열 중 산소 차단 · 환원 작용으로 산화를 방지함
- 젖음성 향상 · 표면장력 저감으로 솔더 퍼짐과 접합을 촉진함
- 세척방지는 역할이 아니며 잔사 관리는 공정 조건과 플럭스 타입에 따라 세정 또는 무세정으로 운영함

32 다음 중 SMT 재작업 난이도가 가장 높은 반도체 부품은?

① TR   ② BGA
③ QFP   ④ TSOP

해설 BGA 재작업 난이도
- 솔더 접합부가 패키지 하부에 숨겨져 있어 가열 · 제거 · 정렬 난이도가 높음
- 적정 온도 프로파일 확보와 보드 · 패키지 변형 관리가 까다로움
- 접합 품질 확인에 X-ray 등 비파괴 검사 필요성이 높음
- 브리지 · 보이드 · 콜드조인트 등 결함 위험과 수율 저하 가능성이 큼

33 스크린 프린터(Screen printer)의 작업조건에 따른 결과가 틀린 것은?

① 메탈마스크를 세척하지 않아도 납 빠짐성 등 기타 품질에 영향이 없다.
② 크림 솔더는 냉장보관(5℃ 정도) 후 상온에서 2시간 정도 방치한 후 교반시켜 사용하여야 한다.
③ 크림 솔더는 인쇄 후 장시간(8시간 정도) 방치한 후 사용할 경우 솔더볼이 다량 발생할 수 있다.
④ 스퀴즈의 진행속도를 빠르게 할 경우 미세 Pitch 부분의 납 빠짐성에 영향을 주며 미납이 발생한다.

해설 스크린 프린터 작업조건과 품질
- 메탈마스크 미세청정은 납 빠짐성과 브리징 억제에 필수이므로 세척 불필요라는 진술은 오류임
- 크림솔더는 냉장 보관 후 개봉하지 않은 채 상온 적응 · 교반 후 사용함
- 인쇄 후 장시간 방치 시 용제 증발로 솔더볼 · 미인쇄 등 불량이 증가함
- 스퀴지 속도가 과도하면 개구 충전이 불량해 미세 피치에서 미납이 발생함

34 SMT In-line 설비 중 접착제 도포가 필요 없을 경우 생략 가능한 장비는?

① 디스펜서   ② 리플로우
③ 칩 마운터   ④ 스크린 프린터

정답 32 ②   33 ①   34 ①

> **해설** 디스펜서 생략 조건
> - 솔더 페이스트 인쇄로 부품 고정이 충분하면 접착제 도포 공정은 불필요함
> - 디스펜서는 웨이브 솔더 전면 실장이나 양면 보드에서 부품 고정을 위해 사용됨
> - 스크린 프린터 · 칩 마운터 · 리플로우는 표준 SMT 라인에서 기본 공정임
> - 접착제가 필요 없을 때는 디스펜서를 인라인에서 제외해 택타임을 단축함

35 다음 중 SMT(Surface Mount Technology)와 IMT(Insert Mount Technology)를 비교 설명한 것으로 틀린 것은?

① 부품 중량은 SMT가 IMT보다 가볍다

② 신호 전송은 SMT가 IMT보다 빠르다.

③ 실장 밀도는 SMT가 IMT보다 더 높다.

④ 인쇄회로기판은 SMT가 IMT보다 박형, 경량화가 어렵다.

> **해설** SMT vs IMT 비교
> - SMT는 리드가 짧고 부품이 작아 중량이 가벼움
> - SMT는 배선 길이가 짧아 신호 전송 특성이 우수함
> - SMT는 양면 · 고밀도 실장이 가능하여 실장 밀도가 높음
> - SMT는 박형 · 경량 기판 구현에 유리하므로 박형 · 경량화가 어렵다는 설명은 오류임

36 200V, 600W 정격의 커피포트에 200V의 전압을 1시간 동안 공급할 때 전력량은 얼마인가?

① 600 Wh

② 1200 Wh

③ 600 kWh

④ 1200 kWh

> **해설** 전력량 계산
> - 전력량은 전력 × 시간으로 계산함($E = P \times t$)
> - 정격 600 W 장치를 1시간 사용하므로 600 W × 1 h = 600 Wh
> - kWh로 환산하면 0.6 kWh임

37 DRY FILM을 녹여서 동박면으로 노출된 부분을 부식하면 납 도금된 패턴부분만 남게 되는 공정은 무엇인가?

① Etching

② Bevelling

③ Marking

④ Scrubbing

정답 35 ④ 36 ① 37 ①

해설 PCB 에칭 공정
- 드라이 필름으로 형성된 패턴을 기준으로 노출된 동박을 에천트로 용해 · 제거함
- 납 · 주석 도금층은 에칭 마스크로 작용해 회로 패턴을 보호함
- 비패턴 영역의 동박이 제거되어 납 도금된 패턴 부분만 남게 됨
- 과에칭 · 언더컷 방지를 위해 에천트 농도 · 온도 · 이송 속도 · 시간을 관리함

38 다음 중 2단자 전자 소자는?

① SCR
② SCS
③ GTO
④ DIAC

해설 2단자 전자소자 판별
- DIAC는 양방향 트리거 다이오드로 단자 수가 2개임
- SCR과 GTO는 애노드 · 캐소드 · 게이트의 3단자 소자임
- SCS는 애노드 · 캐소드와 두 게이트를 가진 4단자 소자임
- DIAC는 대칭 브레이크오버 특성으로 TRIAC 구동 등에 사용됨

39 반도체 p-n 접합 다이오드의 하나로서 부하의 변동 등에 의해 전류가 변화하여도 일정한 전압을 유지할 수 있는 정전압 다이오드는?

① 건 다이오드
② 제너 다이오드
③ 터널 다이오드
④ 가변용량 다이오드

해설 정전압 다이오드(제너 다이오드)
- 역바이어스 항복영역에서 거의 일정한 전압을 유지하는 소자임
- 전압 기준 · 레귤레이터 회로에서 기준전압원으로 사용됨
- 직렬 저항과 함께 사용하여 전류를 제한하고 동작점 · 제너 임피던스를 관리함
- 건 다이오드 · 터널 다이오드 · 가변용량 다이오드는 정전압 유지 목적의 소자가 아님

40 PCB로 구현하기 위한 기구 설계 단계에 해당하지않는 것은?

① 케이스 디자인
② PCB의 크기 결정
③ 부품간 배선패턴 설계
④ 부품의 조립방법 결정

해설 기구 설계 단계 판별
- 기구 설계는 케이스 외형 · 내부 구조 · 방열 · 체결 · 강성 등 하드웨어 구성을 결정함
- PCB 크기 · 고정 위치 · 커넥터 위치 · 부품 높이 제한 등 기계적 인터페이스를 정의함
- 조립 방법 · 조립 공차 · 나사 · 클립 · 스냅핏 등 생산성 고려 사항을 결정함
- 부품간 배선 패턴 설계는 전기적 PCB 레이아웃 단계로 기구 설계 범위가 아님

정답 38 ④ 39 ② 40 ③

3과목 : 공압기초

41 버랙터 다이오드의 역할은?

① 가변저항 ② 가변전류원
③ 가변인덕터 ④ 가변콘덴서

> **해설** 버랙터 다이오드의 기능
> • 역바이어스에 따른 공핍층 용량 변화를 이용해 가변 커패시터로 동작함
> • VCO · PLL · RF 튜너 · 가변 대역필터 등에서 전압 제어 튜닝 소자로 사용됨
> • 정상 동작은 역바이어스 영역에서 이루어지며 정전용량 C(V) 특성을 활용함
> • 선형성 · Q값 · 바이어스 전압 범위를 고려해 원하는 튜닝 범위를 설계함

42 12V 제너 다이오드를 사용한 그림과 같은 정전압 회로에서 a점의 전압이 30V 라면 저항 R은 얼마인가? (단, 제너 다이오드에 흐르는 전류는 30mA 이다.)

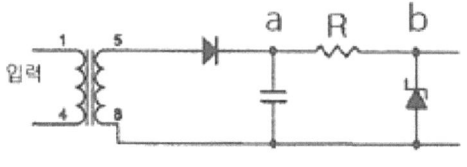

① 200 Ω ② 400 Ω
③ 600 Ω ④ 800 Ω

> **해설** 제너 정전압 회로 저항 계산
> • 제너 다이오드가 12 V로 클램핑하므로 b점 전압은 12 V로 일정함
> • a점 30 V와 b점 12 V 차이만큼 저항 R에 18 V가 걸림
> • 부하 전류가 없다고 두면 R 전류 = 제너 전류 = 30 mA가 됨
> • R = 18 V ÷ 0.03 A = 600 Ω임

43 공유결합으로 인하여 전기적으로 중성이 된 자리에 외부의 열에너지를 가하면 가전자는 공유결합에서 이탈되어 자유전자가 되는데 가전자가 이탈한 빈자리를 무엇이라 하는가?

① 정공 ② 도너
③ 캐리어 ④ 억셉터

> **해설** 정공의 의미
> • 공유결합에서 가전자가 열에너지로 이탈하면 남는 전자 공백을 정공이라 함
> • 정공은 양전하를 띤 유효 운반자로서 전류에 기여함
> • 도너는 전자를 제공하는 n형 불순물, 억셉터는 전자를 받아들이는 p형 불순물임
> • 캐리어는 전하 운반자 전체를 뜻하며 전자와 정공을 포함함

정답 41 ④ 42 ③ 43 ①

44 저항의 컬러 코드 표시에서 4번째 색은 오차허용 값을 나타낸다. 다음 중 오차 허용 값의 범위가 가장 큰 색은?

① 금색
② 은색
③ 적색
④ 갈색

> 해설 저항 컬러 코드 오차허용
> • 4번째 띠는 오차허용 값을 표시함
> • 금색은 ±5 %, 은색은 ±10 %, 갈색은 ±1 %, 적색은 ±2 %임
> • 값이 클수록 허용 오차가 넓어 정밀도가 낮음
> • 제시 색 중 은색의 ±10 %가 가장 큰 오차 범위임

45 회로도 작성을 위한 CAD 프로그램 사용으로 기대되는 효과로 가장 거리가 먼 것은?

① 배선패턴의 미세화에 대응
② 잘못 설계된 내용 수정 용이
③ 배선패턴 변경시 데이터 활용 용이
④ 수동 설계를 통한 회로도 정밀도 향상

> 해설 CAD 사용 효과 판별
> • CAD는 DRC · ERC · 오토 라우팅 · 그리드 스냅 등으로 미세 패턴 설계 대응과 정밀 재현성을 확보함
> • 설계 오류 수정과 리비전 관리가 용이하며 회로도 ↔ PCB 간 연계로 변경 반영이 빠름
> • 부품 라이브러리 · 넷리스트 · 템플릿 재사용으로 배선 변경 시 데이터 활용이 용이함
> • 수동 설계를 통한 정밀도 향상은 CAD 사용의 기대 효과가 아니며 오히려 CAD가 정밀 · 일관 설계를 지원함

46 다음 중 집적소자의 개수가 가장 많은 것은?

① LSI
② MSI
③ SSI
④ VLSI

> 해설 집적도 분류
> • 집적도는 SSI 〈 MSI 〈 LSI 〈 VLSI 순으로 증가함
> • SSI는 수~수십 게이트, MSI는 수백~수천 게이트 수준임
> • LSI는 수만 이상, VLSI는 수십만~수억 트랜지스터 수준의 매우 고집적임
> • 따라서 집적소자 수가 가장 많은 것은 VLSI임

정답 44 ② 45 ④ 46 ④

47 CAD 기술에서 다루는 자동설계와 대화형 설계를 비교할 때 자동설계에 대한 설명으로 가장 거리가 먼 것은?

① 설계 전에 작성할 데이터가 많다.
② 작업자에 의해 데이터 수정이 즉시 이루어진다.
③ 자동배선기능을 이용하여 배선작업을 수행한다.
④ 사전에 필요한 데이터가 준비되어 있으면 설계 후의 검사작업이 적어진다.

> **해설** CAD 자동설계 특성
> • 자동설계는 규칙 · 제한 · 라이브러리 등 사전 데이터 준비가 많음
> • 데이터 수정의 즉시 반영은 대화형 설계의 특징이며 자동설계의 일반적 속성이 아님
> • 자동배선기능 등 알고리즘 기반으로 배선 · 배치 작업을 수행함
> • 사전 데이터가 충분하면 설계 후 검사 · 수정 작업 부담이 줄어듦

48 어떤 단면적에 1초 동안 1.24X1015개의 전자가 통과하였다면 전류는 약 얼마인가?

① 0.2mA
② 2mA
③ 20mA
④ 200mA

> **해설** 전류와 전하량 계산
> • 전류는 단위시간당 이동한 전하량으로 $I = Q/t = n \cdot e/t$ 임
> • $n/t = 1.24 \times 10^{15} s^{-1}$, 전자 1개의 전하 $e = 1.602 \times 10^{-19}$ C 임
> • $I = 1.24 \times 10^{15} \times 1.602 \times 10^{-19} = 1.98648 \times 10^{-4}$ A 임
> • 1.98648×10^{-4} A $= 0.198648$ mA ≈ 0.2 mA 임

49 PCB 조립 후 제거되는 조립 덧살 활용방법으로 부적합한 것은?

① PCB 도번이나 이슈 관리를 한다.
② 각종 테스트용 패드를 만들 수 있다.
③ V-컷트 작업으로 인접 PCB와 결합하여 사용할 수있다.
④ PCB 덧살 부위에 더미 패드를 형성하여 PCB 웨이브 솔더링시 PCB 휨을 방지할 수 있다.

> **해설** 조립 덧살 활용 판별
> • 덧살은 생산 · 검사 편의용 프레임으로 도번 인쇄 · 이슈 표기 등 관리 정보 부여에 활용함
> • 공정 검증 · ICT/FP 테스트용 패드 · 쿠폰 형성에 활용함
> • 웨이브 솔더링 시 더미 패드 · 씨브(Thieving) 패턴을 배치해 휨 · 브리징을 억제함
> • V-컷으로 인접 PCB를 결합해 재사용하는 것은 공정 목적 · 치수 정합에 부적합

정답 47 ② 48 ① 49 ③

50 비안정 멀티 바이브레이터 회로를 구성하고 주기를 측정하였더니 0.05초로 계측되었다면 이 회로의 주파수는 얼마인가?

① 10Hz
② 20Hz
③ 30Hz
④ 50Hz

해설 비안정 멀티바이브레이터 주파수
- 비안정 멀티바이브레이터는 외부 트리거 없이 지속 발진함
- 측정 주기 T = 0.05 s 임
- 주파수는 f = 1/T = 1/0.05 = 20 Hz 임
- 단위 확인 시 주기는 s, 주파수는 Hz 로 표기함

51 방향제어밸브 기호에 대한 설명으로 틀린 것은?

① 제어 위치는 사각형으로 나타낸다.
② 사각형의 개수는 제어위치의 개수를 나타낸다.
③ 유로는 직선으로 나타내고 화살표는 흐르는 방향을 나타낸다.
④ 밸브의 입구, 출구의 연결구는 사각형 안에 직선으로 표시한다.

해설 방향제어밸브 기호 원칙
- 제어 위치는 사각형으로 표현하며 각 사각형은 밸브의 위치 수를 의미함
- 사각형 내부의 화살표는 유로의 연결과 흐름 방향을 나타내고 막힘은 T자 표시로 나타냄
- 포트는 P · T · A · B 등으로 사각형 바깥에 표기되고 외부 배관선이 사각형의 변에 접속됨
- 입구 · 출구 연결을 사각형 안에 직선으로 그리는 표기는 잘못됨

52 공압제어 밸브와 공압 액추에이터 등을 조작하기 위하여 기기에 직접 연결되는 라인은?

① 배기 라인
② 이송 라인
③ 제어 라인
④ 토출 라인

해설 공압 배관 라인 구분
- 제어 라인은 밸브의 파일럿 포트 · 액추에이터에 직접 연결되어 동작 신호 압력을 전달함
- 배기 라인은 사용 후의 공기를 대기로 배출하는 라인임
- 이송 라인은 공기 공급 · 분배의 주 라인으로 제어 신호 직접 전달 라인이 아님
- 토출 라인은 구동부에서 배출되는 유량 경로를 의미하며 제어 라인과 구별됨

정답 50 ② 51 ④ 52 ③

53 밸브의 복귀방식 중 밸브 본체 내에 내장되어 있는 스프링력으로 정상상태로 복귀시키는 방식은?

① 디텐드 방식   ② 메모리 방식

③ 스프링 복귀방식   ④ 공압 신호 복귀방식

> **해설** 밸브 복귀 방식 개요
> - 스프링 복귀방식은 밸브 본체 내 스프링력으로 에너지원 제거 시 정상 위치로 자동 복귀함
> - 디텐트 방식은 기계적 래치로 위치를 유지해 외력 작용 전까지 복귀되지 않음
> - 메모리 방식은 내부 유지 구조로 상태를 보존해 스프링 복귀와 구분됨
> - 공압 신호 복귀방식은 파일럿 압력으로 복귀하며 스프링 없이 외부 신호가 필요함

54 공압 장치의 특징으로 틀린 것은?

① 위치제어성이 좋다.

② 균일한 속도를 얻기 힘들다.

③ 사용에너지를 쉽게 구할 수 있다.

④ 전기나 유압에 비해 큰 힘을 낼 수 없다.

> **해설** 공압 장치 특징
> - 공기 압축성과 마찰 영향으로 정밀 위치 제어 · 미세 정지 재현성이 낮음
> - 압력 변동 · 부하 변화로 속도 일정 유지가 어려움
> - 에너지원은 압축공기로 공장 설비에서 공급이 용이함
> - 출력력은 동일 크기 대비 유압보다 작고 대형 전동기 대비 한계가 존재함

55 수증기가 응축되어 생긴 물로, 공기압축기로부터 새어 나온 윤활유나 산화 생성물로 된 윤활유 등 여러 가지 불순물이 섞인 액체 상태의 것은?

① 드레인   ② 물기둥

③ 수은주   ④ 이슬점

> **해설** 드레인(응축수) 정의
> - 압축공기 계통에서 수분이 응축되어 형성된 액상 혼합물임
> - 윤활유 · 산화 생성물 · 먼지 등 각종 불순물이 섞인 오염수임
> - 에어 드라이어 · 수분 분리기 · 드레인 트랩 등을 통해 자동 배출함
> - 적정 배출이 이루어지지 않으면 배관 부식 · 밸브 고장 · 제품 오염을 유발함

정답   53 ③   54 ①   55 ①

56 유압유가 교축부를 통과할 때 발생하는 현상이 아닌 것은?

① 열 에너지가 증가한다.　　　　② 압력 에너지가 증가한다.

③ 유체의 속도가 증가한다.　　　④ 운동 에너지가 증가한다.

> **해설** 교축부 통과 시 에너지 변화
> - 교축부 통과 시 유체 속도가 증가하고 운동에너지가 증가함
> - 베르누이와 점성손실로 압력에너지는 감소하며 일부가 열에너지로 전환됨
> - 미세 오리피스의 마찰로 온도 상승 경향이 나타남
> - 따라서 압력에너지 증가라는 설명은 교축 통과 현상과 부합하지 않음

57 공기온도 32℃, 상대습도 70%, 압축기가 흡입하는 공기유량이 12m³/min일 때, 수증기량은 약 몇 g/m³인가? (단, 32℃에서의 포화수증기량은 33.8g/m3이다.)

① 20.43　　　　　　　　　　　② 23.66

③ 24.55　　　　　　　　　　　④ 25.83

> **해설** 상대습도 기반 수증기량 계산
> - 32℃ 포화수증기량은 33.8 g/m³ 임
> - 실제 수증기량 = 상대습도 × 포화수증기량 = 0.70 × 33.8 = 23.66 g/m³ 임

58 다음 공압밸브에 대한 설명 중 틀린 것은?

① 감압 밸브 : 고압의 압축공기를 낮은 일정의 적정한 공기압력으로 감압해서 안정한 압축공기를 공압기기에 공급하는 밸브

② 릴리프 밸브 : 공압회로 내의 공기압력이 규정이상이 공기압력으로 될 때에 공기압력이 상승하지 않도록 대기와 다른 공압회로 내로 빼내주는 밸브

③ 시퀀스 밸브 : 공압회로 내의 공기압력에 따라 다른 회로의 작동 순서를 제어하는 밸브

④ 무 부하 밸브 : 공기압력을 검출해서 설정치와 비교하여 전기접점을 개폐함으로써 전기신호를 내는 밸브

> **해설** 공압 밸브 기능 판별
> - 감압 밸브는 고압을 낮은 일정 압력으로 조정해 안정 압력 공급을 수행함
> - 릴리프 밸브는 회로 압력이 설정치 이상일 때 대기 등으로 배출해 과압 상승을 방지함
> - 시퀀스 밸브는 압력 조건을 트리거로 다른 회로의 동작 순서를 제어함
> - 무부하 밸브 설명에 제시된 전기접점 개폐 장치는 압력 스위치에 해당하므로 틀림

정답 56 ②　57 ②　58 ④

59 각종 플랜트 및 고로와 같은 대용량에 적합한 공기압축기는?

① 베인형 압축기   ② 터보형 압축기

③ 스크루식 압축기   ④ 피스톤식 압축기

> **해설** 대용량 설비용 공기압축기
> - 터보형은 원심 · 축류 방식으로 대유량 연속 압축에 적합함
> - 맥동이 작고 효율이 높아 플랜트 · 고로 등 대용량 공급에 유리함
> - 피스톤 · 스크루 · 베인형은 중소용량 · 고압 소유량 등 다른 용도에 주로 적용됨
> - 대용량 운전에서는 에너지 효율 · 유지보수 · 예비기 구성 측면에서도 터보형 채택이 일반적임

60 아래 그림의 공압 제어 회로는?

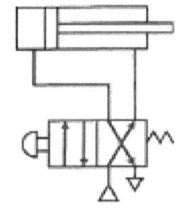 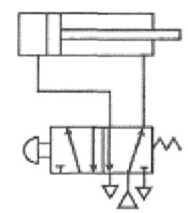

① 급속 배기 밸브 제어 회로   ② 단동 실린더의 간접 제어 회로

③ 복동 실린더의 방향 제어 회로   ④ 복동 실린더의 속도 제어 회로

> **해설** 복동 실린더 방향 제어
> - 복동 실린더는 양 실에 압력을 교대로 인가해 전진 · 후진을 수행함
> - 5포트 2위치 방향제어밸브가 P를 A/B로 전환해 왕복 동작을 제어함
> - 배기 포트 R · S를 통해 비작동측 공기를 배출해 회로가 완결됨
> - 실린더 양쪽과 밸브 포트의 연결 표기로 방향 제어 회로로 식별됨

정답 59 ② 60 ③

PART 03

전자부품장착기능사 예상문제 500제

전자부품장착기능사 예상문제 500제

001

직류 회로에서 전류(I)를 구하는 기본 공식은?

① I = V/R
② I = R/V
③ I = V²R
④ I = VR²

|해설| 옴의 법칙
- 전압(V), 전류(I), 저항(R)의 기본 관계는 I = V/R
- 전류는 저항에 반비례해 흐름　　　　　답 ①

002

정현파 교류의 실효값을 의미하는 것은?

① 파형의 평균값
② 파형의 최대값
③ 동일 열량을 발생시키는 직류값
④ 최소 전압값

|해설| 실효값 정의
- AC가 DC와 같은 열효과를 낼 때의 등가 전압
- Vrms = Vp / √2　　　　　답 ③

003

커패시터의 용량 단위는?

① H　　　　　　　② F
③ Ω　　　　　　　④ W

|해설| 캐패시턴스 단위
- 축전기의 전하 저장 능력은 패럿(F)
- μF, nF 단위 다양하게 활용
- 회로 내 지연 · 필터 · 결합에 사용됨
- SMT 칩 캐패시터에서도 동일 개념 적용　답 ②

004

인덕터의 특징으로 옳은 것은?

① 전류 변화에 저항　② 전압 변화에 저항
③ 주파수에 무관　　　④ 정전 용량이 크다

|해설| 인덕터 특성
- 인덕터는 전류의 급격한 변화를 억제
- 역기전력 발생
- 고주파에선 리액턴스 커짐
- 필터 · 전원 회로에 다수 사용됨　　　답 ①

005

교류 회로에서 진상(leading) 전류가 나타나는 소자는?

① 저항　　　　　　② 인덕터
③ 캐패시터　　　　④ 다이오드

|해설| 캐패시터 위상 특성
- 캐패시터는 전류가 먼저 흐르고 전압이 뒤따름
- 전류가 전압보다 앞서므로 진상
- 전력 · 역률 보상 관련 핵심 개념
- 인덕터는 지상(전압 선행)　　　　답 ③

006

교류 회로에서 "역률"을 의미하는 것은?

① 유효전력/전압
② 피상전력/유효전력
③ 유효전력/피상전력
④ 무효전력/유효전력

|해설| 역률 의미
- 실제로 일을 하는 전력 비율
- $\cos\theta$ = P/S
- 역률이 낮으면 전력 손실 증가　　　답 ③

007

반파 정류에서 평균 DC 전압값은?

① Vp
② Vp/2
③ Vp/π
④ Vp/√2

|해설| 반파 정류
- 정현파 반파를 직류로 만들면 평균값은 Vp/π
- 리플이 큰 정류 방식
- 가장 단순한 정류 회로 답 ③

008

브리지 정류기의 장점은?

① 변압기 필요 없음 ② 리플 전압 큼
③ 양 반주기 이용 ④ 역전압에 취약

|해설| 브리지 정류 특성
- 4개의 다이오드로 구성
- AC 전체를 DC로 변환
- 리플 적고 효율 좋음
- 전원 회로 기본 구조 답 ③

009

멀티미터로 저항을 측정할 때 주의점은?

① 회로 전원을 켜 둔다
② 병렬 연결된 저항을 제거한다
③ 측정 전 회로 전원을 끈다
④ 반드시 교류 범위를 사용한다

|해설| 저항 측정 주의
- 반드시 회로 전원을 차단 후 측정
- 전원이 켜지면 계기 손상 위험
- 병렬 요소는 측정값을 왜곡 답 ③

010

전자회로에서 커패시터의 직류 특성은?

① 전류가 계속 흐른다
② 일정 용량을 유지한다
③ 충전 후 전류가 흐르지 않는다
④ 저항처럼 동작한다

|해설| 커패시터 DC 특성
- 전하가 가득 차면 전류가 0이 됨
- DC 차단 기능
- 결합 · 필터 회로에서 핵심
- AC는 통과시키는 성질 답 ③

011

교류회로에서 "임피던스(Z)"의 단위는?

① Ω
② F
③ H
④ V

|해설| 임피던스 개념
- 교류에서 저항과 리액턴스를 모두 포함
- 단위는 저항과 동일하게 Ω
- 회로 주파수 특성을 결정
- 전원 · 필터 설계 기본 요소

012

직렬 RC 회로의 위상 특성은?

① 전류가 전압보다 뒤짐
② 전압이 전류보다 뒤짐
③ 동일 위상
④ 위상 변화 없음

|해설| RC 회로 위상
- 캐패시터 영향으로 전압이 전류에 뒤짐
- 전류가 앞서는 진상 특성
- 회로 설계 기준 지식
- 필터 · 정합 회로에 널리 활용 답 ②

013

퓨즈의 기본 역할은?

① 노이즈 감소 ② 과전류 차단
③ 전압 강하 보상 ④ 역률 향상

|해설| 퓨즈 기능
- 과전류가 흐르면 녹아 회로 보호
- 1회용 안전장치
- 설비 · SMT 장비 모두에 필수
- 전압 · 역률과 무관 답 ②

014

트랜스포머의 1차 · 2차 비율이 1:2이면?

① 전압 2배　　② 전류 2배
③ 전압 1/2　　④ 전력 2배 증가

|해설| 변압기 비율
- 권선비 = 전압비
- 1:2이면 2차 전압은 1차의 2배
- 전류는 반비례
- 전력은 이상적 경우 일정　　　　답 ①

015

정현파의 평균값은?

① 0　　　　② 1
③ Vp/2　　④ Vp/π

|해설| 정현파 평균
- 한 주기 평균은 0
- AC가 "교번하는 파형"임을 의미
- 직류 성분이 없음
- 파형 분석의 기본　　　　답 ①

016

인덕터의 교류 리액턴스는 주파수와 어떤 관계인가?

① 주파수와 무관
② 주파수 증가 시 감소
③ 주파수 증가 시 증가
④ 항상 일정

|해설| 인덕턴스 리액턴스
- XL = 2πfL
- 주파수 높을수록 인덕터 저항성 증가
- 필터 · 정합 설계 핵심
- 고주파 회로에서 큰 영향　　　　답 ③

017

커패시터의 교류 리액턴스는?

① 주파수 증가 시 증가
② 주파수 증가 시 감소
③ 변화 없음
④ 증가 후 감소

|해설| 커패시턴스 리액턴스
- XC = 1/(2πfC)
- 주파수 높을수록 XC 감소
- AC 결합 회로에 다수 사용
- 인덕터와 반대 특성　　　　답 ②

018

평활회로에서 커패시터의 역할은?

① 리플 제거　　② 전원 차단
③ 전압 증폭　　④ 파형 왜곡

|해설| 평활용 캐패시터
- 정류 전압의 리플을 줄여 DC에 가깝게 만듦
- 전원 품질 향상
- 용량 클수록 평활 효과 증가
- SMPS 기초 구조　　　　답 ①

019

LED의 특징으로 옳은 것은?

① 전류가 크면 밝기 감소
② 순방향에서 점등
③ 역방향에서 점등
④ 저항처럼 동작

|해설| LED 동작
- 다이오드의 한 종류로 순방향 전류에서 발광
- 역방향은 차단
- 보호저항 항상 필요
- SMT LED 칩도 동일 원리　　　　답 ②

020

전력(W)을 계산하기 위한 기본 공식은?

① $W = V + I$ 　　② $W = V \times I$
③ $W = V / I$ 　　④ $W = I^2 / V$

|해설| 전력 계산
- 전압 × 전류 = 전력
- $P = VI$
- 산업 · 장비 · 회로 모두 동일
- 가장 기본적인 전력 산정 공식　　답 ②

021

직렬 회로의 특징으로 알맞은 것은?

① 전류가 분배된다
② 전압이 분배된다
③ 모든 소자에 동일 전압
④ 임피던스가 0이 된다

|해설| 직렬 회로 특징
- 직렬 연결 시 전류는 동일
- 각 소자 전압은 저항 비에 따라 분배됨
- 병렬 회로와 반대 개념
- 기본 회로 분석의 필수 기초　　답 ④

022

병렬 회로의 특징은?

① 전압이 분배된다
② 전류가 동일하다
③ 전체 저항이 가장 큰 저항값보다 커진다
④ 전체 전압이 모든 소자에 동일하다

|해설| 병렬 회로 특징
- 병렬 연결 시 모든 소자에 같은 전압 인가
- 전류는 가지마다 다르게 흐름
- 전체 저항은 가장 작은 저항보다 작아짐
- 직렬과 병렬은 반대 성질　　답 ④

023

콘덴서의 저장 전하량(Q)을 결정하는 공식은?

① $Q = I \times t$ 　　② $Q = V \times R$
③ $Q = C \times V$ 　　④ $Q = V/R$

|해설| 전하량 계산
- $Q = CV$
- 커패시턴스가 클수록 더 많은 전하 저장
- 전압 높을수록 저장량 증가
- 충 · 방전 회로에서 핵심 개념　　답 ③

024

인덕터에서 발생하는 유도기전력 방향을 설명하는 법칙은?

① 쿨롱 법칙 　　② 옴의 법칙
③ 렌츠의 법칙 　　④ 패러데이 법칙

|해설| 렌츠의 법칙
- 유도기전력은 원인 변화에 반대 방향으로 발생
- "변화를 방해하는 방향"
- 인덕터 · 모터 · 발전기 원리의 기본
- 전자공학에서 필수 개념　　답 ③

025

교류회로에서 무효전력(Q)의 단위는?

① W 　　② VAR
③ VA 　　④ Wh

|해설| 무효전력 단위
- Q(무효전력)의 단위는 VAR
- 유효전력(P)은 W, 피상전력(S)은 VA
- 전력 삼각형 구성
- 산업 현장 전력 관리의 기초　　답 ②

026

정류회로에서 리플전압을 줄이기 위해 사용하는 것은?

① 인덕터 　　② 정전압 IC
③ 평활용 커패시터 　　④ 저항

|해설| 리플 제거
- 정류 후 리플파를 평활하기 위해 캐패시터 사용
- 용량이 클수록 리플 감소
- 전원부의 기본 구성
- SMPS에서도 같은 원리   답 ③

027

SCR을 턴온시키기 위한 조건은?

① 애노드 전류 0 유지
② 게이트 전류 인가
③ 역방향 전압 인가
④ 과도한 전압 차단

|해설| SCR 동작
- 게이트(G)에 트리거 전류를 주면 턴온
- 한 번 켜지면 전류가 흐르는 동안 유지
- 전력제어 · 조광기 등에서 핵심
- 역전압에서는 차단됨   답 ②

028

오실로스코프에서 파형의 주기를 구하기 위해 조절하는 것은?

① 트리거   ② 타임베이스
③ 수직 게인   ④ 프로브 감도

|해설| 타임베이스 기능
- 화면 한 칸당 시간 스케일 결정
- 주기 · 주파수 측정 시 필수
- 수직 게인은 전압 측정용
- 트리거는 파형 안정화 기능   답 ②

029

다이오드의 역방향 특성은?

① 일정 전압에서 급격한 전류 증가
② 순방향에서 전류 없음
③ 역방향에서 전압이 증가해도 전류 없음
④ 순방향에서 차단됨

|해설| 다이오드 역방향
- 역바이어스에서는 전류 거의 흐르지 않음
- 항복전압 도달 시 급격히 증가
- 순방향에서만 도통
- 정류/보호용 핵심 부품   답 ③

030

연산증폭기의 개루프(open-loop) 이득은?

① 매우 낮다   ② 약 1
③ 매우 높다   ④ 전압과 무관

|해설| OP-Amp 개루프 이득
- 10^4~10^6 등 매우 높은 이득
- 피드백을 걸어 사용
- 안정된 폐루프 이득을 만듦
- 센서 · 신호처리에 필수   답 ③

031

RC 직렬 회로의 시정수 τ는?

① $\tau = R/C$ ② $\tau = RC$
③ $\tau = R + C$ ④ $\tau = R - C$

|해설| RC 시정수
- $\tau = RC$
- 콘덴서 충 · 방전 속도 결정
- 시간 지연 · 필터 회로 기초
- SMT 적층 커패시터도 동일 개념   답 ②

032

저항 10Ω, 20Ω을 직렬 연결했을 때 등가저항은?

① 5Ω   ② 10Ω
③ 20Ω   ④ 30Ω

|해설| 직렬 합성
- 직렬 연결은 단순 합
- 10 + 20 = 30Ω
- 병렬에서는 역수 합   답 ④

033

10Ω과 20Ω을 병렬 연결했을 때 등가저항은?

① 30Ω   ② 15Ω
③ 6.67Ω   ④ 5Ω

|해설| 병렬 합성
- 1/Req = 1/10 + 1/20
- Req = 6.67Ω
- 병렬 회로는 전체 저항 감소
- 직렬과 확실히 구분 필요   답 ③

034

코일(인덕터)의 전류 변화 억제 현상을 설명하는 용어는?

① 필터링   ② 역기전력
③ 누설전류   ④ 전력손실

|해설| 인덕터 특성
- 전류 변화를 방해하는 역기전력 발생
- 변화율이 클수록 기전력 큼
- 전원 · 스위칭 회로에서 핵심
- 과도현상에 밀접하게 작용   답 ②

035

교류 전압의 최대값이 50V일 때 실효값은?

① 25V   ② 35.35V
③ 50V   ④ 70.7V

|해설| 실효값 계산
- Vrms = Vp / √2
- = 50 / 1.414
- ≈ 35.35V   답 ②

036

SCR이 OFF되는 조건은?

① 게이트 전류 증가
② 애노드-캐소드 전류 감소
③ 역전압 감소
④ 주파수 증가

|해설| SCR 차단 조건
- 애노드 전류가 유지전류 이하로 떨어지면 OFF
- 게이트는 ON 때만 영향
- 역전압, 주파수는 직접적 요인 아님   답 ②

037

AC에서 리액턴스(X)와 저항(R)의 합성으로 구성되는 값은?

① PI   ② VA
③ Z   ④ VT

|해설| 임피던스 Z
- $Z = \sqrt{(R^2 + X^2)}$
- 교류 회로의 전체 방해 요소
- 단위는 Ω
- 인덕터 · 커패시터 반응 포함   답 ③

038

오실로스코프의 트리거 기능을 사용하는 이유는?

① 입력 전압 증폭   ② 파형 고정
③ 전류 측정   ④ 대역폭 확대

|해설| 트리거 기능
- 파형을 화면에 안정적으로 고정
- 반복 신호를 일정 위치에서 시작
- 파형 분석에 필수
- 전압 증폭 기능은 아님   답 ②

039

다이오드의 순방향 전압강하가 가장 작은 것은?

① 실리콘   ② 제너
③ 쇼트키   ④ LED

|해설| 쇼트키 특징
- 금속-반도체 구조로 Vf가 매우 낮음(약 0.2~0.3V)
- 고속 스위칭 가능
- 실리콘은 약 0.7V
- LED는 더 큼   답 ③

040

콘덴서의 온도 특성이 나빠질 때 나타나는 문제는?

① 용량 증가   ② 펄스 전류 증가

③ 용량 변화 증가   ④ 대역폭 증가

|해설| 온도 특성 영향
- 온도 변화에 따라 캐패시턴스 변화 폭이 커지면 기능 불안정
- MLCC는 온도 특성이 등급별로 다름
- 고온에서는 누설 증가
- 필터 · 결합 회로 문제 유발   답 ③

041

교류 전력에서 유효전력을 나타내는 기호는?

① Q   ② S

③ P   ④ R

|해설| 유효전력 의미
- 실제 일을 하는 전력
- 단위는 W
- $P = VI\cos\theta$
- 역률과 직접 연관됨   답 ③

042

커패시터의 누설전류가 증가하면 나타나는 문제는?

① 용량 증가   ② 전력손실 증가

③ ESR 감소   ④ 필터 성능 향상

|해설| 누설 전류 영향
- 절연 저하로 전력 손실 증가
- 고온 환경에서 두드러짐
- ESR은 따로 관리되는 항목
- SMPS에서 큰 문제 요소   답 ②

043

자기유도에 관한 현상은?

① 타 회로에서만 발생

② 같은 코일 내 전류 변화로 기전력 발생

③ 정전 용량 증가

④ 전류 감소 시 없어짐

|해설| 자기유도
- 코일 자체의 전류 변화가 역기전력 발생
- 인덕턴스의 본질
- 릴레이, 모터 등에서 중요한 개념
- 정전용량과는 별개   답 ②

044

교류 회로에서 리액턴스가 0이 되는 경우는?

① 캐패시터 사용   ② 인덕터 사용

③ 저항만 존재   ④ SCR 사용

|해설| 순저항 회로
- R만 존재하면 리액턴스가 없음
- 위상 변화 0°
- 전력 인자 = 1
- 단순 전기적 부하   답 ③

045

인덕터 코일에 철심을 넣으면 생기는 효과는?

① 인덕턴스 감소   ② 인덕턴스 증가

③ 포화전류 감소   ④ 용량 증가

|해설| 철심 효과
- 자속 경로가 쉬워져 인덕턴스 증가
- 코일 수를 줄여도 동일 효과
- 변압기 · 인덕터 구조 기본
- 포화전류는 별도 특성   답 ②

046

정전기(ESD)의 전기적 특성은?

① 저전압 · 저전류   ② 고전압 · 저전류

③ 저전압 · 고전류   ④ 고전압 · 고전류

|해설| ESD 특성
- 수 kV~수십 kV의 고전압
- 전류는 짧고 작지만 IC 파괴 가능
- SMT 라인에서 엄격 관리
- 인력 · 장비에서 모두 중요   답 ②

047

다이오드의 순방향 전압(Vf)이 높아질 때의 영향은?

① 순전류 증가   ② 순전류 감소

③ 역전류 증가   ④ 정격전압 감소

|해설| Vf 영향
- 순전류는 Vf에 반비례로 흐름
- Vf가 높아지면 전류 감소
- LED 밝기도 감소
- 역전류 · 정격은 별개   답 ②

048

코일의 품질(Q) 요인은?

① 저항/리액턴스   ② 리액턴스/저항

③ 리액턴스×저항   ④ 전압/전류

|해설| 품질 계수 Q
- $Q = X_L / R$
- 손실이 적을수록(Q↑) 성능 우수
- RF, 필터 회로에서 중요
- 코일 저항이 낮을수록 Q 증가   답 ②

049

RMS 전압이 100V일 때 최대값(Vp)은?

① 70.7V   ② 100V

③ 120V   ④ 141.4V

|해설| Vp 계산
- $V_p = V_{rms} × \sqrt{2}$
  $= 100 × 1.414 = 141.4V$
- 교류 파형 공식 기본
- 파형 측정 필수지식   답 ④

050

효율이 80%인 회로에서 입력 전력이 100W이면 출력 전력은?

① 20W   ② 40W

③ 60W   ④ 80W

|해설| 효율 계산
- 효율 = 출력/입력 × 100
- 출력 = 입력×0.8 = 80W
- 전원회로 필수 계산
- 손실 고려한 실제값 산출   답 ④

051

저항 색코드에서 금색의 오차는?

① ±1%   ② ±2%

③ ±5%   ④ ±10%

|해설| 저항 색띠 규격
- 금색 = ±5%
- 은색 = ±10%
- 무색 = ±20%
- SMT 칩저항은 인쇄 숫자 사용   답 ③

052

커패시터의 ESR(등가직렬저항)이 커지면?

① 발열 증가   ② 용량 증가

③ 리액턴스 감소   ④ 누설전류 감소

|해설| ESR 영향
- ESR이 크면 고주파에서 발열 증가
- 회로 효율 저하
- MLCC · 전해 모두 ESR 중요
- SMT 리플 필터에서도 핵심   답 ①

053

인덕터의 에너지 저장량은?

① $W = \frac{1}{2}LI^2$ ② $W = \frac{1}{2}CV^2$

③ $W = VI$ ④ $W = I^2R$

|해설| 인덕터 에너지
- 전류 기반 저장
- L과 I에 비례
- 스위칭 전원서 필수 개념
- 커패시터는 전압 기반 저장   답 ①

054

교류에서 리액턴스의 위상각은?

① 항상 0°
② 항상 90°
③ 항상 −90°
④ 주파수에 따라 변함

|해설| 리액턴스 위상
- 인덕터: +90°
- 커패시터: −90°
- 통칭하여 "90°의 위상 발생 요소"
- 저항은 0°   답 ②

055

삼상 전원의 장점은?

① 전력 손실 증가
② 맥동이 커짐
③ 전압이 불안정
④ 큰 전력을 효율적으로 공급

|해설| 삼상 전원 특징
- 큰 전력을 안정적으로 전달
- 단상보다 효율 우수
- 산업기기 대부분 삼상 채택
- SMT 장비도 삼상 사용   답 ④

056

커패시터의 유전율(ε)이 증가하면?

① 용량 감소
② 용량 증가
③ ESR 증가
④ 누설 증가

|해설| 유전율과 용량
- $C = \varepsilon A / d$
- 유전율 높을수록 용량 커짐
- MLCC는 유전율 높은 세라믹 사용
- ESR · 누설과는 별개   답 ②

057

저항 병렬 연결 시 전체 전류는?

① 감소
② 증가
③ 변화 없음
④ 0이 된다

|해설| 병렬 전류
- 등가 저항이 작아져 전체 전류 증가
- 전압 동일 조건
- 회로 설계 기본
- 직렬과 대비되는 특징   답 ②

058

다이오드의 역방향 브레이크다운 전압에서 발생하는 현상은?

① 순방향 도통
② 전류 차단
③ 역전류 급증
④ 온도 저하

|해설| 항복 현상
- 역전압이 항복점 넘으면 역전류가 급증
- 제너 다이오드는 이를 이용
- 일반 다이오드는 파괴 위험
- 정류회로 보호에 중요   답 ③

059

교류에서 "피상전력(S)"의 단위는?

① W
② VA
③ VAR
④ V/W

|해설| 피상전력 단위
- S = VI
- 단위는 VA
- 유효전력(W), 무효전력(VAR)과 구분
- 산업 전원 분석에서 필수   답 ②

060

트랜지스터의 기본 동작 영역 중 증폭에 사용되는 영역은?

① 차단 영역
② 포화 영역
③ 활성(증폭) 영역
④ 역전 영역

|해설| 트랜지스터 증폭 영역
- 컬렉터 전류가 베이스 전류에 비례
- 선형 증폭이 가능한 구간
- 아날로그 증폭 회로의 기본
- 포화 · 차단은 스위칭 영역   답 ③

061

NPN 트랜지스터에서 베이스-에미터 전압(V_BE)의 일반적 값은?

① 약 0.2V   ② 약 0.3V
③ 약 0.7V   ④ 약 1.5V

|해설| B-E 전압
- 실리콘 트랜지스터 기준 약 0.7V
- 게르마늄은 약 0.3V
- 스위칭/증폭 조건을 결정
- LED Vf보다 낮음   답 ③

062

FET의 입력 임피던스는 트랜지스터에 비해?

① 매우 낮다   ② 비슷하다
③ 매우 높다   ④ 0에 가깝다

|해설| FET 특성
- 전압제어 소자로 입력 임피던스 매우 큼
- 게이트 전류 거의 흐르지 않음
- 고입력 회로에 적합
- BJT는 전류제어 소자   답 ③

063

반전 증폭기의 전압 이득(A_v)은?

① 1 + Rf/Rin   ② -Rf/Rin
③ Rin/Rf   ④ -1

|해설| 반전 증폭기 이득
- A_v = -Rf/Rin
- 입력과 출력이 위상이 반대
- 연산증폭기 기본 회로
- 비반전 증폭기와 구분   답 ②

064

트랜지스터 증폭기에서 바이패스 커패시터의 역할은?

① 교류 차단   ② 직류 결합
③ 교류 성분만 통과   ④ 고주파 손실 증가

|해설| 바이패스 캐패시터
- 에미터 저항의 AC 성분만 우회
- 이득 증가 효과
- DC는 그대로 유지
- 증폭 안정성 향상   답 ③

065

정전압 레귤레이터 IC(7805)의 출력 전압은?

① 3.3V   ② 5V
③ 9V   ④ 12V

|해설| 7805 특징
- +5V 정전압 출력
- 78xx 시리즈: 양전압
- 79xx 시리즈: 음전압
- 전원회로에서 가장 흔한 부품   답 ②

066

저역통과 필터(LPF)의 특징은?

① 고주파 통과   ② 저주파 통과
③ 모든 주파수 차단   ④ 교류 차단

|해설| LPF 특성
- 저주파는 통과, 고주파는 감쇠
- 인덕터 · 커패시터 조합
- 노이즈 제거에 사용
- 스위칭 전원 필터 기본 구조   답 ②

067

브리지 정류기에 사용되는 다이오드 수는?

① 1개   ② 2개
③ 3개   ④ 4개

|해설| 브리지 정류
- AC를 양주기 모두 정류
- 다이오드 4개 사용
- 전파정류 방식
- 리플이 적고 효율 높음   답 ④

068

전압분배기에서 출력전압 Vout은?

① $V \times R1/(R1+R2)$
② $V \times R2/(R1+R2)$
③ $V \times (R1+R2)/R1$
④ $V \times (R1-R2)/R1$

|해설| 전압분배 공식
- Vout = $Vin \times R2/(R1+R2)$
- 출력은 하단 저항에 비례
- 아날로그 회로에서 기본
- 센서 회로에 널리 사용 답 ②

069

논리회로 AND 게이트의 출력은?

① 입력 중 하나가 1이면 1
② 두 입력 모두 1일 때만 1
③ 입력과 반대로 출력됨
④ 항상 0 출력

|해설| AND 게이트
- 1 AND 1 → 1
- 그 외는 0
- 기본 디지털 논리
- OR, NOT과 함께 3대 기본 게이트 답 ②

070

슈미트 트리거 회로의 특징은?

① 히스테리시스 있음
② 선형 동작
③ 교류만 통과
④ 동작 안정성 낮음

|해설| 슈미트 트리거
- 상·하한 임계값(Hysteresis) 존재
- 잡음에 강함
- 펄스 형태 안정화
- 신호 정형화 회로 기본 답 ①

071

CMOS의 장점은?

① 소비전력 큼
② 노이즈 취약
③ 정지 시 소비전력 적음
④ 발열 심함

|해설| CMOS 특징
- 정지 시 거의 전력 소모 없음
- 게이트 누설 적음
- 고집적 회로의 핵심 구조
- TTL보다 소비전력 적음 답 ③

072

전압 비교기(Comparator)의 출력 특성은?

① 연속적 변화
② 아날로그 선형 출력
③ 0 또는 1의 디지털 출력
④ 전압 이득 크다

|해설| 비교기 특징
- 두 전압 비교해 논리적 0/1 출력
- OP-Amp 기반으로 구성
- 센서 스위칭 회로에서 사용
- 증폭기와 구분 답 ③

073

LED 구동 시 직렬로 넣는 저항의 목적은?

① 전압 상승   ② 과전류 제한
③ 전압 분배   ④ 발열 증가

|해설| LED 보호저항
- LED는 전류에 민감
- 과전류 제한이 필수
- Vf는 고정적
- 수명·밝기 안정화 목적 답 ②

074
OP-Amp의 이상적 특성은?

① 입력 임피던스 낮음
② 출력 임피던스 높음
③ 무한대의 이득
④ 오프셋 전압 큼

|해설| 이상적 OP-Amp
- 개루프 이득 → ∞
- 입력 임피던스 → ∞
- 출력 임피던스 → 0
- 실제는 모든 항목이 제한됨　　　답 ③

075
NOT 게이트의 특징은?

① 입력과 동일　　② 입력보다 두 배
③ 입력 반전　　　④ 항상 1 출력

|해설| NOT 게이트
- 입력의 논리값 반전
- 0 → 1, 1 → 0
- 가장 기본적인 반전 소자
- 트랜지스터 1개로 구성 가능　　답 ③

076
풀업 저항의 용도는?

① 입력을 0으로 고정
② 입력을 1로 안정화
③ 출력전압 상승
④ 출력전류 증가

|해설| Pull-up 기능
- 입력을 High 상태로 끌어올리는 역할
- 스위치 입력 처리에 자주 사용
- 풀다운은 반대
- MCU · 센서 입력에서 중요　　답 ②

077
반파 정류에서 다이오드 1개를 사용하는 이유는?

① 구조 단순　　② 효율 높음
③ 리플 적음　　④ 전압 두 배

|해설| 반파 정류 특징
- 다이오드 1개만 사용해 구조 단순
- 효율 낮고 리플 큼
- 가장 기본 정류 방식
- 실험 · 교육용으로 많이 사용　　답 ①

078
전자회로에서 커플링 커패시터의 역할은?

① AC 차단　　　② DC 성분 차단
③ 주파수 증가　④ 전력 증폭

|해설| 커플링 캐패시터
- DC를 차단하고 AC 성분만 전달
- 증폭기 · 오디오 회로에서 필수
- 신호 왜곡 방지
- 바이패스와 역할 구분 필요　　답 ②

079
BJT에서 전류 증폭률(β)은?

① IC / IB　　② IB / IC
③ IE / IC　　④ VBE / VCE

|해설| 전류 이득 β
- β = IC / IB
- 베이스 전류에 대한 컬렉터 전류 증폭 비율
- 증폭 성능 판단 기준
- 온도 · 상태에 따라 변함　　답 ①

080
MOSFET의 스위칭 속도가 빠른 이유는?

① 캐패시턴스가 크기 때문
② 게이트 전류가 거의 흐르지 않기 때문
③ 바이어스가 필요 없기 때문
④ 저항 소자이기 때문

|해설| MOSFET 속도
- 게이트 단락 전류가 거의 없어 충 · 방전 속도 빠름
- 고속 스위칭에 적합
- 스위칭 전원 · 인버터에 광범위 사용
- BJT보다 입력저항 매우 큼　　　　　　답 ②

|해설| SMPS 스위칭 소자
- MOSFET은 스위칭 속도 · 효율이 뛰어남
- 고주파 동작 가능
- BJTs는 속도 느림
- SCR/TRIAC은 교류 제어용　　　　　　답 ④

081
LED를 역방향으로 연결하면?

① 더 밝게 켜짐
② 소자가 파괴될 수 있음
③ 정상 동작함
④ Vf가 낮아짐

|해설| LED 역방향 특성
- 역방향 전압에 약해 쉽게 파괴
- 정류용 다이오드와 다름
- 보호저항 있어도 역방향은 위험
- 극성이 매우 중요　　　　　　답 ②

084
정류회로 후 전압 평활에 사용되는 것은?

① 인덕터만 사용
② 커패시터만 사용
③ 저항만 사용
④ LED 사용

|해설| 평활 기본
- 평활 캐패시터가 리플 감소
- 용량 클수록 효과 증가
- 인덕터는 초크필터에 사용
- 저항만으론 평활 효과 미약　　　　　　답 ②

082
NPN 트랜지스터에서 전류 흐름이 올바른 것은?

① 에미터 → 베이스 → 컬렉터
② 베이스 → 에미터 → 컬렉터
③ 컬렉터 → 에미터
④ 베이스 → 컬렉터

|해설| 트랜지스터 전류 흐름
- NPN에서 C → E 방향으로 전류 흐름
- B는 제어단
- E는 전류 배출단
- 구조 이해가 회로 해석의 첫 단계　　　　답 ③

085
논리회로에서 OR 게이트의 출력 조건은?

① 두 입력 모두 1일 때만 1
② 입력 중 하나라 도 1이면 1
③ 항상 0
④ 항상 1

|해설| OR 게이트
- 1 OR X → 1
- 기본 논리 구조
- AND/NOT과 함께 기본 3게이트
- 디지털 회로의 최소 단위　　　　　　답 ②

083
스위칭 전원(SMPS)에서 초핑 소자로 가장 많이 쓰이는 것은?

① SCR　　　　　② TRIAC
③ BJT　　　　　④ MOSFET

086
트랜지스터의 베타(β)가 큰 의미는?

① 입력 임피던스 낮다
② 출력 전압 넓다
③ 전류 증폭률이 크다
④ 주파수 특성 나쁘다

|해설| β 의미
- IC/IB 비율
- 클수록 증폭 능력 우수
- 전류제어형 소자 특성
- 온도에 따라 변동 가능   답 ③

087

전파 정류에서 출력 주파수는 입력 AC 주파수의 몇 배인가?

① 0.5배   ② 1배
③ 2배   ④ 4배

|해설| 전파 정류 특성
- 양 · 음 반주기를 모두 DC로 변환
- 리플 주파수가 2배
- 반파정류는 동일 주파수
- 평활 후 파형 품질 향상   답 ③

088

연산증폭기(OP-Amp)에서 입력 오프셋 전압이란?

① 출력 전압의 크기
② 입력을 0으로 만들기 위한 전압
③ 출력 부하 전압
④ 전원 차단 전압

|해설| 입력 오프셋
- 두 입력을 0으로 하기 위해 필요한 보정 전압
- 실제 OP-Amp의 비이상성
- 고정밀 회로에서 중요
- 온도 · 바이어스 영향 존재   답 ②

089

커패시터를 병렬로 연결하면?

① 용량 감소   ② 용량 증가
③ ESR 증가   ④ 전압 감소

|해설| 병렬 연결 효과
- $C_{total} = C_1 + C_2$
- 용량이 합산되어 증가
- 필터 성능 향상
- 인덕터는 직렬에서 증가   답 ②

090

인덕터를 직렬로 연결하면?

① L = L1 + L2   ② L = L1 × L2
③ L = L1 − L2   ④ 변화 없음

|해설| 직렬 인덕턴스
- 합성 인덕턴스 = 합
- 커패시터와 반대 특성
- 필터 · 스위칭 회로 구성 시 필요
- 병렬은 역수 합   답 ①

091

제너 다이오드는 어떤 용도로 사용되는가?

① 고속스위치   ② 역전압 보호
③ 정전압 유지   ④ 전력증폭

|해설| 제너의 역할
- 역방향 항복 영역 이용
- 안정된 기준전압 제공
- 전원 레귤레이션 회로 기본
- 보호회로 겸용으로 사용 가능   답 ③

092

전자회로에서 차동 증폭기의 장점은?

① 잡음에 약함
② 공통 모드 신호 제거
③ 전압 이득 감소
④ 입력 하나만 사용 가능

|해설| 차동 증폭 장점
- 두 입력의 차만 증폭
- 공통되는 잡음 제거
- 센서 신호 처리에 필수
- OP-Amp 기본 구성   답 ②

093

BJT 증폭기에서 에미터 저항(Re)을 넣는 이유는?

① 발열 증가　　　② 전압 강하 증가
③ 온도 안정화　　④ 잡음 증가

|해설| Re의 역할
- 열적 안정성 향상
- 바이어스 안정화
- 이득은 다소 감소
- 바이패스 캐패시터와 함께 사용　　답 ③

094

RC 고역통과 필터(HPF)의 특징은?

① 고주파 감쇠　　② 저주파 통과
③ 고주파 통과　　④ 주파수 모두 차단

|해설| HPF 특징
- 저주파는 차단
- 고주파만 통과
- 노이즈 · 커플링 개선에 사용
- LPF와 대칭 개념　　답 ③

095

인덕터의 Q값이 낮다는 의미는?

① 손실이 작다　　② 손실이 크다
③ 품질이 좋다　　④ 전류량 증가

|해설| Q값 의미
- $Q = XL/R$
- 낮으면 저항성 손실이 커짐
- 고주파 필터에서 성능 떨어짐
- 코일 품질 평가 기준　　답 ②

096

CMOS 회로가 TTL보다 소비전력이 적은 이유는?

① 전류가 항상 흐름
② 입력 임피던스 낮음
③ 스위칭 시에만 전류 흐름
④ 게이트 누설 크다

|해설| CMOS 소비 전력
- 스위칭 순간에만 전류 흐름
- 정지 상태에서는 거의 0
- 고집적 회로 적합
- TTL은 정지 시에도 전류 소모　　답 ③

097

OP-Amp 비반전 증폭기의 이득은?

① -Rf/Rin　　　② 1 + Rf/Rin
③ Rf/Rin　　　　④ 1 - Rf/Rin

|해설| 비반전 증폭기
- 위상 반전 없음
- 이득 = 1 + Rf/Rin
- 반전 증폭기와 비교 필요
- 신호 버퍼 · 감쇄에 사용　　답 ②

098

전파 정류 후 캐패시터 용량이 너무 작으면?

① 리플 증가　　② 리플 감소
③ 전압 상승　　④ 전압 과도

|해설| 용량 부족 영향
- 평활 효과 떨어져 리플 전압 증가
- 출력 품질 저하
- 노이즈 민감 회로에 큰 문제
- 용량 선택 매우 중요　　답 ①

099

다이오드의 정류 효율을 높이는 방법은?

① 역방향 전압 높이기
② 고속 회복 다이오드 사용
③ Vf 높은 소자 사용
④ 저항 직렬 연결

|해설| 정류 효율 향상
- 역회복시간(trr) 짧은 다이오드 사용
- SMPS · 고주파 전원에서 필수
- Vf 높이면 오히려 손실 증가
- 직렬 저항은 비효율적　　답 ②

100

트라이액(TRIAC)의 가장 적합한 용도는?

① 직류 전압 증폭
② 교류 양 방향 전력 제어
③ 고주파 스위칭
④ 정전압 유지

|해설| TRIAC 특성
- AC 전원을 양 방향으로 제어 가능
- 조광기 · 모터 속도조절에 사용
- SCR은 한 방향만 가능
- 고주파 스위칭에는 부적합   답 ②

101

스위칭 전원에서 쇼트키 다이오드를 사용하는 이유는?

① 높은 Vf 때문
② 긴 역회복시간 때문
③ 낮은 Vf와 빠른 스위칭
④ 정전압 유지 때문

|해설| 쇼트키 장점
- Vf가 매우 낮아 전력 손실 적음
- trr 짧아 고속 동작 가능
- SMPS 정류부에 최적
- 발열도 낮춤   답 ③

102

BJT 증폭기에서 컬렉터 저항(Rc)의 역할은?

① 베이스 전압 조절
② 전압 이득 형성
③ 입력 임피던스 결정
④ 역전류 차단

|해설| Rc의 역할
- Ic가 흐르며 Rc에서 전압 강하 발생 → 증폭된 출력 형성
- 이득의 핵심 요소
- 입력 임피던스는 다른 요소에 의해 결정
- 차단 기능 없음   답 ②

103

MOSFET의 문턱전압(Vth)의 의미는?

① 전류가 최대가 되는 전압
② 드레인 전압
③ 게이트에 전류가 흘러야 하는 전압
④ 채널이 형성되기 시작하는 전압

|해설| Vth 의미
- 게이트-소스 전압이 일정 이상 되어야 채널 형성
- 스위칭 조건 결정
- BJT의 VBE와 유사 개념
- 회로 설계 시 중요한 기준   답 ④

104

정전압 레귤레이터 IC의 드롭아웃 전압이란?

① 입력전압의 최소값
② 출력전압과 입력전압의 최소 차이
③ 최대 출력 전류
④ 과전압 보호 수준

|해설| 드롭아웃 전압
- 출력이 안정되려면 입력과 출력 사이 최소 차이가 필요
- 예: 7805는 약 2V 필요
- LDO는 매우 낮음
- 효율과 직결   답 ②

105

트랜지스터 스위칭 회로에서 포화 영역은 어떤 상태인가?

① 전류가 거의 흐르지 않음
② 완전히 꺼진 상태
③ 완전히 켜진 상태
④ 증폭 상태

|해설| 포화 영역
- BJT가 "완전히 ON"된 상태
- 전압 강하 최소
- 스위칭 동작에 사용
- 차단 영역은 OFF   답 ③

106

적분기(integrator) 회로의 출력 특성은?

① 입력에 비례
② 입력 신호를 미분
③ 입력을 적분한 파형
④ 출력이 항상 0

|해설| 적분기
- OP-Amp 기반
- 입력 전압을 시간에 대해 적분
- 삼각파 · 곡선 파형 생성
- 미분기와 쌍을 이루는 회로   답 ③

107

다이오드 클리퍼 회로의 기능은?

① 파형 증폭
② 파형 위상 변화
③ 파형의 일정 레벨 이상을 잘라냄
④ 고주파 필터링

|해설| 클리퍼
- 신호의 상 · 하단을 제한
- 과전압 보호 및 파형 제어
- 클램퍼는 파형 이동 기능
- 두 회로 혼동 금지   답 ③

108

커패시터 클램퍼 회로의 목적은?

① 파형 일부 제거
② 파형의 기준 레벨 이동
③ AC 차단
④ 주파수 증폭

|해설| 클램퍼
- 파형 전체를 위 · 아래로 이동
- 기준 레벨(DC 레벨) 설정
- 클리퍼는 레벨 제한
- 파형 처리 · 정형에 활용   답 ②

109

연산증폭기에서 슬루율(Slew Rate)이 낮으면?

① 고주파 대역에서 파형 왜곡
② 노이즈 증가
③ 발열 감소
④ 입출력 위상 90°

|해설| Slew Rate 영향
- 출력 전압 변화 속도의 한계
- 빠른 파형을 따라가지 못하면 왜곡 발생
- 고속 OP-Amp 선택 기준
- 오디오 · 고주파 설계에서 중요   답 ①

110

정전압 회로에 리플 제거용으로 사용하는 구성은?

① 저항 직렬 연결
② 스위칭 코일
③ 평활 캐패시터
④ LED

|해설| 리플 제거
- 정류 후 남은 리플을 캐패시터로 제거
- 평활의 기본 원리
- 정전압 IC와 함께 사용
- 선형 전원 기본 구성   답 ③

111

휘트스톤 브리지 회로의 목적은?

① 고전류 발생
② 전압 증폭
③ 미소 저항 측정
④ 고주파 필터링

|해설| 휘트스톤 브리지
- 매우 작은 저항을 정확히 측정
- 저항 변화를 이용한 센서 회로에 사용
- 스트레인 게이지에 필수
- 전압 증폭과는 다른 기능   답 ③

112

OP-Amp의 차동 입력 신호란?

① 두 입력의 평균
② 두 입력의 차
③ 하나의 입력만 사용
④ 입력이 없는 상태

|해설| 차동 입력
- (+)와 (−) 입력 전압의 차
- OP-Amp의 핵심 동작 원리
- 공통 모드 신호는 제거
- 차동증폭기의 기본   답 ②

113

PWM 제어의 장점은?

① 손실 큰 제어 방식
② 아날로그 제어가 쉬움
③ 효율이 매우 높음
④ 응답이 매우 느림

|해설| PWM 장점
- 전압 · 전력을 펄스 폭으로 제어
- 스위칭 방식이라 손실 작음
- 모터 · 조명 · SMPS에 사용
- 효율이 선형 제어보다 높음   답 ③

114

트랜스포머에서 철손의 주된 원인은?

① 코로나 방전
② 와전류와 히스테리시스
③ 전해 반응
④ 접촉저항 증가

|해설| 철손 구성
- 와전류 손실 + 히스테리시스 손실
- 고주파에서 증가
- 효율 저하 원인
- 코어 재질로 개선 가능   답 ②

115

커패시터 초기 충전 시 전류가 큰 이유는?

① 용량이 작아서
② 충전 전압이 0V라 저항처럼 동작
③ 누설이 커서
④ 역전류 때문

|해설| 초기 충전 특성
- 충전 전압 0V → 단락처럼 동작
- 순간적으로 큰 충전 전류 흐름
- 충전 후 전류는 감소
- 전원 투입 시 돌입전류 원인   답 ②

116

미분기(differentiator) 회로의 출력은?

① 입력의 적분   ② 입력의 변화율
③ 상수값   ④ 반전 출력

|해설| 미분기
- 입력 신호의 순간 변화량을 출력
- 고주파 성분 강조
- 잡음에 민감
- 적분기와 반대 역할   답 ②

117

MOSFET의 바디 다이오드 역할은?

① 전압 증폭   ② 고주파 차단
③ 역방향 전류 우회   ④ 정전압 유지

|해설| 바디 다이오드
- MOSFET 내부 구조상 자연 형성
- 역방향 도통 경로 제공
- 브리지 · 모터 회로에서 필수
- 외부 다이오드와 함께 사용될 수도 있음   답 ③

118

RC 공진 회로에서 공진 주파수는?

① 매우 높다   ② 매우 낮다
③ $1/(2\pi RC)$ ④ $1/(2\pi\sqrt{LC})$

|해설| RC 공진
- RC는 단순 지연/필터 동작
- 공진점 $f = 1/(2\pi RC)$
- LC 공진은 $\sqrt{LC}$ 형태
- 회로 설계 시 차이 명확   답 ③

119

솔더 페이스트의 금속 함유량(Metal Content)이 너무 낮을 때 나타나는 불량은?

① 브리지 증가   ② 과납 증가
③ 젖음성 저하   ④ 필렛 과형성

|해설| 금속 함유량 영향
- 금속 비율이 낮으면 용융 후 솔더량 부족
- 젖음성 저하 및 오픈 불량 유발
- 과납 · 브리지는 반대 조건
- 인쇄 조건과 함께 관리 중요   답 ③

120

스퀴지 압력이 과도하게 높을 때 발생하는 현상은?

① 인쇄 두께 일정
② 스텐실 과마모
③ 페이스트 충진 부족
④ 헤드 스큐

|해설| 높은 스퀴지 압력 영향
- 스텐실이 눌려 변형 및 마모 진행
- 인쇄 균일성 저하
- 페이스트 긁힘 발생
- 장기적으로 개구 정밀도 악화   답 ②

121

스퀴지 속도가 너무 빠르면 나타나는 문제는?

① 충진 증가
② 인쇄막 두꺼워짐
③ 끊김(Skipping) 발생
④ 리플로우 온도 상승

|해설| 스퀴지 속도 영향
- 너무 빠르면 페이스트가 개구부 내 채움이 부족
- 인쇄 끊김 · 미충진 발생
- 점도 변화로 더 악화
- 속도 · 압력 · 점도를 모두 최적화해야 함   답 ③

122

솔더 페이스트의 점도가 너무 낮으면?

① 충진 저하   ② 브리지 발생 증가
③ 흐름성 증가   ④ 스퀴지 마모 증가

|해설| 점도 저하 영향
- 점도가 낮으면 과유동 → 브리지 증가
- 스텐실 밑으로 새어 나오는 문제 발생
- 고해상도 인쇄에서 큰 문제
- 점도 관리가 인쇄 품질 핵심   답 ②

123

솔더 페이스트 보관 시 가장 중요한 조건은?

① 고온   ② 실온 방치
③ 저온(냉장) 보관   ④ 빛 노출

|해설| 페이스트 보관
- 0~10℃ 냉장 보관
- 고온 노출 시 점도 · 플럭스 성능 저하
- 사용 전 충분한 워밍업 필요
- 보관 조건이 인쇄 품질 좌우   답 ③

124

스텐실 개구부 막힘(Clogging)의 주요 원인은?

① 온도 프로파일
② 과도한 스퀴지 압력
③ 솔더 페이스트 건조
④ PCB 휨

|해설| 개구 막힘 원인
- 페이스트 건조되면 점도 급상승 → 막힘 발생
- 인쇄 사이클 지연 시 심해짐
- 적절한 프린팅 인터벌 필요
- 재교반 및 환경습도도 영향   답 ③

125

SPI에서 "Offset 불량"의 원인은?

① 페이스트 산화
② 스텐실 위치 불량
③ 리플로우 온도 과다
④ 솔더 메탈 함량 과다

|해설| Offset 원인
- 인쇄 위치가 PCB 패드와 어긋남
- 스텐실 정렬 미흡
- 장착 오프셋과 연결됨
- SMT 초기 공정에서 반드시 교정   답 ②

126

마운터의 비전 시스템 기능은?

① 솔더 인쇄   ② 온도 측정
③ 부품 위치 보정   ④ 냉각 속도 제어

|해설| 비전 시스템 역할
- 패드 · 부품을 카메라로 인식하여 좌표 보정
- 위치틀어짐, 회전 보정
- 장착 정확도 결정
- SPI/AOI와 함께 자동화 핵심 기술   답 ③

127

Nozzle의 진공이 부족할 때 나타나는 현상은?

① 오버플로우   ② 픽업 실패
③ 과납 불량   ④ 온도 프로파일 상승

|해설| 진공 부족 영향
- 부품 픽업 실패 또는 이탈
- 라인정지 · 스큐 · 낙하로 이어짐
- 진공 시스템 유지관리 필수
- 온도나 솔더량과 직접적은 없음   답 ②

128

부품 장착 시 Z축 압력이 너무 낮으면?

① 브리지 발생   ② 부품 흔들림
③ 솔더 과납   ④ 솔더 볼 형성

|해설| Z압력 영향
- 부품이 패드에 충분히 밀착되지 않아 흔들림
- 인쇄 · 장착 단계에서 오프셋 증가
- 너무 높으면 패드 손상 가능
- 적정 Z압력 고정 중요

129

리플로우 프로파일에서 Soak 구간의 목적은?

① 흐름성 증가
② 산화 촉진
③ PCB 전체 온도 균일화
④ 급속 냉각

|해설| Soak(예열) 구간 목적
- PCB 전체를 균일 온도로 맞추어 Reflow 시 결함 감소
- 플럭스 활성화
- 열충격 방지
- 적정 시간 · 온도 매우 중요   답 ③

130

리플로우 최고온도(Peak)가 너무 낮으면 발생하는 불량은?

① 과납   ② 솔더 용융 불량
③ 패드 산화   ④ 과열 크랙

|해설| Peak 부족 영향
- 솔더가 완전 용융되지 않음
- 젖음 불량 · 오픈 불량 증가
- 프로파일 조정 필요
- 과열은 Peak 과다 때 발생   답 ②

131

리플로우 냉각 속도가 너무 빠르면?

① 보이드 감소
② 크랙 증가
③ 과납 증가
④ 브리지 감소

|해설| 급속 냉각 영향
- 열응력 증가 → 미세 크랙 발생
- BGA · QFN 패키지에서 치명적
- 균일하고 적정 냉각 필요
- 보이드 · 과납과 직접 연관 없음   답 ②

132

BGA에서 보이드(Void) 발생의 주요 원인은?

① 부품 무게   ② 플럭스 잔류물
③ 리드 길이   ④ 패드 산화

|해설| 보이드 원인
- 플럭스 잔사 · 가스가 빠져나가지 못해 갇힘
- 리플로우 프로파일 영향 큼
- 과도한 페이스트량도 원인
- 품질 신뢰성에 큰 문제   답 ②

133

QFP 장착 시 Lead Skew 현상의 원인은?

① 스텐실 두께 부족   ② 리드 휘어짐
③ 패드 산화   ④ 페이스트 경화

|해설| Lead Skew
- 리드가 물리적으로 휘어진 상태로 장착
- 패키지 변형 · 핀 보호 문제
- 인쇄 · 온도와 직접 무관
- 핸들링 및 부품 품질 중요   답 ②

134

Tombstone(뜬다리) 불량의 주요 원인은?

① PCB 휨   ② 패드 간 온도 차
③ 노즐 진공 저하   ④ 스퀴지 속도

|해설| Tombstone 원인
- 두 패드의 용융 시점 온도 차 → 양쪽 인장력 불균형
- 칩이 한쪽으로 들림
- 0402 · 0201에서 특히 빈번
- 페이스트량 불균형도 추가 요인   답 ②

135

리플로우에서 Preheat 구간이 너무 짧으면?

① 플럭스 활성도 부족
② 과열 발생
③ 젖음 과다
④ 냉각 부족

|해설| Preheat 부족 영향
- 플럭스가 충분히 활성화되지 않아 젖음 불량
- 솔더볼 · 오픈 불량 증가
- 예열은 산화 제거에도 중요
- 과열은 Soak · Peak 과다 시 발생   답 ①

136

Reflow 중 과도한 산화가 발생할 때 원인은?

① 질소 분위기
② 고온 유지시간 과다
③ 저속 냉각
④ 낮은 Soak 온도

|해설| 산화 원인
- 높은 온도 오래 유지 → 금속 산화 진행
- 특히 Peak 시간 과다 위험
- 질소는 산화 감소
- 냉각과 Soak는 다른 단계 문제   답 ②

137

마운터에서 회전각(Theta) 보정 기능의 목적은?

① 인쇄 두께 증가
② 패드 산화 방지
③ 부품 방향 보정
④ PCB 온도 제어

|해설| Theta 보정
- 부품의 회전 방향을 정확히 보정
- 부품 스큐 · 오프셋 예방
- 비전 인식과 함께 작동
- 장착 정밀도의 필수 요소   답 ③

138

리플로우 프로파일의 Ramp-up(상승구간)이 너무 급하면?

① 솔더 과납   ② 열충격 발생
③ 보이드 감소   ④ 냉각 시간 증가

|해설| 급격한 온도 상승 영향
- Thermal Shock 증가
- 칩 · 패키지 크랙 위험
- 안정적 상승 속도 필요
- 과납 · 보이드와 직접 관련 없음   답 ②

139

스퀴지 각도가 너무 낮을 때 발생하기 쉬운 문제는?

① 페이스트 긁힘 증가
② 충진 부족
③ 과충진으로 인한 번짐
④ 스텐실 파손

|해설| 낮은 스퀴지 각도 영향
- 각도가 낮으면 압력 대신 눌림 · 밀림 증가
- 개구부에 과충진되어 번짐 발생
- 점도 불균일 시 악화
- 인쇄 변형률 증가   답 ③

140

스퀴지 각도가 너무 크면?

① 충진력 약화
② 과납 증가
③ 리플로우 시간 증가
④ 납볼 감소

|해설| 높은 각도 영향
- 압축보다 '긁는 힘'이 커져 충진 부족
- 개구부 채움률 저하
- 인쇄 끊김 발생
- 균형 잡힌 각도 유지가 핵심   답 ①

141

솔더 페이스트 슬럼핑(Slumping) 문제는 주로 언제 발생하는가?

① 리플로우 Peak에서
② 대기 중 방치 시
③ 냉각 과정에서
④ AOI 검사 중

|해설| 슬럼핑 원인
- 대기 시간 증가 → 점도 저하 → 흐름성 증가
- 브리지 · 번짐 유발
- 인쇄 후 장시간 방치 금지
- 점도 · 온도 · 습도 관리 필수   답 ②

142

스텐실 두께가 지나치게 두꺼우면?

① 과납 증가   ② 젖음 불량
③ 오픈 증가   ④ 부품 스큐 감소

|해설| 두꺼운 스텐실 영향
- 인쇄량 증가 → 브리지 · 과납
- 미세 Pitch에서는 더 문제
- 두께 선정 매우 중요
- 과납은 여러 불량의 원인   답 ①

143

인쇄 불량 중 'Dog-ear(개귀) 현상'의 원인은?

① 점도 지나치게 높음
② 청소 부족
③ 스퀴지 속도 과다
④ 스퀴지 압력 과소

|해설| Dog-ear 원인
- 스텐실 이면의 페이스트 잔사 영향
- 청소 주기 부족 시 발생
- 모서리 부분 잔류 두드러짐
- 자동 청소 주기 최적화 필요   답 ②

144

마운터 Nozzle Tip 마모가 심할 경우 나타나는 문제는?

① 솔더 과납
② 픽업 안정성 저하
③ 시퀀스 오류
④ 냉각 시간 증가

|해설| 노즐 마모 영향
- 흡착력 감소 → 픽업 실패
- 회전 · 좌표 보정 불안정
- 부품 스큐 · 낙하 증가
- 정기적 교체 필요   답 ②

145

촉매형 플럭스(Activated Flux)의 특징은?

① 산화 제거 능력이 약함
② 젖음성 향상
③ 냉각 시간 증가
④ 금속 함량 감소

|해설| 촉매 플럭스
- 금속 표면 산화 제거
- 젖음성 크게 향상
- 리플로우 품질 개선
- 잔사 관리만 적절히 필요   답 ②

146

리플로우 질소(N2) 분위기의 목적은?

① 온도 상승
② 산화 감소
③ 페이스트 점도 증가
④ 냉각 속도 증가

|해설| 질소 분위기
- 산소 차단 → 산화 방지
- 젖음성 · 접합 품질 향상
- 고신뢰성 제품에 사용
- 리플로우 온도와는 별개   답 ②

147

Reflow Oven의 Zone 수가 많을 때의 장점은?

① 공정 시간 감소
② 온도 제어 정밀도 상승
③ 산화 발생 증가
④ 과납 감소

|해설| Zone 증가 장점
- 세밀한 프로파일 설정 가능
- 열충격 감소
- 패키지별 세부 조건 최적화
- 품질 균일도 향상   답 ②

148

솔더볼(Solder Ball) 발생 원인은?

① 스텐실 위 페이스트 부족
② 플럭스 끓음 및 분리
③ 냉각 속도 지나치게 느림
④ 인쇄 압력 과다

|해설| 솔더볼 원인
- 플럭스 분리 및 끓음 → 작은 볼 튐
- Reflow 예열/Soak 문제
- 과량 페이스트도 부분적 원인
- 미세 Pitch에서 자주 발생   답 ②

149

리플로우 프로파일에서 Ramp-down(냉각속도)이 너무 느릴 때 문제는?

① 보이드 증가
② 과납 증가
③ IMC 과형성
④ Skew 증가

|해설| 느린 냉각 영향
- 금속간화합물(IMC) 층이 두꺼워짐
- 장기 신뢰성 저하
- 적절한 냉각 속도 필요
- 너무 빠르면 크랙 발생   답 ③

150

QFN 패키지에서 오픈 불량이 발생하는 주요 원인은?

① 패키지 두께 과다
② L/F 부족 또는 페이스트량 부족
③ 스퀴지 속도 과다
④ 냉각 시간 부족

|해설| QFN 오픈
- 솔더량 부족 → 접합 실패
- 중앙 패드 불균형도 영향을 줌
- 리플로우 프로파일 영향
- 미세 패키지에서 빈번   답 ②

151

마운터에서 Component Rotation 불량이 발생하는 주요 원인은?

① 스퀴지 압력
② 비전 인식 오류
③ 리플로우 Peak 온도
④ 스텐실 청소주기

|해설| Rotation 불량
- 비전에서 회전각 인식 오류
- Theta 보정 문제
- 패키지 인식 실패
- 장착 정확도와 직결   답 ②

152

스텐실 Cleaning 주기가 너무 길면?

① 인쇄 안착성 증가
② 개구부 막힘 증가
③ 과납 감소
④ 리플로우 안정성 증가

|해설| 청소 주기 영향
- 잔사 축적 → 막힘 증가
- 번짐 · 오프셋 · Dog-ear 유발
- 인쇄 초기 단계에서 주기 중요
- 자동/수동 청소 병행 필요   답 ②

153

솔더 페이스트의 'Tackiness(점착력)'가 낮을 때 나타나는 불량은?

① 부품 떠오름 감소
② 비드 형성 증가
③ 장착 후 부품 미끄러짐
④ 브리지 감소

|해설| Tackiness 영향
- Tack ↓ → 부품이 붙지 않고 미끄러짐
- 인쇄→장착 사이 시간 길 때 심화
- 소형 부품(0201)에서 가장 취약
- Tack 유지관리 필수   답 ③

154

마운터 노즐이 부품 크기보다 너무 큰 경우?

① 회전 보정 향상   ② 픽업 안정성 저하
③ 솔더 젖음 증가   ④ 히팅 속도 증가

|해설| 노즐 사이즈 영향
- 지나치게 크면 흡착면 불일치
- 작아도 흡착면 부족
- 적정 사이즈 선택이 핵심
- 패키지별 전용 노즐 필요   답 ②

155

리플로우에서 'Head-in-Pillow(HIP)' 불량의 원인은?

① 금속 함량 과다
② BGA 볼 산화 또는 변형
③ 냉각 속도 너무 빠름
④ 스텐실 두께 부족

|해설| HIP 불량
- BGA 볼 산화 · 변형 → 젖음 불량
- 부품/PCB 변형도 원인
- 리플로우 프로파일 영향
- 고신뢰성 제품에서 매우 치명적   답 ②

156

마운터 Feeder Pull Force가 불안정하면?

① 솔더과납
② 테이프 공급 불량
③ 스텐실 균일도 향상
④ 리플로우 품질 향상

|해설| 공급력(Pull force) 문제
- 테이프 공급 불안 → 픽업 실패
- 부품 누락 · 장착 누락
- Feeder 정비 중요
- SMT 라인 중단 위험　　　　　　답 ②

157

리플로우 시 PCB 휨(Warpage)이 증가하는 주원인은?

① 스퀴지 압력 과다
② 양면 리플로우로 인한 열 스트레스
③ Tackiness 증가
④ 솔더볼 감소

|해설| Warpage 원인
- 양면 리플로우 시 PCB 열변형 증가
- 두께 · 재질 · 구조적 요인
- 온도 프로파일 조정 필요
- 휨은 장착 오류 · HIP 유발　　　답 ②

158

스텐실 Aperture Ratio가 너무 낮으면?

① 페이스트 배출 감소
② 페이스트 배출 증가
③ 보이드 감소
④ 과납 증가

|해설| Aperture Ratio 영향
- 비율 낮으면 페이스트 배출 잘 안 됨
- 미충진 · 오픈 원인
- 미세 Pitch일수록 중요
- 스텐실 재질 · 두께 선택과 연계　답 ①

159

솔더 페이스트의 'Thixotropy(티소트로피)'가 너무 낮으면?

① 점도 회복 빠름　　② 번짐(Slump) 증가
③ 충진력 향상　　　④ 산화 억제

|해설| Thixotropy 영향
- 낮으면 전단력 후 점도 회복이 느림
- 인쇄 후 번짐 증가
- 브리지 위험 상승
- 미세 Pitch 인쇄에 치명적　　　답 ②

160

SMT 공정에서 'Cycle Time'의 의미는?

① 생산량 감소 시간
② 설비 고장 시간
③ 한 제품이 전체 공정을 통과하는 시간
④ 부품 선정 시간

|해설| Cycle Time
- 전체 라인을 통과하는 데 걸리는 시간
- 생산성의 핵심 지표
- 장비 속도 · 로딩 · 프로파일 모두 영향
- Tact Time과 관련　　　　　　답 ③

161

솔더 페이스트 개봉 후 워밍업을 하는 이유는?

① 점도 증가
② 응력 제거
③ 온도 · 점도 균일화
④ 리플로우 시간 증가

|해설| 워밍업 목적
- 냉장 보관 → 온도차 존재
- 작업환경 온도로 맞추어 점도 안정
- 응축수 방지
- 일정한 인쇄 품질 확보　　　　답 ③

162

Lifted Lead(리드 떠오름) 불량의 원인은?

① 솔더량 과다
② 패드 산화
③ 장착 시 Z압력 과소
④ 리플로우 과열

|해설| Lifted Lead
- 장착압력 부족 → 리드가 패드에 밀착되지 않음
- 젖음 불량과 연결
- 패드 산화는 젖음 문제
- 과열은 다른 불량 유발　　　　　　답 ③

163

Paste Height 불량의 주요 원인은?

① Flux 함량 과다
② 스텐실 두께 불량
③ 리플로우 냉각 오류
④ 온도 프로파일 과다

|해설| Paste Height 영향
- 스텐실 두께가 직접 높이를 결정
- 두께 불량 → 과납·저납
- 개구부 형상도 영향
- SPI에서 쉽게 검출　　　　　　답 ②

164

AOI에서 False Call(오검출)이 증가하는 이유는?

① 과납 증가
② 조명·카메라 설정 부정확
③ 스퀴지 속도 과다
④ 질소 분위기 사용

|해설| AOI 오검출 원인
- 조명·각도·카메라 설정 오류 → 정상 패턴도 불량 판정
- 알고리즘 설정 문제도 영향
- 실제 불량과 구분 필수
- 공정 튜닝으로 해결 가능　　　　　　답 ②

165

Chip 부품에서 역장착(Reverse Mount) 발생 원인은?

① 스텐실 오정렬
② 부품 방향 인식 실패
③ 과소 인쇄
④ 리플로우 냉각 저하

|해설| Reverse Mount
- 비전 시스템이 방향을 잘못 인식
- 패키지 마크(Mark) 인지 오류
- Orientation 보정 문제
- 인쇄·냉각과 무관　　　　　　답 ②

166

Feeder에서 Cover Tape Peel Force가 너무 낮으면?

① 테이프가 더 잘 당겨짐
② 부품 노출 불량 발생
③ 노즐 압력 향상
④ 브리지 감소

|해설| Peel Force 영향
- 너무 낮으면 커버 테이프가 제때 벗겨지지 않음
- 부품 노출 부족 → 픽업 실패
- 너무 강해도 끊김 발생
- Feeder 유지관리 핵심 요소　　　　　　답 ②

167

SMT 장착 중 'Line Stop'의 가장 흔한 원인은?

① 리플로우 과열
② 피더 공급 불량
③ 스퀴지 압력 과다
④ 솔더 페이스트 노화

|해설| Line Stop 원인
- Feeder 공급 문제 → 부품 공급 중단
- 노즐 오류·비전불량도 부가 원인
- 리플로우는 후공정
- 장비 유지보수와 밀접　　　　　　답 ②

168

스텐실 Aperture Wall이 거칠면?

① 배출성 향상
② 점도 증가
③ 개구부 배출성 저하
④ 회전 보정 증가

|해설| 벽면 거칠기 영향
- 거칠수록 페이스트 점착 증가 → 배출성 저하
- 미세 Pitch에서 치명적
- 전해연마 · 나노코팅으로 개선
- 인쇄 품질 핵심 요소   답 ③

169

DIP Switch와 같은 Tall Component에서 흔한 장착 문제는?

① 과납
② 헤드 회전 불량
③ 충돌(Collision)
④ 스키딩 감소

|해설| Tall Component 문제
- 높이가 높아 헤드 · 노즐 충돌 가능
- Z축 설정 주의
- 옵션 지그 필요
- 리플로우와 별개 문제   답 ③

170

Paste Rolling(롤링) 부족 시 나타나는 문제는?

① 과충진
② 개구부 배출 불량
③ 오버플로우
④ 리플로우 과열

|해설| 롤링 부족 영향
- 스퀴지 앞 페이스트가 충분히 구르지 않음
- 개구부 충진 · 배출 불량
- 인쇄 균일성 떨어짐
- 점도 · 온도 영향 받음   답 ②

171

온도 프로파일 검사에서 Thermocouple을 여러 곳에 부착하는 이유는?

① 냉각속도 향상
② 히터 수명 증가
③ PCB 온도 분포 확인
④ 페이스트량 측정

|해설| Thermocouple 역할
- PCB 위치별 온도 균일성 점검
- Reflow 품질 유지에 필수
- 대형 PCB일수록 차이 큼
- 불량 원인 추적 핵심   답 ③

172

Leadless 패키지(CSP, QFN)에서 오픈이 증가하는 원인은?

① 페이스트 경화
② 부족한 Solde Volume
③ Z압력 과다
④ 냉각 속도 빠름

|해설| Leadless 패키지 특성
- 하단 접합이므로 솔더량 부족하면 바로 오픈
- 패드 설계 · 스텐실 개구비 중요
- 프로파일 영향도 일부
- 흔히 발생하는 불량 유형   답 ②

173

마운터에서 "Pick-up Repeatability"가 나빠지면?

① AOI 판독 향상
② 픽업 위치 편차 증가
③ 리플로우 품질 향상
④ 패드 산화 감소

|해설| Repeatability 영향
- 픽업 좌표의 일관성 저하
- 장착 좌표 품질도 떨어짐
- 노즐 · Feeder · 비전 상태 점검 필요
- 라인 정지 위험 증가   답 ②

174

Paste Misalignment가 발생하는 이유는?

① 리플로우 과열　② PCB 클램핑 불량
③ 냉각 속도 증가　④ Z압력 과다

|해설| Misalignment 원인
- PCB 고정(클램핑) 불안 → 위치 틀어짐
- 스퀴지 방향 차이에 따른 변형
- 마운터 오프셋과 연동
- 리플로우는 후공정　답 ②

175

마운터에서 Soft-Landing 기능의 주요 목적은?

① 과납 감소　② 피더 속도 증가
③ 부품 손상 방지　④ 리플로우 속도 향상

|해설| Soft-Landing 기능
- 부품 장착 시 충격 최소화
- 01005/0201 등 초소형 부품 보호
- 패드 · 솔더 변형 감소
- 고정밀 장착 장비 필수 기능　답 ③

176

스텐실 오프셋이 발생하면 가장 먼저 나타나는 불량은?

① Tombstone　② Paste Offset
③ HIP　④ 보이드 감소

|해설| 스텐실 오프셋 영향
- 인쇄 위치가 전체적으로 틀어짐
- Paste Offset → 장착오프셋으로 연결
- SPI에서 즉시 검출
- 리플로우는 후공정　답 ②

177

Reflow에서 'Time Above Liquidus(TAL)'이 지나치게 짧으면?

① 젖음 불량　② 브리지 증가
③ 보이드 증가　④ 과납 발생

|해설| TAL 영향
- 용융 상태 유지 시간이 너무 짧으면 젖음 불량
- 접합 면적 부족
- BGA 등에서 치명적
- 과다하면 산화 증가　답 ①

178

Reflow Oven의 팬 속도가 너무 강하면?

① 온도 균일도 향상
② 부품 이동(Shift) 발생
③ 보이드 감소
④ 패드 산화 증가

|해설| 과도한 팬 속도 영향
- 공기 흐름이 강하면 소형 칩이 움직임
- Offset · Shift 불량 발생
- 균일성 향상은 적절한 풍속일 때
- 과풍량은 품질 저하 요인　답 ②

179

Paste Bridging 불량의 주요 원인은?

① 스퀴지 압력 과소
② 점도 과도한 증가
③ 페이스트 과유동
④ 노즐 진공 부족

|해설| Bridging 발생 원인
- 점도 감소 · 슬럼핑 등으로 과유동 발생
- 인접 패드 사이 연결되어 단락
- 스텐실 두께 · 개구비 영향
- 미세 Pitch 부품에서 빈번　답 ③

180

마운터에서 "Component Drop"이 발생하는 원인은?

① 리플로우 과열
② 진공 흡착력 저하
③ 스퀴지 속도 과다
④ PCB 고정력 증가

|해설| Component Drop
- 진공 흡착 부족 → 부품 이탈
- 노즐 마모 · 진공 라인 누설 원인
- Feeder보다 노즐 문제가 더 많음
- 장착 불량 · 라인 정지 유발　　　　　답 ②

181

Reflow Oven에서 열풍 균일도가 나쁠 때 나타나는 문제는?

① 픽업 문제
② 브리지 증가
③ 패턴 저항 증가
④ 패드별 온도 편차로 불량 증가

|해설| 열풍 균일도
- PCB 위치별 열분포 차이 발생
- 젖음 불량 · Tombstone · 오픈 등 다수 불량
- Zone 밸런스 조정 필요
- 대형 PCB에서 문제 심각　　　　　답 ④

182

스텐실 Aperture Taper 형태의 목적은?

① 페이스트 점도 증가
② 배출성 향상
③ 냉각속도 향상
④ 과납 억제

|해설| Taper 구조 목적
- 개구부 내부를 테이퍼(경사) 구조로 가공
- 페이스트 배출 원활
- 미세 Pitch 인쇄 개선
- 스텐실 공정 품질 향상　　　　　답 ②

183

마운터의 Feeder Pitch 설정 오류 시 나타나는 불량은?

① 부품 두께 변화
② 테이프 정렬 실패
③ 솔더 과납
④ 온도 프로파일 비정상

|해설| Feeder Pitch 문제
- 피더의 테이프 이동 간격 설정 오류
- Pick 위치 틀어짐
- 부품 누락/스큐 발생
- 장착 품질 전체에 영향　　　　　답 ②

184

Reflow에서 'ΔT(온도차)'가 너무 크면?

① 보이드 감소　　② 열충격 증가
③ 과납 증가　　　④ 브리지 감소

|해설| ΔT 영향
- PCB 내 온도 편차가 커지면 열충격 증가
- 크랙 · HIP · Tombstone 유발
- 균일한 온도 프로파일이 핵심
- Multi-zone 설정 필요　　　　　답 ②

185

Paste Volume이 과도하게 많으면?

① Skew 감소
② HIP 감소
③ 브리지 및 과납 증가
④ 패드 산화 감소

|해설| Volume 과다 영향
- 용융 후 과납/브리지 발생
- 다층 패키지에서 Shorts 발생
- 고밀도 디자인에서 치명적
- SPI로 초기에 검출 가능　　　　　답 ③

186

Feeder Tape의 미세한 Dust가 문제를 일으키는 이유는?

① 리플로우 냉각 저하
② 비전 인식 오류
③ 점도 변화
④ 패드 습기 증가

|해설| Dust 영향
- 카메라 · 비전 인식 방해
- 부품 인식 오류 발생
- Feeder 주변 청결 매우 중요
- 장착 오프셋으로 연동   답 ②

187
Reflow에서 Preheat 시간 과다 시 문제는?

① 플럭스 과활성 → 잔사 증가
② 젖음성 향상
③ 보이드 감소
④ 솔더볼 감소

|해설| Preheat 과다 영향
- 플럭스가 과활성되어 잔사 증가
- 이후 리플로우 시 오히려 젖음 저하 가능
- 적정 Preheat 시간 필수
- Flux 타입마다 최적 구간 있음   답 ①

188
BGA 장착 시 Warpage(휨)로 인해 흔히 발생하는 불량은?

① HIP
② 브리지
③ Tombstone
④ 과납 증가

|해설| Warpage 영향
- PCB 또는 패키지가 휘어져 접촉 불량
- BGA에서는 HIP로 많이 나타남
- Reflow 프로파일 영향
- 패키지 · PCB 재질 선택 중요   답 ①

189
SMT Line Balance가 맞지 않으면?

① 품질 상승
② 특정 공정에서 정체 발생
③ 산화 감소
④ 스퀴지 압력 증가

|해설| Line Balance 문제
- 일부 구간에서 병목현상 발생
- 전체 Cycle Time 증가
- 장비 효율 저하
- 생산성 관리 핵심 요소   답 ②

190
과도한 Pick Height 설정은 어떤 문제를 유발하는가?

① 부품 파손
② 리플로우 과열
③ 점도 증가
④ 납볼 감소

|해설| Pick Height 영향
- 너무 높게 잡으면 노즐이 부품을 강하게 찍음
- 소형 칩 파손 가능
- 패드 손상 위험
- 적정 높이 조정 필요   답 ①

191
솔더 페이스트의 Flux 산성도가 너무 높으면?

① 젖음성 증가
② 산화 억제
③ 패드 손상 및 부식 위험
④ 리플로우 속도 향상

|해설| Flux 산성도 영향
- 산화 제거 좋지만 산성도 높으면 패드 · 부품 부식
- 장기 신뢰성 저하
- No-Clean 타입은 산성도 낮게 유지
- Jeita/IPC 규격 고려   답 ③

192
마운터에서 Pick-up Offset이 지속적으로 발생하면 가장 먼저 확인해야 할 요소는?

① 스퀴지 압력
② Nozzle Centering
③ 냉각 팬 속도
④ 스텐실 Aperture Ratio

|해설| Pick-up Offset 원인
- 노즐 중심값(Centering) 틀어짐이 가장 흔한 원인
- 장착좌표 오차 증가
- 정기적인 Centering 캘리브레이션 필요
- 스퀴지는 인쇄 단계   답 ②

193

PCB Fiducial Mark가 오염되면 발생하는 불량은?

① 보이드 증가
② 솔더볼 증가
③ 마운터 좌표 보정 실패
④ 과납 감소

|해설| Fiducial 오염 영향
- 비전 보정 실패 → 전체 좌표 오프셋
- 장착 위치 틀어짐
- 청결관리 중요
- 고정밀 제품일수록 치명적   답 ③

194

Reflow에서 PCB 두께가 지나치게 얇으면 발생하기 쉬운 문제는?

① 과납 증가   ② Warpage 심화
③ 보이드 감소   ④ 온도 분포 일정

|해설| 얇은 PCB 영향
- 열변형(휨) 크게 발생
- BGA HIP · Offset · Crack 불량
- 두꺼운 PCB보다 열용량 낮음
- 프로파일 조정 필수   답 ②

195

부품 사이즈가 작을수록 증가하는 불량은?

① Tombstone   ② 과납
③ 땜쇠유   ④ 패턴 단선

|해설| 초소형 부품 불량
- 열 · 표면장력 영향 커 Tombstone 증가
- 0201 · 01005에서 흔함
- Solde Volume 불균형 민감
- 장착 · 프로파일 모두 영향   답 ①

196

Reflow에서 "Flux Burn Off"가 심하면 어떤 문제가 생기는가?

① 산화 감소   ② 보이드 감소
③ 젖음성 저하   ④ 솔더량 증가

|해설| Flux Burn-Off 영향
- 플럭스가 너무 빨리 소진→ 젖음성 저하
- Preheat/Soak 조절 필요
- 과열 시 더 심화
- 부품별 열특성 고려 필요   답 ③

197

스크린 인쇄 시 PCB 휨이 있으면 나타나는 현상은?

① Paste Height 증가
② 인쇄 두께 불균일
③ 솔더 볼 감소
④ 리플로우 온도 감소

|해설| PCB 휨 영향
- 스퀴지 접촉 압력이 일정하지 않아 인쇄 두께 불균일
- 개구 충진 불량
- Paste Offset 연계
- 휨 제어 중요   답 ②

198

마운터의 Vision Lighting 조명이 약하면?

① 과납 증가
② 페이스트 점도 변화
③ 리플로우 속도 증가
④ 부품 인식 실패 증가

|해설| 조명량 영향
- 조명이 약하면 비전 카메라 인식 불량
- 패키지 · Mark · 패드 인식 모두 저하
- 장착 좌표 오차 증가
- 정기적인 밝기 점검 필요   답 ④

199

SPI에서 Height 불량을 판단하는 주요 기준은?

① 패드 재질
② 인쇄 높이 측정값
③ 부품 방향
④ 온도 프로파일

|해설| Height 판단
- SPI는 페이스트 높이를 3D로 측정
- 기준값 대비 높이 부족/과다 판단
- 두께 문제는 과납 · 오픈 불량과 연계
- 스텐실 두께와 직접 연결 　　답 ②

200

AOI에서 'Shadow(그림자) 불량'이 발생하는 원인은?

① 스퀴지 속도 과다
② 리플로우 과열
③ 조명 각도의 부적절함
④ 솔더 점도 저하

|해설| Shadow 발생
- 조명 각도가 제대로 맞지 않아 부품 아래 그림자 생성
- 카메라가 패턴/리드를 인식하지 못함
- Tall Component에서 자주 발생
- 조명 · 각도 튜닝으로 해결 　　답 ③

201

X-ray 검사에서 BGA 솔더볼 내부에 검은 점이 보이는 경우는?

① 솔더량 증가　　② 보이드 존재
③ 패드 산화　　④ 수분 흡수

|해설| X-ray 보이드
- 내부 기포가 검은 점 형태로 표현
- HIP · 접합강도 저하 원인
- Reflow TAL · Flux 영향
- BGA 필수 검사 항목 　　답 ②

202

AOI에서 Lead Bent(리드 휨) 판단 기준은?

① 패드의 색상　　② 솔더량
③ 리드 기계적 변형　④ 플럭스 잔사

|해설| Lead Bent
- 리드가 물리적으로 휘어짐
- 리플로우 전 · 후 모두 검출 가능
- QFP · SOP에서 자주 발생
- 장착 위치와 관계 있음 　　답 ③

203

SPI에서 Volume 불량이 커지면 발생 가능한 문제는?

① 리드 휨
② 브리지 또는 오픈 불량
③ 온도 상승
④ 표면 산화 감소

|해설| Volume 영향
- Volume 과다 → 브리지
- Volume 부족 → 오픈
- SPI는 Volume 3D 분석이 핵심
- 스텐실 · 점도 · 환경과 연계 　　답 ②

204

AOI가 인식하지 못하는 불량 유형은?

① BGA 내부 보이드　② Tombstone
③ Offset　　④ 미납땜

|해설| AOI 한계
- 외관 기반 검사 → 내부 구조 판독 불가
- 보이드는 X-ray만 가능
- Tombstone · Offset · 미납땜은 AOI에서 검출 가능
- 검사장비 특성 이해 필요 　　답 ①

205

SPI에서 Offset 측정의 기준은?

① 인쇄 패턴 중심 대비 위치 오차
② PCB 휨의 정도
③ 부품 높이
④ 플럭스 함량

|해설| Offset 기준
- 페이스트 중심과 패드 중심 차이
- 인쇄 위치가 가장 중요한 요소
- 오프셋은 장착 오프셋으로 연결
- 스텐실 정렬에 가장 민감   답 ①

206

AOI After Reflow의 주요 장점은?

① 페이스트 점도 확인 가능
② 솔더 접합 상태 직접 판단 가능
③ 스퀴지 정렬 확인
④ 노즐 중심 확인

|해설| After Reflow AOI
- 리플로우 후 솔더 접합부의 형태 검사
- 브리지 · 오픈 · 량불량 정확히 보임
- Pre-Reflow AOI보다 신뢰성 높음
- X-ray와 병행 시 최고 정확도   답 ②

207

BGA HIP 불량을 AOI로 확인하기 어려운 이유는?

① 리드가 없음
② 온도 측정 불가
③ AOI 해상도 낮음
④ 내부 접합부가 외관으로 보이지 않음

|해설| HIP의 외관 문제
- BGA 볼은 내부 접합 구조
- 겉으로는 정상처럼 보임
- X-ray로만 판독 가능
- AOI 단독 검사로는 한계   답 ④

208

X-ray 검사에서 "Solder Void Ratio"는 무엇을 의미하는가?

① 솔더 높이 비율   ② 내부 기포 면적 비율
③ 장착 압력 비율   ④ 볼 크기 비율

|해설| Void Ratio
- 전체 솔더볼 대비 보이드 면적 비
- 20~30% 이상이면 신뢰성 저하
- 특히 의료 · 자동차 PCB에서 중요
- Reflow 프로파일과 직접 연계   답 ②

209

AOI의 "Good Template"이 잘못 설정되면 나타나는 현상은?

① PCB 휨
② 리플로우 온도 상승
③ 오검출(False Call) 증가
④ 솔더 점도 저하

|해설| Template 중요성
- 기준 패턴이 잘못 지정 → 정상도 불량 판정
- False Call 증가
- 검사 신뢰성 저하
- 조명 · 각도와 함께 핵심 설정 요소   답 ③

210

SPI에서 "Area Ratio" 문제는 어느 부분에 관련되는가?

① 솔더볼 형성
② 스텐실 개구부 배출 능력
③ 부품 장착 압력
④ 냉각 속도

|해설| Area Ratio
- 스텐실 개구 단면적 대비 정해진 비율
- 너무 낮으면 배출성 저하
- 미세 Pitch 인쇄에서 매우 중요
- SPI는 실제 배출량을 수치화하여 분석   답 ②

211

AOI에서 색상 기반 검사(Color Inspection)의 단점은?

① 속도 향상
② 내부 불량 판독 가능
③ 조명 변화에 민감
④ 솔더량 자동 보정

|해설| Color 검사 단점
- 조명 변화에 따라 민감하게 달라짐
- False Call 증가
- 그레이스케일 · 3D 검사 보완 필요
- 장비 환경 관리 중요　　　　　답 ③

212

X-ray 검사에서 HIP 불량은 어떤 모습으로 나타나는가?

① 솔더 완전 용융
② 패드와 볼 사이 분리된 공간
③ 솔더 과납
④ 브리지 증가

|해설| HIP X-ray 판독
- 패드 · 볼 사이가 분리된 듯한 틈
- 와르르 무너진 모양(베개형)
- Warpage · Flux 문제로 발생
- BGA 검사에서 핵심 항목　　　　답 ②

213

SPI에서 "Collapse" 불량은 언제 발생하는가?

① 리플로우 후 솔더가 퍼지며 높이 감소
② 인쇄 직후 페이스트가 증가
③ 점도 증가
④ 스퀴지 속도 증가

|해설| Collapse
- 리플로우 중 솔더가 용융되며 퍼짐
- 인쇄 높이가 과도할 때 잘 일어남
- Volume 과다와 연계
- Reflow 조건과 강한 관련　　　　답 ①

214

AOI에서 미납땜(Insufficient Solder)을 확인하는 기준은?

① 주변 온도　　　　② 솔더량 형태
③ 부품 무게　　　　④ PCB 크기

|해설| 미납땜 판단
- 솔더필렛 형상 · 높이 · 폭 확인
- 리드 · 패드 젖음 상태 중요
- After Reflow AOI에서 잘 보임
- Volume 부족과 연결　　　　　답 ②

215

X-ray에서 "Head-in-Pillow(HIP)" 불량이 생기는 원인은?

① 페이스트 점도 과다
② 패키지 · PCB Warpage
③ 조명량 부족
④ 솔더볼 크기 증가

|해설| HIP 원인
- 패키지/PCB 휨 → 접촉 불량
- 볼과 패드가 분리되며 HIP 형성
- Reflow TAL · 온도 차이 영향
- BGA X-ray 필수 검사　　　　　답 ②

216

SPI 검사에서 "Shape Error(형상 불량)"는?

① Height, Area가 정상이지만 외형이 비대칭
② 인쇄 위치만 틀어진 상태
③ 솔더량 정상
④ 솔더 접합 불량

|해설| Shape Error
- Shape은 외형/윤곽 검사
- Height · Volume 정상이어도 비대칭이면 불량
- 페이스트 흐름성 · 스퀴지 상태 영향
- 미세 Pitch에서 중요　　　　　답 ①

217

AOI의 3D 검사 기능의 장점은?

① 속도 감소
② 높이 정보 포함
③ 내부 구조 확인
④ 솔더 조성비 측정

|해설| 3D AOI
- 2D의 높이 한계를 극복
- 솔더형상/부피 판단 가능
- 지면 반사 영향 적음
- 단, 내부 구조는 X-ray만 가능   답 ②

218

X-ray 검사에서 "Non-wetting" 불량은 어떤 형태로 보이는가?

① 솔더가 패드에서 튀어나감
② 패드와 솔더가 분리된 깨끗한 경계
③ 보이드가 모여 있는 형태
④ 솔더 과납

|해설| Non-wetting
- 솔더가 패드에 젖지 않아 분리
- 패드가 드러난 상태
- Reflow · 산화 · 플럭스 문제
- 접합 신뢰성 크게 저하   답 ②

219

AOI에서 "Lifted Component(부품 뜸)" 불량을 감지하는 기준은?

① 솔더량
② 부품 높이 · 기울기
③ 페이스트 점도
④ 리플로우 온도

|해설| Lifted Component
- 부품 한쪽 높이 상승 또는 기울어진 상태
- 3D AOI에서 높이 · 각도 분석 가능
- 장착압력 · 페이스트량 모두 영향
- Tombstone과 구분 필요   답 ②

220

X-ray 검사에서 'Cold Joint(냉땜)'이 보이는 특징은?

① 솔더 흐름 증가
② 솔더 표면 거칠고 불균일
③ 솔더볼 균일
④ 패드와 완전 접합

|해설| Cold Joint
- 완전 용융되지 못해 표면 거칠고 불규칙
- 젖음성 불량
- 저온 · 프로파일 미흡 원인
- 장기 신뢰성 저하   답 ②

221

SPI에서 "Excess Height(높이 과다)"는 어떤 문제로 이어지는가?

① HIP 증가
② Tombstone 감소
③ 과납 및 브리지 위험
④ 냉각시간 증가

|해설| Height 과다
- 인쇄 높이가 기준값 초과 → 솔더량 과다
- 브리지 · 쇼트 발생
- Volume 문제와 동일 방향
- 스텐실 두께/개구 설계 영향   답 ③

222

AOI에서 "Polarity(극성) 불량"은 어떤 경우인가?

① 부품 높이 과다
② 극성 표시 반대 방향 장착
③ 솔더량 증가
④ 패드 산화 발생

|해설| 극성 불량
- 전해콘덴서 · LED · 다이오드 등 극성 있는 부품의 방향 오류
- 비전 인식 또는 Feeder 방향 문제
- Reverse Mount와 연계될 수 있음
- AOI에서 기본 검사 항목   답 ②

223

X-ray에서 "Solder Spread(퍼짐)"가 과할 때의 문제는?

① Tombstone 증가 ② 젖음성 향상
③ 브리지 위험 증가 ④ 보이드 감소

|해설| Spread 과다
- 과도하게 퍼지면 패드 간 단락 위험
- Peak 과열 · Volume 과다 원인
- 전자기기 신뢰성 저하
- X-ray 영상에서 쉽게 확인 가능　　　답 ③

224

SPI에서 "Area Error"는 무엇을 의미하는가?

① 온도 상승
② 인쇄 면적이 기준 대비 부족/과다
③ 부품 크기 증가
④ 점도 감소

|해설| Area Error
- 패드 대비 인쇄 면적 비율
- 부족하면 오픈, 과다하면 브리지
- SPI 3대 핵심 지표: Height / Volume / Area
- 스텐실 개구와 직결　　　답 ②

225

AOI가 "Bridge(브리지)를 오검출"하는 원인은?

① 조명 반사 · 그림자
② 패드 크기 증가
③ 페이스트 점도 상승
④ 냉각 속도 너무 빠름

|해설| Bridge 오검출
- 조명 반사/그림자 → 필렛 연결처럼 보임
- Tall Component 인근에서 자주 발생
- 조명 보정 · 각도 튜닝 필요
- 알고리즘 개선으로 해결 가능　　　답 ①

226

X-ray 검사에서 QFN 패키지 내부의 솔더 분포가 비대칭이면?

① 정상　　　　　② 오픈 또는 편납 위험
③ 솔더볼 증가　　④ 패키지 두께 증가

|해설| QFN 비대칭
- 중앙 패드 · 사이드 패드 솔더량 차이
- 오픈 · Skew · Void 증가
- 스텐실 개구 설계 영향
- Reflow TAL 조정 필요　　　답 ②

227

SPI에서 "Insufficient Area(면적 부족)"의 원인으로 맞는 것은?

① 점도 감소　　　② 스퀴지 압력 부족
③ 패드 산화　　　④ 피더 Pitch 증가

|해설| Area 부족
- 압력이 낮으면 개구 충진이 덜 됨
- 면적 부족 → Volume/Height도 부족
- 브리지보다는 오픈 유발
- 압력 · 속도 · 페이스트 관리 연계　　　답 ②

228

AOI에서 "Co-planarity(평면도)" 검사는 무엇을 확인하는가?

① 전원 이상
② 리플로우 온도
③ 리드/단자 높이 균일성
④ 페이스트 점도

|해설| 평면도 검사
- 리드/터미널이 동일 평면인지 검사
- Lifted Lead · 변형 리드 확인 가능
- QFP · SOP 패키지에서 중요
- 접합 신뢰성에 큰 영향　　　답 ③

229

X-ray에서 솔더볼의 'Oval(타원형)' 기형이 의미하는 것은?

① 정상 접합
② 볼 변형 또는 압력 문제
③ 산화 감소
④ 점도 증가

|해설| Oval 볼
- 볼이 눌리거나 변형된 상태
- 장착압력 · Warpage · 프로파일 영향
- HIP와 구분 필요
- X-ray로 형태 판독   답 ②

230

SPI에서 "Paste Lift(들뜸)" 불량은 언제 발생하는가?

① 솔더가 지나치게 녹을 때
② 인쇄 직후 페이스트가 들려 올라갈 때
③ 노즐 압력이 과다할 때
④ 냉각속도 지나치게 빠를 때

|해설| Paste Lift
- 스퀴지 롤링 불량 → 페이스트가 들려 올라감
- 개구부 젖음성 영향
- Shape Error와 연계
- 점도/압력 관리 필요   답 ②

231

AOI에서 "Partial Wetting(부분 젖음)"이란?

① 솔더가 전혀 젖지 않은 상태
② 한쪽 패드만 젖고 다른 쪽은 미흡한 상태
③ 솔더량 증가
④ 리플로우 온도 과다

|해설| 부분 젖음
- 패드 둘 중 한쪽만 젖음
- 젖음 불량의 대표적 형태
- Tombstone · Lift와 연계 가능
- 패드 산화 · Volume 부족이 원인   답 ②

232

X-ray에서 "Solder Thinning(솔더 얇아짐)"은 무엇을 의미하는가?

① Zone 온도 상승   ② 솔더량 부족
③ 노즐 압력 과다   ④ 페이스트 경화

|해설| Thinning 의미
- 볼/패드 밑 솔더 두께가 얇아짐
- Volume 부족 문제의 X-ray 버전
- 오픈 위험 증가
- 스텐실 개구 설계와 연계   답 ②

233

SPI의 3D 검사 장점은?

① 속도 느림
② 외관만 검사
③ 높이 · 부피 · 면적 모두 정량 측정
④ 내부 분석 가능

|해설| SPI 3D 장점
- Height/Volume/Area 동시 측정
- 인쇄 품질 예측 가능
- 2D보다 정확도 높음
- AOI · X-ray와 함께 품질 완성   답 ③

234

AOI에서 'Gloss(광택)'로 인한 오검출은 어떤 경우에 발생하는가?

① PCB가 두꺼울 때
② 솔더 표면 반사로 인해 밝기가 과도하게 측정될 때
③ 점도 너무 낮을 때
④ 플럭스 경화가 적을 때

|해설| Gloss 문제
- 솔더표면 반사 → 밝기 왜곡
- 리드/필렛 경계 혼동
- False Call 증가
- 조명 조절로 해결 가능   답 ②

235

X-ray에서 "Open(미접합)"은 어떻게 보이는가?

① 볼과 패드가 완전히 분리
② 솔더가 과량
③ 솔더 퍼짐 증가
④ 패드 산화

|해설| Open 판정
- 볼 · 패드 연결이 완전히 끊긴 상태
- X-ray에서 확실히 드러남
- HIP는 부분 접촉, Open은 완전 분리
- Reflow 조건 · Volume 부족 영향　　　　답 ①

236

SPI에서 "Shadow Effect"는 무엇이 원인인가?

① 조명 난반사
② 카메라 위치와 개구부 깊이 관계
③ 노즐 압력 과다
④ PCB 길이 증가

|해설| Shadow Effect
- 개구부 깊고 카메라 각도 제한 → 그림자 영역 발생
- 측정값 오류
- 스텐실 두께/형상 영향
- 광원 조절로 개선 가능　　　　답 ②

237

AOI에서 "Lead Float(리드 뜸)" 불량은?

① 리드가 완전히 젖은 상태
② 리드가 패드에서 떠 있는 상태
③ 솔더량 과다
④ 부품 방향 반대

|해설| Lead Float
- 리드가 패드에 붙지 않고 뜬 상태
- 젖음 부족 · 압력 부족
- AOI After Reflow에서 잘 보임
- QFP에서 흔함　　　　답 ②

238

X-ray에서 "멀티 레벨 void(다층 보이드)"는 무엇을 의미하는가?

① 페이스트 점도 증가
② 솔더량 과다
③ 납볼 크기 감소
④ 여러 층에 걸쳐 보이드가 존재

|해설| Multi-Level Void
- 접합부 여러 깊이에서 보이드 형성
- 고신뢰성 제품에서 매우 문제
- TAL · Flux · 재료 품질 3대 원인
- X-ray 3D/CT 방식으로 판독　　　　답 ④

239

AOI에서 "Lead Short(단락)"을 판단하는 근거는?

① 리드 높이
② 두 리드 간 필렛 연결 여부
③ 솔더 점도
④ 패드 색상

|해설| Lead Short
- 두 리드 사이 솔더가 연결된 상태
- QFP에서 흔하게 발생
- AOI After Reflow에서 명확히 판단
- Volume 과다/리플로우 퍼짐 영향　　　　답 ②

240

X-ray 검사에서 Underfill이 부족할 때 나타나는 문제는?

① 과납 발생　　　　② HIP 감소
③ 솔더볼 크기 증가　　④ 패키지 균열 증가

|해설| Underfill 부족
- 패키지 하부 충격 분산 부족
- BGA · CSP에서 크랙 증가
- 장기 신뢰성 크게 저하
- 모바일 · 자동차용에 중요　　　　답 ④

241

SPI에서 "Too Much Area(면적 과다)" 문제는 어떤 불량으로 이어지는가?

① 오픈 증가　　　② 브리지 증가
③ Tombstone 감소　④ 냉각속도 증가

|해설| 면적 과다 영향
- 면적이 많으면 페이스트가 퍼짐
- 브리지(Short) 위험 상승
- 스텐실 개구 설계 영향
- 미세 Pitch에서 매우 중요　　　　　답 ②

242

AOI에서 'Component Floating(부품 전체 뜸)'이란?

① 한쪽만 들림
② 양쪽 모두 패드에서 떨어진 상태
③ 솔더량 증가
④ 패드 훼손

|해설| Component Floating
- 부품 전체가 패드와 거의 접촉하지 않음
- 솔더 젖음 부족 · 장착압력 부족
- Tombstone과 다르게 양측이 떠 있음
- 리플로우 젖음성 문제와 직결　　　답 ②

243

X-ray에서 SMD 리드부 솔더량이 과다한 경우 어떤 모습으로 보이는가?

① 단면적 작음
② 과도하게 퍼져 밝은 영역 증가
③ 패드와 분리
④ 타원형 볼

|해설| X-ray 솔더 과납
- 솔더 밀도가 높아 밝은 영역 크게 표시
- 브리지 · 쇼트 위험 증가
- Volume 과다 · Peak 과열 원인
- 과납은 신뢰성에도 악영향　　　답 ②

244

저항 두 개가 직렬로 연결되면 전체 저항은?

① 곱한 값
② 작은 값
③ 큰 값 쪽으로 감소
④ 합한 값

|해설| 직렬 저항
- $R\_total = R1 + R2$
- 전류 동일
- 전압은 저항 비례 분배
- 기본 회로 계산의 출발점　　　　　답 ④

245

커패시터의 전하 저장량을 나타내는 단위는?

① 헨리(H)　　　　② 패럿(F)
③ 옴(Ω)　　　　④ 테슬라(T)

|해설| 용량 단위
- 커패시터의 전하 저장능력
- $Q = CV$ 관계
- μF, nF, pF 등으로 사용
- 필터 · 타이밍 회로 필수 요소　　　답 ②

246

코일(인덕터)의 주요 전기적 특성은?

① 전류 변화 방지
② 전압의 흐름 방지
③ 저항 감소
④ 전력 증가

|해설| 인덕터 특성
- 전류 변화에 반발
- di/dt에 대해 역기전력 발생
- 필터 · SMPS · 에너지 저장에 활용
- DC에서는 단락과 유사　　　　　　답 ①

247
다이오드의 가장 기본적 기능은?

① 전력 증폭
② 교류 발생
③ 한 방향 전류만 흐르게 함
④ 속도 조절

|해설| 다이오드 기능
- PN 접합 구조
- 정방향 도통, 역방향 차단
- 정류 · 보호 · 스위칭에 필수
- 반도체 기본소자   답 ③

248
전압 · 전류의 곱으로 구하는 값은?

① 정전용량   ② 인덕턴스
③ 전력(W)   ④ 저항(Ω)

|해설| 전력(P)
- P = VI
- 교류에서는 PF(역률) 고려
- 부하가 소비하는 에너지 양
- 전원 · 설비 설계 기본   답 ③

249
오실로스코프에서 Time/Div 조정의 목적은?

① 파형 밝기 조절
② 전압 크기 조절
③ 주파수 변조
④ 시간 축 스케일 조정

|해설| Time/Div
- X축 시간 스케일 변화
- 파형 주기 · 주파수 확인 가능
- Trigger와 함께 안정화
- 측정 기초 조작   답 ④

250
저항의 색띠 코드에서 금색(Gold)의 허용오차는?

① ±1%   ② ±2%
③ ±5%   ④ ±10%

|해설| 금색 오차
- ±5%
- 은색은 ±10%
- 색띠 4밴드/5밴드 구분
- 저가 저항에서 흔함   답 ③

251
멀티미터로 저항 측정 시 가장 주의할 점은?

① 회로 전원을 완전히 차단
② 주파수를 높임
③ 온도 유지
④ 증폭기 사용

|해설| 저항 측정
- 내부 전압이 인가되므로 전원 켜진 상태 금지
- 회로 분리 또는 단독 측정
- 병렬 경로 주의
- 정확도 확보 핵심   답 ①

252
콘덴서의 직류(DC) 차단 기능을 이용한 회로는?

① 바이패스 회로
② 커플링 회로
③ 정류 회로
④ 감쇠 회로

|해설| 커플링
- DC 차단, AC만 통과
- 증폭기 입력 · 출력단에서 사용
- 바이어스 분리 목적
- 오디오 · 신호처리 핵심   답 ②

253

다이오드 정류 회로에서 리플 전압을 줄이기 위해 사용하는 소자는?

① 스위칭 트랜지스터
② 캐패시터
③ 써미스터
④ 인덕터 코어

|해설| 리플 제거
- 정류 후 캐패시터로 평활
- 리플 줄어 전압 안정
- 용량 클수록 효과 증가
- 선형 전원 기본 구성 　　　　　답 ②

254

AC 전압의 실효값(Vrms) 의미는?

① 최대값
② 평균값
③ DC와 동일한 열적 효과를 내는 값
④ 위상차

|해설| 실효값
- AC의 에너지 관점에서의 등가 DC값
- $Vp/\sqrt{2}$
- 전력 계산에 사용
- 가전 · 전력계 모두 실효값 기준 　　답 ③

255

트랜스포머의 1차 · 2차 권선비가 1:2이면?

① 전압 절반
② 전압 2배 승압
③ 전류 2배 증가
④ 출력 0

|해설| 권선비
- V2/V1 = N2/N1
- 1:2 → 전압 2배
- 전류는 반비례
- 절연 · 정전압 역할도 있음 　　　답 ②

256

저항 10Ω에 2A 전류가 흐르면 소비 전력은?

① 5W　　　　　　② 10W
③ 20W　　　　　　④ 40W

|해설| 전력 계산
- $P = I^2R = 4 \times 10 = 40W$
- 또는 P = VI = (2×20)
- 고전류 회로에서 중요
- 발열 고려 필수 　　　　　　답 ④

257

정류 다이오드의 역방향 누설전류가 커지는 원인은?

① 온도 상승　　　　② 온도 감소
③ 전압 감소　　　　④ 주파수 감소

|해설| 누설전류 증가
- 온도↑ → 역누설 크게 증가
- 반도체 열적 특성 문제
- 고온 환경 회로에서 주의
- 쇼트키는 누설 더 큼 　　　　답 ①

258

OP-Amp의 입력 임피던스가 높으면 생기는 장점은?

① 전류 소모 증가
② 신호 왜곡 증가
③ 이전 단계 회로에 부하를 거의 주지 않음
④ 전압 강하 증가

|해설| 높은 입력 임피던스
- 입력 전류 거의 흐르지 않음
- 앞단 회로의 신호가 유지됨
- 버퍼 · 센서 증폭에 적합
- OP-Amp 이상적 특성 중 하나 　　답 ③

259

SMT 공정에서 솔더 인쇄 품질과 가장 거리가 먼 요인은?

① 스퀴지 속도
② 솔더 크림 점도
③ 메탈 마스크 개구부 크기
④ 기판 재질

|해설| 솔더 인쇄 품질 요인
- 인쇄 품질은 스퀴지 속도 · 압력과 메탈마스크 개구부 설계가 직접 영향함
- 솔더 크림 점도 · 입도 · 칙소성은 충진과 빠짐성에 영향을 줌
- 기판 재질 자체는 인쇄 품질에 직접 영향이 적음
- 표면처리 · 평탄도가 더 영향이 크므로 기판 재질은 상대적으로 무관함　　　답 ④

260

마운터 장치에서 헤드가 담당하는 기능은?

① 솔더 교반
② 부품 흡착 및 위치 이동
③ 기판 예열
④ 솔더량 측정

|해설| 마운터 헤드 기능
- 헤드는 노즐을 장착하여 부품 흡착 · 이송 · 회전 · Z높이 제어를 수행함
- X/Y 위치 이동으로 정확한 좌표에 부품을 배치함
- 부품 형상에 맞는 노즐과 비전 인식으로 장착 정밀도를 확보함
- 인쇄 · 예열 등은 다른 공정 장비 기능이므로 해당 없음　　　답 ②

261

테이프 피더(Tape Feeder) 규격으로 틀린 것은?

① 8mm × 2mm　　② 8mm × 4mm
③ 8mm × 8mm　　④ 12mm × 4mm

|해설| 피더 규격 판별
- 8mm 테이프는 표준적으로 2mm 또는 4mm 피치를 사용함
- 12mm 테이프는 부품에 따라 4mm 등 여러 피치 사용 가능함
- 8mm × 8mm 피치는 비표준 규격으로 현장에서 사용되지 않음
- 따라서 ③은 테이프 규격으로 맞지 않음　　　답 ③

262

SMT 장점으로 맞지 않는 것은?

① 경량화
② 자동화 용이
③ 신뢰성 향상
④ 재작업이 매우 용이

|해설| SMT 장점 · 단점
- SMT는 소형 · 경량 · 고밀도화로 신뢰성 향상에 유리함
- 자동화 · 대량생산에 적합함
- 그러나 미세피치 · 다핀 패키지는 재작업 난이도가 높은 편임
- 재작업 용이성이 장점이라는 진술은 부적절함　　　답 ④

263

IMT(삽입) 실장의 올바른 설명은?

① 표면 패드에 장착
② 장착 후 리플로우 사용
③ 부품 리드를 기판 홀에 삽입
④ 양면 실장만 가능

|해설| IMT 실장 특징
- IMT는 리드를 기판 스루홀에 삽입하는 관통형 실장 방식임
- 주 공정은 웨이브 솔더링으로 접합함
- 표면 패드에 장착하는 SMT와 구분됨
- 양면 기판 적용은 가능하나 방식 자체가 표면실장은 아님　　　답 ③

264

부품 틀어짐(Skew) 불량의 원인이 아닌 것은?

① 장착 높이 불량
② 비전 인식 오류
③ 스퀴지 압력 문제
④ 픽업 오프셋 불량

|해설| 스큐(Skew) 불량 요인
- 스퀴지는 인쇄 공정 요소로 장착 위치 틀어짐과 무관함
- 비전 인식 오류는 좌표 보정 실패로 틀어짐을 유발함
- 장착 Z높이 부정확은 압착력 불균형으로 미끄러짐을 발생함
- 픽업 오프셋 오차는 부품이 비틀린 상태로 배치되어 스큐를 유발함　　　　　　　답 ③

265

솔더볼(Solder Ball) 불량의 원인이 아닌 것은?

① 인쇄 후 장시간 방치
② 페이스트 수분 흡수
③ 스텐실 오염
④ 메탈마스크 판두께 증가

|해설| 솔더볼 불량 요인
- 인쇄 후 방치는 건조 · 산화로 솔더볼이 증가함
- 수분 흡수는 리플로우 시 기포 폭발로 솔더볼 발생 증가
- 스텐실 오염은 전사 불균일로 볼 생성 위험 증가
- 판두께 변화는 전사량 변화일 뿐 솔더볼 직접 원인은 아님　　　　　　　답 ④

266

리플로우 예열(Preheat) 구간 A~B의 적정 시간은?

① 20~40초　　　　② 60~120초
③ 180~240초　　　④ 240~300초

|해설| Preheat 구간 시간
- 예열 단계는 솔더 페이스트 용제 증발과 플럭스 활성화 목적임
- 너무 짧으면 열충격과 용융 불균형이 발생함
- 60~120초가 일반적인 예열 표준 범위임
- 과도한 장시간은 플럭스 열화를 유발함　　答 ②

267

BGA가 재작업 난이도가 높은 이유는?

① 리드가 길다
② 볼이 패키지 하부에 위치한다
③ 인쇄 공정이 필요 없다
④ 높은 용융점을 사용한다

|해설| BGA 리워크 난이도
- 볼이 패키지 하부에 있어 육안 확인이 어려움
- 접합 상태 확인을 위해 X-ray 등 특수 장비가 필요함
- 언더필 · 리볼링 등 추가 공정이 필요함
- 위치 보정이 까다롭고 열 관리 난이도가 높음　　　　　　　답 ②

268

인쇄 후 부품 탑재를 위해 크림솔더가 가져야 할 성질은?

① 발포성　　　　　② 점착성
③ 고체함량 증가　　④ 고점도 유지

|해설| 크림솔더 요구 특성
- 인쇄 후 부품이 떨어지지 않도록 점착성이 필요함
- 점착성은 장착 안정성과 쇼트 방지에 기여함
- 인쇄성 · 빠짐성 · 레올로지 특성도 중요함
- 발포성은 불량 원인이므로 요구 특성이 아님　　　　　　　답 ②

269

무연 솔더의 대표 조성과 맞는 것은?

① Sn-Pb-Ag　　　② Sn-Ag-Cu
③ Sn-Pb-Bi　　　　④ Sn-Pb-Zn

|해설| Pb-free 솔더 조성
- Sn-Ag-Cu(SAC계)는 대표적인 무연 솔더임
- Pb가 포함되면 무연 솔더가 아님
- SAC계는 높은 신뢰성과 충분한 열특성을 확보함
- 전자제품의 RoHS 대응으로 광범위하게 사용됨

답 ②

270

마운터 공정 불량이 아닌 것은?

① 미장착　　　② 틀어짐
③ 뒤집힘　　　④ 솔더 과납

|해설| 마운터 공정 불량
- 솔더 과납은 인쇄 · 리플로우 공정에서 발생함
- 마운터 불량은 주로 미장착 · 틀어짐 · 부품 자세 오류임
- 뒤집힘은 장착 자세 불안정 시 발생함
- 과납과 같은 필렛 형상 문제는 후공정 요인임

답 ④

271

솔더 페이스트를 패드에 전사하는 스크린 프린터 구성요소는?

① 히터　　　② 스퀴지
③ 노즐　　　④ 스테이지

|해설| 스퀴지 기능
- 스퀴지는 페이스트를 압력과 각도로 밀어 개구부에 충진시킴
- 인쇄 품질은 스퀴지 속도 · 각도 · 압력에 크게 좌우됨
- 스테이지는 PCB 위치 고정 역할을 함
- 노즐은 마운터에서 부품 흡착에 사용하는 구성임

답 ②

272

PCB 패턴 설계 시 잘못된 것은?

① 소신호와 대전류 패턴 분리
② 루프 면적 최소화
③ 패턴을 최단거리로 설계
④ 소신호와 대전류 패턴 근접 배치

|해설| PCB 패턴 설계 기준
- 소신호 · 대전류 패턴은 간섭 방지를 위해 분리함
- 루프 형상은 노이즈 증가 요인이므로 최소화함
- 패턴은 가능한 짧고 직선화하여 임피던스를 줄임
- 근접 배치는 노이즈 · 전압강하 문제로 부적절함

답 ④

273

정상적인 다이오드 판별 조건으로 틀린 것은?

① 순방향 저항 낮음
② 역방향 저항 높음
③ 양방향 모두 낮음
④ 순방향 전압 약 0.7V

|해설| 다이오드 정상 판별
- 순방향은 PN 접합 도통으로 낮은 저항을 보임
- 역방향은 차단 상태로 높은 저항을 보임
- 양방향 모두 낮으면 내부 단락(쇼트) 불량임
- 실리콘 다이오드의 순방향 전압은 약 0.7V 수준임

답 ③

274

집적회로(IC)의 집적도 분류 중 가장 높은 단계는?

① SSI　　　② MSI
③ LSI　　　④ VLSI

|해설| IC 집적도 분류
- 집적도는 SSI ⟨ MSI ⟨ LSI ⟨ VLSI 순으로 증가함
- VLSI는 대규모 집적회로로 트랜지스터 수가 가장 많음
- 기능 통합 · 밀집도가 가장 크고 회로 복잡도가 높음
- 설계 · 검증 난이도도 가장 높은 단계임　답 ④

275

레지스트(Solder Mask)의 역할로 틀린 것은?

① 브리지 방지　　　② 패턴 보호
③ 부식 방지　　　④ 솔더량 증가

|해설| 레지스트 기능
- 솔더레지스트는 패턴을 코팅하여 브리지 방지를 수행함
- 납땜 과정에서 패턴 보호와 절연 유지에 기여함
- 외부 환경으로부터 산화 · 부식을 방지함
- 솔더량 증가 기능은 없으며 오히려 납 번짐을 억제함

답 ④

|해설| 공기압 장단점
- 공기압은 비도전성 · 불연성이라 안전성이 높음
- 장치 구조가 간단해 유지보수가 용이함
- 압축 과정에서 수분이 응축되므로 배수대책은 필수임
- '배수대책 불필요'는 실제 특성과 반대이므로 오답임

답 ④

276

공기압 회로에서 역류 방지 기능을 하는 밸브는?

① 릴리프 밸브
② 감압 밸브
③ 체크 밸브
④ 시퀀스 밸브

|해설| 체크 밸브 기능
- 체크밸브는 공기를 한 방향으로만 흐르게 함
- 역방향 흐름은 자동으로 차단함
- 공기압 회로 보호 및 역류로 인한 오동작 방지에 사용됨
- 릴리프 · 감압 · 시퀀스는 압력 제어 목적임 답 ③

279

리플로우 공정에서 열 전달 방식에 포함되지 않는 것은?

① 전도
② 대류
③ 복사
④ 반사

|해설| 리플로우 열 전달 방식
- 리플로우는 전도 · 대류 · 복사 3가지 방식으로 열이 전달됨
- 전도는 부품 · 패드의 접촉을 통한 열 이동임
- 대류는 가열된 공기 흐름으로 열이 전달되는 방식임
- 반사는 열 전달 방식이 아니므로 구성에서 제외됨

답 ④

277

절대압력 관계식으로 맞는 것은?

① 절대압 = 대기압 − 게이지압
② 절대압 = 대기압 + 게이지압
③ 게이지압 = 절대압 + 대기압
④ 진공압 = 절대압 + 대기압

|해설| 압력 관계 정의
- 절대압력은 기준을 완전진공으로 설정한 압력임
- 절대압 = 대기압 + 게이지압 관계가 성립함
- 게이지압 = 절대압 − 대기압으로 계산함
- 진공압은 대기압보다 낮은 음압 개념임 답 ②

280

솔더 인쇄 시 인쇄불량의 원인이 아닌 것은?

① 스퀴지 속도
② 판분리 속도
③ 솔더 페이스트 열화
④ 리플로우 예열시간

|해설| 인쇄 불량 요인
- 스퀴지 속도 · 압력은 페이스트 충진성에 직접 영향함
- 판분리 속도는 개구부 페이스트 이형 안정성과 관련 있음
- 솔더 페이스트 열화는 점도 변화로 인쇄 형상을 무너뜨림
- 리플로우 예열시간은 인쇄 공정과 무관한 요소임

답 ④

278

공기압의 장점이 아닌 것은?

① 감전 위험 없음
② 설비 구성 간단
③ 보수 용이
④ 배수대책 불필요

281

SMT 인라인 설비 구성으로 틀린 것은?

① 스크린 프린터　② 마운터
③ 리플로우　④ 솔더 교반기

|해설| SMT 인라인 구성
- 기본 구성은 프린터 → 마운터 → 리플로우 순임
- 프린터는 솔더 인쇄, 마운터는 부품 배열, 리플로우는 접합 수행
- 솔더 교반기는 보조장비로 인라인 필수 구성에 포함되지 않음
- 교반기는 페이스트 품질 유지 목적 장치임　답 ④

282

표면실장 부품 공급 형태로 틀린 것은?

① Tape & Reel　② Tray
③ Stick　④ Paper

|해설| SMT 공급 형태
- Tape & Reel은 고속 실장에 가장 널리 사용됨
- Tray는 BGA · QFP 등 대형 패키지용임
- Stick은 길이형 패키지용 공급 방식임
- Paper 형태는 SMT 표준 공급 방식이 아님
　답 ④

283

솔더링 전 예열(Preheat)의 목적이 아닌 것은?

① 납땜 대상물의 가열
② 수분 · IPA 제거
③ 플럭스 활성화
④ 작은 납 입자 형성

|해설| 예열 목적
- 예열은 모재의 균일 가열로 열충격을 완화함
- 페이스트 내 수분 · 용제를 서서히 제거함
- 플럭스 활성화로 산화 제거 및 젖음성 향상함
- 작은 납 입자 형성은 솔더볼 원인이므로 목적이 아님
　답 ④

284

SMT 부품에서 가장 우수한 고주파 특성을 나타내는 이유는?

① 큰 리드 인덕턴스
② 무리드 구조로 기생성분 작음
③ 리드프레임 면적 증가
④ 열용량이 크다

|해설| SMT 고주파 특성
- SMT는 리드가 짧거나 무리드 구조라 기생 인덕턴스가 매우 작음
- 패드와 부품 간 경로가 짧아 신호 손실과 지연이 적음
- 고주파 회로에서 반사 · EMI가 감소해 성능이 유리함
- 리드형(IMT)의 긴 리드는 고주파 특성이 떨어짐
　답 ②

285

솔더량이 많아 부품 전극부 주변까지 퍼진 상태의 불량은?

① 솔더쇼트　② 솔더과다
③ 솔더볼　④ 솔더과소

|해설| 솔더 불량 유형
- 솔더 과다는 개구부 과대 · 압착 과다 등으로 솔더량이 과도할 때 발생함
- 솔더쇼트는 인접 전극이 연결되는 상태임
- 솔더볼은 미세 납구슬이 주변에 산포된 상태임
- 솔더과소는 필렛 부족으로 접합이 불완전한 상태임
　답 ②

286

스크린 프린터 인쇄 품질을 위해 메탈마스크가 가져야 할 조건은?

① 저장력(저장력 낮음)
② 높은 장력
③ 마스크 틈새 증가
④ 개구부 모서리를 둥글게 제거

|해설| 메탈마스크 품질 조건
- 메탈마스크는 높은 장력으로 팽팽하게 유지되어야 정합 안정성이 높음
- 낮은 장력은 처짐·밀림으로 인쇄 불량을 유발함
- 개구부 설계는 패턴 크기에 맞춰 정밀 가공해야 함
- 틈새가 크면 전사량 불균일이 발생함 답 ②

287

마운터에서 발생하는 불량이 아닌 것은?

① 미장착   ② 틀어짐
③ 뒤집힘   ④ 솔더부족

|해설| 마운터 불량
- 미장착·틀어짐·오프셋·뒤집힘 등은 장착 공정 자체의 불량임
- 솔더 부족은 인쇄 공정(SPI) 또는 리플로우 조건에서 발생함
- 마운터는 솔더량에 관여하지 않음
- 솔더부족은 주로 스텐실·점도·판분리 문제임 답 ④

288

칩 틀어짐(스큐) 대책으로 잘못된 것은?

① 장착높이 조정
② 부품높이(Z) 재설정
③ 장착 지연시간 확보
④ 부품인식 높이 조정

|해설| 스큐 대책
- 장착높이(Z압) 조정으로 페이스트 복원과 접촉 안정성을 확보함
- 부품 Z값 조정은 압착 불균형 방지에 필요함
- 장착 지연시간(Release time) 확보로 부품 흔들림을 방지함
- 인식높이는 비전 인식용으로 틀어짐 원인과 직접 관련 없음 답 ④

289

Pb-free 솔더 관련 불량이 아닌 것은?

① 리프트오프   ② 휘스커
③ 솔더포트 침식   ④ 접합강도 저하

|해설| 무연솔더 불량
- 무연솔더는 고온 공정으로 리프트오프가 발생하기 쉬움
- 주석계 솔더는 휘스커 발생 위험이 큼
- 무연은 구리 용출이 크므로 솔더포트 침식이 나타남
- 접합강도 저하는 설계·합금 조건에 따라 달라 고유 불량으로 보지 않음

290

실장 순서로 가장 적절한 것은?

① QFP → 1005 칩 → 2012 칩 → BGA
② 1005 칩 → 2012 칩 → QFP → BGA
③ 2012 칩 → QFP → BGA → 1005 칩
④ BGA → QFP → 칩 전체

|해설| SMT 부품 장착 순서
- 일반적으로 소형·경량 → 대형·중량 부품 순으로 장착함
- 1005 → 2012 → QFP → BGA 순이 리플로우 안정성에 가장 적합함
- 대형 부품을 먼저 장착하면 칩 변위·진동 영향이 커짐
- BGA는 열용량·워핑 우려로 최종 장착이 원칙임 답 ②

291

플럭스 역할로 틀린 것은?

① 청정화   ② 산화방지
③ 재산화 방지   ④ 세척 방지

|해설| 플럭스 기능
- 금속 표면 산화막 제거(청정화) 기능 수행
- 산화막 재형성을 방지함
- 젖음성을 향상시켜 필렛 품질을 좋게 함
- 세척 방지는 플럭스 기능이 아니며 오히려 잔사 제거가 필요함 답 ④

292
다층 PCB 분류 기준이 아닌 것은?

① 단면　　　　② 양면
③ 다층　　　　④ 플렉시블

|해설| PCB 층수 분류
- 단면 · 양면 · 다층(Multi-layer)은 층수 기준 분류임
- 플렉시블은 기판 재질 기준으로 층수 분류가 아님
- 플렉시블 PCB도 단면 · 양면 · 다층으로 제작됨
- 따라서 층수 분류에 포함되지 않음　　답 ④

293
오장착 방지 대책으로 거리가 먼 것은?

① 바코드 관리
② 부품 용량 확인
③ 부품리스트 부착
④ 카세트 교정

|해설| 오장착 방지
- 바코드 관리로 자재 오류를 예방함
- 부품 교체 시 규격 확인은 이종 치환 방지에 필수임
- 작업대 부착 리스트는 혼입 방지에 효과적임
- 카세트 교정은 장착 정밀도용으로 오장착 방지와는 직접 관련 없음　　답 ④

294
트라이액(TRIAC)의 특징으로 맞는 것은?

① 직류에서만 동작
② 한 방향만 전류 흐름
③ 양방향 전류 제어 가능
④ 게이트 전극이 없다

|해설| TRIAC 특징
- TRIAC은 양 방향으로 전류를 제어하는 AC용 반도체임
- 게이트 신호 인가 시 두 방향으로 전류가 흐름
- 조광기 · 속도조절기 등 교류 제어에 사용됨
- 단일 방향만 제어하는 SCR과 구분됨　　답 ③

295
P형 반도체를 만드는 도우핑 원자는?

① 4가　　　　② 5가
③ 3가　　　　④ 1가

|해설| P형 반도체 도핑
- 3가 원자(B, Ga 등)를 첨가하면 정공이 다수 캐리어임
- 억셉터(수용체) 불순물이라고 부름
- 전자는 부족하여 양공이 생성됨
- 5가는 N형 반도체 형성용임

296
콘덴서 종류로 틀린 것은?

① 전해 콘덴서　　② 탄탈 콘덴서
③ 세라믹 콘덴서　　④ 유전체 콘덴서

|해설| 콘덴서 종류
- 전해 · 탄탈 · 세라믹은 실제 사용하는 콘덴서 종류임
- 모든 콘덴서에는 유전체가 있으므로 '유전체 콘덴서'는 종류 분류가 아님
- 유전율 · 내전압 등 성능은 유전체 재질에 따라 결정됨
- 따라서 ④는 분류명으로 부적절함　　답 ④

297
다이오드 정상 동작이 아닌 것은?

① 순방향 저항 낮음
② 역방향 저항 매우 높음
③ 양방향 모두 높은 저항
④ 순방향 전압 약 0.7V

|해설| 정상 다이오드 판정
- 순방향은 PN접합 도통으로 낮은 저항
- 역방향은 차단 상태로 높은 저항
- 양방향 모두 높은 저항은 단선(open) 불량임
- 0.7V는 실리콘 다이오드의 평균 순방향 전압임　　답 ③

298

PCB 전기검사(BBT)의 설명으로 맞는 것은?

① 부품 장착 후 테스트
② 랜드에 프로브 접촉해 단락 · 오픈 검사
③ 기능 동작 시험
④ 패키지 내부 검사

|해설| BBT 특징
- BBT는 조립 전 기판만 대상으로 함
- 모든 랜드에 프로브를 접촉해 회로 단락 · 오픈을 검사함
- In-Circuit Test는 부품 장착 후 회로 측정임
- Function Test는 완제품 기능 검사용임   답 ②

299

다이오는 정상 동작 상태 판별에 대한 설명으로 틀린 것은?

① 순방향 저항이 낮다
② 역방향 저항이 높다
③ 순 · 역 모두 높은 저항을 보인다
④ 순방향 전압 낙하가 약 0.7V이다

|해설| 다이오드 정상 판별
- 순방향은 PN 접합이 도통해 저항이 낮게 나타남
- 역방향은 차단되어 저항이 매우 높게 나타남
- 순 · 역 모두 높은 저항은 단선(open) 불량임
- 실리콘 다이오드의 순방향 전압은 약 0.7V임
                                          답 ③

300

전자부품 보관 · 관리 방법으로 옳은 것은?

① 습한 곳에 보관한다
② IC는 소켓에 꽂아 보관한다
③ 종류별 · 규격별 분류가 필요하다
④ 스위치는 종류별 구분 없이 혼합 보관한다

|해설| 전자부품 보관 요령
- 부품은 종류별로 분류하고 규격 · 크기별로 구분 보관함
- 습도 · 정전기 관리를 위해 건조 · ESD 보호가 필요함
- IC는 소켓 보관이 아닌 모듈 트레이 · 릴 · ESD 백 사용이 적합함
- 스위치 · 커넥터 등은 종류 혼입을 방지하기 위해 반드시 구분함   답 ③

301

PCB 패턴 설계 시 유의사항으로 틀린 것은?

① 대전류 패턴과 소신호 패턴 분리
② 패턴 간 전위차에 따른 간격 유지
③ 루프(Loop) 면적 최소화
④ 패턴은 길게 설계해 노이즈 감소

|해설| PCB 패턴 설계 기준
- 패턴은 가능한 짧고 직선적으로 설계해 전기적 잡음을 줄임
- 루프 면적은 EMI · 유도성 잡음 증가 원인이므로 최소화함
- 전위차가 큰 패턴은 절연거리 확보가 필요함
- 대전류 · 소신호 패턴은 간섭 방지를 위해 충분한 이격이 필요함   답 ④

302

BBT(Bare Board Test)의 목적은?

① 부품 장착 상태 검사
② 기판 단락 · 오픈 검사
③ 회로 기능 검사
④ 솔더 품질 검사

|해설| BBT 검사 목적
- BBT는 부품 장착 전 기판의 전기적 이상 여부를 검사함
- 모든 랜드에 프로브를 접촉해 오픈 · 쇼트 여부를 확인함
- 기능 검사는 FCT 단계에서 수행함
- 솔더 품질은 리플로우 후 검사 대상임   답 ②

303

PCB 설계 시 패턴 방향 지침으로 틀린 것은?

① 양면 패턴은 90도 교차 배치
② PCB 외곽선과 패턴 간 일정 간격 유지
③ 솔더면 패턴은 투입 방향과 나란하게
④ 양면 패턴은 동일 방향으로 나란히 배치

|해설| 패턴 방향 기준
- 부품면 · 솔더면 패턴을 90도 교차해 신호 간섭을 줄임
- 외곽선과 패턴 사이 규정 간격은 가공 신뢰성 확보 목적임
- 솔더면 패턴의 방향은 웨이브 납땜 조건과 관련 있음
- 양면을 나란하게 배치하는 것은 간섭 증가로 부적절함   답 ④

304

트라이액(TRIAC)의 특징은?

① DC에서만 사용
② 단방향 전류 제어
③ 교류 양방향 전류 제어
④ 게이트 단자가 없다

|해설| TRIAC 동작 특성
- TRIAC은 교류에서 양방향 전류를 제어하는 반도체 소자임
- 게이트 신호 인가로 양극 · 음극 모두에서 도통 가능함
- 조광기 · 속도조절기 · 히터 제어 등 AC 전력 제어 회로 사용
- 단방향 제어는 SCR 특성임   답 ③

305

반도체 소자로 볼 수 없는 것은?

① 다이오드   ② 트랜지스터
③ 광전자 소자   ④ 커패시터

|해설| 반도체 소자 구분
- 다이오드 · 트랜지스터는 PN 접합 기반 반도체 소자임
- LED · 포토다이오드 등 광소자도 반도체 소자임
- 커패시터는 수동 소자로 유전체를 이용하며 반도체 분류가 아님
- 내부 캐리어 이동을 이용한 능동소자만 반도체로 분류함   답 ④

306

열 · 빛 등으로 전자가 방출되지만 여기에 포함되지 않는 것은?

① 열전자 방출
② 전기장 방출
③ 광전자 방출
④ 1차 전자 방출

|해설| 전자 방출 종류
- 열전자 방출은 금속 가열로 전자 방출이 이루어짐
- 전기장 방출은 고전계에서 전자가 탈출하는 현상임
- 광전자 방출은 빛의 에너지로 전자가 방출됨
- 1차 전자 방출은 표준 분류가 아니며 보통 구분에 포함되지 않음

307

SMT 장점이 아닌 것은?

① 고밀도 실장
② 고주파 특성 향상
③ 부품 재작업 용이
④ 기판 양면 실장 가능

|해설| SMT 장점 · 단점
- 소형 · 경량 · 고밀도화로 회로 집적도가 높음
- 리드가 짧아 고주파 특성이 뛰어남
- 양면 실장으로 공간 활용성이 우수함
- BGA · QFP 등은 재작업 난이도가 매우 높음   답 ③

308

PCB 패턴 간격 표준 지침으로 틀린 것은?

① 양면 패턴은 90도 교차
② 외곽선과 패턴 간격 유지
③ 솔더면 패턴 방향은 투입방향과 나란하게
④ 양면 패턴은 나란하게 배치한다

|해설| 패턴 간격 · 방향
- 양면 패턴은 교차 배치해 노이즈 및 용접 안정성을 확보함
- 외곽선과 패턴 간격 확보는 절연 · 기계적 안정성 이유임
- 솔더면 방향은 웨이브 조건을 고려함
- 나란한 배치는 교차 간섭 증가로 표준에 어긋남

답 ④

309

텐덤 실린더의 특징은?

① 단동 실린더보다 출력이 작다
② 두 실린더를 병렬 연결해 속도 증가
③ 두 복동실린더를 직렬 연결해 추력 증가
④ 스트로크가 두 배 증가한다

|해설| 텐덤 실린더
- 두 개의 복동 실린더를 직렬 결합해 하나처럼 동작함
- 동일 압력에서 유효 면적이 합산되어 출력이 증가함
- 공간 제약 없이 큰 추진력이 필요할 때 사용됨
- 스트로크 자체는 증가하지 않음

답 ③

310

한 방향만 공기의 흐름을 허용하는 밸브는?

① 체크 밸브   ② 감압 밸브
③ 릴리프 밸브   ④ 시퀀스 밸브

|해설| 체크 밸브
- 공기의 흐름을 한 방향만 통과시킴
- 역류는 자동으로 차단하여 회로 보호
- 내부 플랩 · 볼 구조가 역압에서 닫힘 동작 수행
- 릴리프 · 감압 · 시퀀스는 압력 제어 목적임

답 ①

311

압력 관계식으로 맞는 것은?

① 절대압 = 대기압 - 게이지압
② 절대압 = 게이지압 - 진공압
③ 게이지압 = 절대압 + 대기압
④ 절대압 = 대기압 + 게이지압

|해설| 압력 관계
- 절대압력은 완전진공을 기준으로 측정함
- 게이지압은 대기압을 기준으로 한 압력임
- 절대압 = 대기압 + 게이지압이 성립함
- 진공압은 대기압보다 낮은 압력 차이를 의미함

답 ④

312

공기압 장점이 아닌 것은?

① 보수 · 관리 용이
② 동력원 확보 쉬움
③ 배수대책 불필요
④ 외부누설 시 감전 위험 없음

|해설| 공기압 특징
- 공기압은 장치 구조가 단순해 유지보수가 쉬움
- 공기 공급이 단순해 동력원 확보가 용이함
- 공기는 비도전성 · 불연성이라 누설 시 위험이 적음
- 압축 과정에서 수분이 응축되므로 배수대책은 필수임

답 ③

313

밸브 조작력 기호 중 기계적 방법이 아닌 것은?

① 레버   ② 롤러
③ 페달   ④ 솔레노이드

|해설| 밸브 조작 방식
- 레버 · 롤러 · 페달은 사람이 직접 힘을 가하는 기계식 조작임
- 솔레노이드는 전기신호로 구동되는 전자식 조작임
- 기계식과 달리 외부 전기 신호가 필요함
- 따라서 ④는 기계식에 해당하지 않음

답 ④

314

압축공기 에너지를 회전 운동으로 바꾸는 장치는?

① 단동 실린더　　② 복동 실린더
③ 공압 모터　　　④ 압축기

|해설| 공압 모터
- 공기압의 압력 에너지를 회전 운동 에너지로 변환함
- 속도 · 토크 조절이 용이함
- 실린더는 직선 왕복 운동만 생성함
- 압축기는 공기 압축 · 공급 장치이며 부하 출력 장치가 아님　　　답 ③

315

SI 단위계에서 잘못 표기된 것은?

① m　　　　　　② kg
③ s　　　　　　④ C(열역학 온도)

|해설| SI 단위 표기
- 길이: m, 질량: kg, 시간: s가 기본단위임
- 열역학 온도는 켈빈(K)으로 표기함
- C는 섭씨 온도 표기이며 SI 기본단위가 아님
- 따라서 ④가 잘못된 표기임　　　답 ④

316

압력 단위가 아닌 것은?

① kgf/cm²　　　② bar
③ Pa　　　　　④ N

|해설| 압력 단위
- 압력은 면적당 힘으로 Pa, bar, kgf/cm² 등을 사용함
- N(뉴턴)은 힘의 단위이며 압력이 아님
- 힘과 면적 관계로 압력을 계산함
- 따라서 N은 압력 단위로 사용할 수 없음　　　답 ④

317

디스크 시트형 포핏 밸브 특징으로 틀린 것은?

① 응답시간이 길다　② 내구성이 좋다
③ 밀봉이 우수하다　④ 이동거리가 짧다

|해설| 디스크 시트형 포핏 밸브 특징
- 디스크 이동거리가 짧아 응답시간이 빠름
- 시트 밀착 구조로 밀봉성이 우수함
- 구조가 단순하여 내구성이 좋음　　　답 ①

318

SMT 장비 중 부품을 흡착 · 이송 · 회전시키는 핵심 장치는?

① 스테이지　　　② 헤드
③ 스퀴지　　　　④ 히터

|해설| 마운터 헤드 기능
- 헤드는 노즐을 이용해 부품을 흡착 · 이송 · 회전함
- Z축 높이 조정으로 장착 압력을 제어함
- 비전 시스템과 연동해 좌표 정밀도를 확보함
- SMT 장착 품질을 결정하는 핵심 모듈임　　　답 ②

319

납땜 후 리플로우 구간(TAL; Time Above Liquidus)의 목적은?

① 용융 전 온도 유지
② 리드 예열
③ 솔더 완전 용융 및 확산
④ 솔더 점도 증가

|해설| TAL 구간 목적
- 솔더가 용융점 이상에서 충분히 머물도록 하는 구간임
- 금속간화합물(IMC) 형성을 안정적으로 진행함
- 젖음성 확보와 접합 품질 향상에 기여함
- 너무 짧으면 불완전 용융, 너무 길면 열손상 발생함　　　답 ③

320

솔더 페이스트 보관에서 가장 중요한 조건은?

① 고온 보관　　　② 직사광선 노출
③ 저온(냉장) 보관　④ 개봉 후 실온 방치

|해설| 페이스트 보관 조건
- 일반적으로 0~10℃의 저온에서 보관함
- 고온 · 직사광선은 점도 변화 · 산화 · 열화를 유발함
- 개봉 후 실온 방치는 수분 흡수 · 건조로 불량 발생
- 사용 전에는 냉장 → 실온 안정화 과정이 필요함

답 ③

321

리플로우 후 BGA 볼의 접합 상태 점검에 가장 적합한 장비는?

① AOI
② X-ray 검사기
③ SPI
④ ICT

|해설| BGA 검사 방식
- BGA는 볼이 하부에 있어 외관으로 확인 불가함
- X-ray는 내부 가시화가 가능해 볼 접합을 정확히 평가함
- AOI는 표면 시각 검사로 BGA 내부 확인이 불가능함
- ICT는 전기적 검사로 접합 형상 검출은 불가능함

답 ②

322

웨이브 솔더링에서 브릿지 불량 방지 대책은?

① 파도 높이 증가
② 솔더 온도 과다 상승
③ 프리히터 온도 적절 유지
④ 접촉 시간 연장

|해설| 브리지 방지 조건
- 프리히터로 보드 가열이 균일하면 젖음 불균형이 줄어듦
- 과도한 솔더 온도는 솔더 과유동으로 브리지 증가
- 파고(파도높이) 과증가는 납 넘침 원인이 됨
- 접촉 시간 과증가도 브리지 위험이 커짐

답 ③

323

다음 중 SMT 인쇄 공정에서 '판 분리 속도'가 영향을 미치는 것은?

① 페이스트 저장성
② 페이스트 충진성
③ 개구부 빠짐성
④ 리플로우 온도

|해설| 판 분리 속도 영향
- 스텐실이 보드에서 떨어지는 속도는 빠짐성에 직접 영향함
- 느리면 개구부 내 페이스트가 패드로 잘 이형됨
- 빠르면 끊김 · 텅현상 발생 가능성이 큼
- 충진성은 주로 스퀴지 속도 · 압력 변화의 영향임

답 ③

324

솔더볼 발생 원인으로 옳은 것은?

① 충분한 예열 확보
② 페이스트 수분 흡수
③ 정확한 Z압력
④ 과도한 마스크 장력

|해설| 솔더볼 발생 원인
- 페이스트 수분 흡수는 리플로우 시 기포 폭발을 유발함
- 예열 부족은 용제 잔존으로 솔더볼이 증가함
- Z압력 · 장력 등은 다른 불량과 관계가 큼
- 솔더볼은 수분 · 열충격 · 개구부 오염이 핵심 원인임

답 ②

325

스루홀(IMT) 실장 방식의 주 공정은?

① 리플로우
② 웨이브 솔더링
③ 스크린 인쇄
④ 플럭스 세척

|해설| IMT 실장 특징
- 리드를 기판 홀에 삽입하고 웨이브 솔더링으로 납땜함
- 대전류 · 기계적 강도가 필요한 부품에 적합함
- SMT의 주 공정은 리플로우임
- 플럭스 세척은 공정 후 관리임

답 ②

326

SPI(솔더 인쇄 검사기)에서 측정하지 않는 항목은?

① 솔더 높이　　② 솔더 체적
③ 솔더 브리지　　④ 솔더면 반사율

|해설| SPI 측정 항목
- 솔더 높이 · 체적 · 면적 · 변위 등을 3D로 측정함
- 브리지 등의 인쇄 불량도 평가 가능함
- 반사율은 AOI에서 사용하는 광학적 지표임
- SPI는 인쇄된 솔더의 양적 평가가 중심임

답 ④

327

마운터의 '노즐' 문제로 발생하는 불량은?

① 솔더쇼트　　② 미흡착
③ 솔더볼　　④ 뒤틀림

|해설| 노즐 관련 불량
- 노즐 막힘 · 마모는 부품 흡착 실패를 유발함
- 흡착 실패는 미흡착 · 부품 낙하 등으로 이어짐
- 솔더쇼트 · 솔더볼은 인쇄 및 리플로우 불량임
- 뒤틀림은 좌표 · Z높이 · 정렬 문제임

답 ②

328

정전기(ESD) 방지 장치로 옳은 것은?

① 목재 작업대　　② 면장갑
③ 접지 손목밴드　　④ 플라스틱 매트

|해설| ESD 방지 장치
- 손목밴드를 접지해 인체 전하를 방출함
- ESD 매트 · 접지선 · ESD 신발 등도 함께 사용됨
- 목재 · 플라스틱은 절연성이 높아 정전기 방지에 부적합함
- 면장갑은 보호 기능이 약하며 ESD 기능이 없음

답 ③

329

저항의 색띠 표시에서 '오차(%)'를 나타내는 색은?

① 검정　　② 갈색
③ 은색　　④ 노랑

|해설| 저항 색띠 오차
- 은색은 ±10% 오차를 의미함
- 금색은 ±5%
- 갈색은 1차 · 2차 유효숫자에 사용됨
- 노랑은 1차 · 2차 · 승수 등에서 사용되는 색임

330

콘덴서 종류 중 극성이 있는 것은?

① 세라믹 콘덴서　　② 전해 콘덴서
③ 마이카 콘덴서　　④ 필름 콘덴서

|해설| 콘덴서 극성
- 전해 콘덴서는 +/- 극성이 명확히 존재함
- 세라믹 · 필름 · 마이카는 비극성 부품임
- 극성 반대로 장착 시 파열 · 누액 위험이 있음
- PCB 실장에서 극성 확인은 매우 중요한 항목임

답 ②

331

트랜지스터의 기본 동작 영역이 아닌 것은?

① 차단 영역　　② 활성 영역
③ 포화 영역　　④ 음극 영역

|해설| 트랜지스터 동작 영역
- 차단 · 활성 · 포화 영역은 기본 동작 영역임
- 활성 영역은 증폭, 포화는 스위칭에서 사용됨
- 음극 영역은 트랜지스터 동작 정의에 존재하지 않음
- 영역 구분은 BJT 동작 상태 분류임

답 ④

332

리미트 스위치의 특징은?

① 비접촉 센서　　② 접촉식 기계 스위치
③ 빛을 이용　　④ 자기장으로 감지

|해설| 리미트 스위치 특징
- 물리적 접촉으로 동작하는 기계식 스위치임
- 롤러 · 레버 등으로 구성되어 위치를 검출함
- 비접촉 센서는 포토센서 · 근접센서 등이 해당됨
- 자기장 감지는 홀센서가 담당함

답 ②

333

정류회로의 목적은?

① 교류를 증폭 ② 교류를 직류로 변환
③ 전압을 분배 ④ 고주파 필터링

|해설| 정류회로 목적
- AC를 DC로 변환하는 것이 정류의 본질임
- 다이오드가 방향성 도통을 이용해 전류를 일정 방향으로 보냄
- 전압 분배는 저항기능, 필터링은 콘덴서 기능임
- 전원 회로 첫 단계로 필수 구성임　　　답 ②

334

LED의 특징으로 옳은 것은?

① 고전압 소자가 필요
② 역방향으로 동작
③ 순방향에서 발광
④ 전력 손실이 매우 큼

|해설| LED 동작
- 순방향 전류가 흐를 때 전자가 정공과 결합해 빛을 냄
- 역방향에서는 발광하지 않으며 파괴 위험이 있음
- 낮은 소비전력과 높은 효율을 가짐
- 고전압 소자가 아닌 저전압 구동 부품임　답 ③

335

AC 모터의 장점으로 틀린 것은?

① 구조가 단순 ② 내구성이 좋음
③ 정역제어가 간단 ④ 보수가 쉬움

|해설| AC 모터 특징
- 구조가 단순하고 내구성이 좋아 산업용으로 흔히 사용됨
- 보수 · 유지 관리가 비교적 쉬움
- 정역제어는 주로 인버터나 별도 회로가 필요해 간단하지 않음
- DC 모터는 정역제어가 상대적으로 쉬운 편임
　　　　　　　　　　　　　　　　答 ③

336

전자기 유도에서 기전력이 발생하기 위한 조건은?

① 전류가 일정 ② 자속 변화
③ 전압이 존재 ④ 저항값만 변경

|해설| 기전력 발생 조건
- 도체를 지나는 자속이 변화해야 유도기전력이 발생함
- 자속이 일정하면 기전력은 0이 됨
- 패러데이 법칙에 따라 자속 변화량에 비례함
- 전압 · 저항 변화만으로는 유도기전력 생성이 안 됨　　　　　　　　　　　　　답 ②

337

서미스터(NTC)의 특징은?

① 온도 상승 시 저항 증가
② 온도 상승 시 저항 감소
③ 온도 변화와 무관
④ 교류에서만 사용

|해설| NTC 서미스터 특징
- Negative Temperature Coefficient 특성으로 온도↑ → 저항↓
- 온도 센서 · 보호회로 등에서 널리 사용됨
- PTC는 온도↑ → 저항↑ 특성임
- 직류 · 교류 모두 사용 가능함　　　答 ②

338

PCB 도금 방식 중 구리 도금 시 주로 사용하는 공정은?

① 전기도금 ② 산화도금
③ 진공증착 ④ 스퍼터링

|해설| 구리 도금 공정
- PCB 내부도금 · 외부도금은 전기도금을 주 공정으로 사용함
- 전류를 이용해 균일한 구리 도금층을 형성함
- 산화도금은 표면처리 목적이 아님
- 진공증착 · 스퍼터링은 반도체 공정에서 주로 사용됨　　　　　　　　　　　　　답 ①

339

SMT 공정 중 마운터에서 필요한 비전(vision) 기능은?

① 기판 두께 측정   ② 부품 인식 및 정렬
③ 솔더량 계산   ④ 리플로우 온도 감시

|해설| 마운터 비전 기능
- 카메라가 부품 리드 · 패드 위치를 인식함
- 각도 · 좌표 정보를 보정하여 장착 정밀도를 높임
- 기판 두께 · 온도는 다른 장비에서 관리함
- 솔더량은 SPI에서 검사함   답 ②

340

스크린 인쇄의 품질에 직접적인 영향을 주는 요소는?

① 스피커 출력
② 스퀴지 속도
③ 리플로우 냉각 속도
④ 부품 높이

|해설| 스퀴지 영향
- 스퀴지 속도는 충진 · 빠짐성 · 개구부 형상 유지에 영향함
- 속도가 빠르면 빈틈 · 이형 불량이 발생함
- 리플로우 냉각 · 부품높이는 인쇄 품질과 직접 무관함
- 인쇄 품질은 스퀴지 · 판분리 · 점도로 크게 좌우됨   답 ②

341

크림솔더 구성 성분 중 '금속분(metal powder)'의 역할은?

① 점도 안정   ② 산화 방지
③ 실제 접합을 형성   ④ 기포 제거

|해설| 금속분 역할
- 솔더 페이스트의 금속분이 용융되어 패드 · 부품 리드와 접합함
- 접합 강도 · 필렛 형상을 결정하는 핵심 요소임
- 산화 방지 · 점도 안정은 플럭스가 담당함
- 기포 제거는 예열 · 적정 프로파일이 필요함   답 ③

342

SMT 인쇄 공정에서 스퀴지 각도는 일반적으로?

① 10~20°   ② 30~45°
③ 50~60°   ④ 70~80°

|해설| 스퀴지 각도
- 일반적으로 70~80° 범위가 최적 전사 품질 확보에 적합함
- 각도가 낮으면 페이스트 밀림 · 충진 부족이 발생함
- 높은 각도는 전사 안정성과 패턴 유지에 유리함
- 장비 · 마스크에 따라 세부 조정함   답 ④

343

SMT 작업 중 가장 많은 불량을 차지하는 대표 항목은?

① 인쇄 불량   ② 리플로우 냉각 불량
③ 검사 장비 오류   ④ 물류 이동 오류

|해설| 인쇄 불량 비중
- SMT 전체 불량 중 인쇄(Solder Printing)가 60~70% 이상 차지함
- 크림솔더 점도 · 개구부 · 스퀴지 조건 영향이 큼
- 인쇄 불량은 쇼트 · 과소 · 브리지 등 다양한 후속 불량 야기
- SPI로 조기 검출하는 이유도 이 때문임   답 ①

344

솔더 페이스트 점도 변화로 가장 먼저 나타날 수 있는 불량은?

① BGA 볼 크랙
② 미세 패턴 인쇄 부족
③ 패턴 레지스트 박리
④ 기판 휨

|해설| 점도 변화 영향
- 점도가 높아지면 작은 개구부 충진이 어려워짐
- 결과적으로 미세 패드에 솔더량 부족이 생김
- BGA 크랙 · 레지스트 · 휨은 다른 요인에 의한 불량임
- 점도는 인쇄 품질에 가장 민감한 변수임   답 ②

345

SMT 공정에서 '픽업 위치(Pick-up position)' 이상 시 발생하는 불량은?

① 브리지　　　　② 뒤집힘
③ 인쇄 밀림　　　④ 솔더 과납

|해설| 픽업 위치 영향
- 노즐이 부품을 중심에서 벗어나 잡으면 뒤집힘 발생
- 오프셋 흡착도 장착 변위 · 스큐 불량을 유발함
- 브리지 · 과납은 인쇄 · 솔더 공정 불량임
- 인쇄 밀림은 스크린 정합 문제임　　　　답 ②

346

리플로우 공정의 냉각(Cooling) 구간 역할은?

① 솔더 산화 촉진
② 솔더가 천천히 굳도록 함
③ 기계적 강도 확보
④ 플럭스 활성화 극대화

|해설| 냉각 구간 기능
- 용융된 솔더가 빠르게 응고해 강도를 확보함
- 느린 냉각은 IMC 두께 증가로 위해함
- 산화 촉진 · 플럭스 활성화는 냉각 목적이 아님
- 냉각 프로파일은 필렛 품질과 구조 안정성에 영향함　　　　답 ③

347

SMT 공정에서 '리드 휨(lead bending)' 불량 원인은?

① 리플로우 과냉각
② 노즐 과압착
③ 점도 과저하
④ 스텐실 두께 과소

|해설| 리드 휨 원인
- 노즐 압착력이 과도하면 리드 변형이 발생함
- 특히 J리드 · Gull-wing 리드가 민감함
- 점도 · 스텐실 두께는 인쇄량과 관련
- 리플로우 과냉각은 휨과 직접 무관함　　　　답 ②

348

공정 중 IC 패키지에 외부 충격이 가해졌을 때 예상되는 불량은?

① 리플로우 온도 저하
② 솔더볼 증가
③ 내부 단선
④ 점도 증가

|해설| IC 충격 불량
- 외부 충격은 내부 본딩와이어 단선 가능성이 큼
- 단선 시 판별 오동작 · IC 불량이 발생함
- 솔더볼 · 점도는 인쇄 · 열특성 문제임
- 온도 프로파일과 충격은 직접적 상관이 없음　　　　답 ③

349

QFP 패키지 장착 시 스큐(Skew) 방지 대책으로 옳은 것은?

① 스테이지 온도 증가
② 장착 압력 감소
③ 비전 정렬 정확도 향상
④ 스텐실 개구부 확장

|해설| QFP 스큐 방지
- QFP는 리드수가 많아 비전 정렬이 핵심임
- 정확한 각도 · 좌표 보정이 스큐를 최소화함
- 압력 감소는 오히려 접촉 불안정 야기
- 스텐실 개구부는 인쇄 품질과 관련 있음　　　　답 ③

350

팬아웃(Fan-out) 패드 설계에서 고려해야 할 사항은?

① 패드 두께 증가　　② 패드 간격 확보
③ 패키지 두께 축소　④ 비아 홀 제거

|해설| Fan-out 패드 설계
- 패드는 신호선이 외부로 퍼져나가기 위한 구조임
- 간격 확보로 쇼트 · 간섭을 줄임
- 비아는 BGA · QFN 등에서 필수적 요소임
- 패드 두께보다는 간격 · 정합이 중요함　　　　답 ②

351

전자부품의 기본 수동소자로 분류되는 것은?

① 트랜지스터 ② SCR
③ 다이오드 ④ 저항

|해설| 수동소자 분류
- 저항 · 콘덴서 · 코일은 수동소자로 분류됨
- 다이오드 · SCR · 트랜지스터는 능동소자임
- 수동소자는 증폭 기능이 없음
- 회로의 기본 요소를 구성함 답 ④

352

저항 색띠에서 승수(Multiplier) 역할의 색은?

① 검정 ② 노랑
③ 갈색 ④ 녹색

|해설| 승수 색띠
- 검정은 ×1의 승수를 의미함
- 갈색, 빨강, 오렌지, 노랑 등은 각각 ×10~×10k 승수임
- 색띠 규칙은 유효숫자→유효숫자→승수→오차 순서임
- 검정은 숫자 0이 아닌 승수용으로 대표적임 답 ①

353

커패시터의 기본 기능은?

① 전압 증폭 ② 전하 저장
③ 주파수 변환 ④ 정전기 방출

|해설| 커패시터 기능
- 전하를 저장하고 방출하는 기능 수행
- 필터링 · 시정수 · 고주파 차단 등 다양한 역할
- 증폭은 트랜지스터 기능
- 정전기 방출은 접지나 ESD 장치 기능임 답 ②

354

BJT 트랜지스터의 증폭 회로에서 전류 증폭의 기준이 되는 값은?

① h_{FE} ② Z_{th}
③ L/R ④ kVA

|해설| h_{FE} 정의
- 베이스 전류 대비 컬렉터 전류 비율을 의미함
- 전류 증폭율로 일반적으로 β로 표시함
- BJT 성능을 결정하는 핵심 파라미터임
- 다른 값들은 열 · 전력 · 인덕턴스와 관련 있음 답 ①

355

트랜스포머(변압기)의 기본 원리로 옳은 것은?

① 정전 용량 변화 ② 자기유도
③ 전기전도 ④ 광전자 방출

|해설| 변압기 원리
- 1차 코일의 자속 변화로 2차 코일에 전압이 유기됨
- 패러데이의 전자기 유도 법칙이 적용됨
- 전도 · 광전자 현상과는 무관함
- 교류에서만 동작이 가능한 이유도 자속 변화 때문임 답 ②

356

쇼트(short) 불량의 주된 원인은?

① 패턴 단선 ② 리드 휨
③ 과도한 솔더 인쇄 ④ 솔더량 과소

|해설| 쇼트 불량 원인
- 과다 인쇄로 솔더가 인접 패드까지 퍼지면 쇼트 발생
- 리드 휨 · 단선은 개별 부품 불량
- 솔더 과소는 오픈 · 접합 불량으로 이어짐
- 인쇄 단계에서의 솔더량 관리가 핵심임 답 ③

357

IC 패키지의 핀 수가 많아질수록 발생하기 쉬운 문제는?

① 쇼트 감소
② 정렬 오차 증가
③ 장착 난이도 감소
④ 비전 필요성 감소

|해설| 핀수 증가 영향
- 핀 수가 많을수록 리드 피치가 좁아져 정렬 민감도가 증가함
- 위치 오차 · 스큐 · 리드 휨 등이 쉽게 발생함
- 장착 난이도와 검사가 더 어려워짐
- 비전 위치 인식이 필수적으로 요구됨   답 ②

358

SMT 장착에서 '미장착(Missing)' 불량의 주요 원인은?

① 리플로우 과열
② 노즐 흡착 불량
③ 과도한 솔더량
④ 스텐실 개구부 막힘

|해설| 미장착 원인
- 노즐 막힘 · 마모 · 흡착력 저하는 부품 미흡착을 유발함
- 흡착 실패 시 부품이 장착 위치까지 이동하지 못함
- 솔더량 · 스텐실 문제는 후공정 불량과 연관됨
- 리플로우 과열은 접합 품질 문제이지 미장착 원인이 아님   답 ②

359

SMT에서 '브리지(Bridge)' 불량을 줄이는 방법은?

① 솔더량 증가
② 스퀴지 압력 증가
③ 스텐실 두께 감소
④ 장착 압력 증가

|해설| 브리지 감소 대책
- 두꺼운 스텐실은 과도한 솔더량을 발생시켜 브리지 유발
- 얇은 스텐실 사용 시 솔더량을 줄여 브리지 감소
- 스퀴지 · 장착 압력과 직접적 연관은 크지 않음
- 솔더량 관리가 브리지 방지의 핵심임   답 ③

360

CPI(Chip Protrusion Inspection) 또는 높이 검사기의 목적은?

① 기판 온도 측정
② 솔더 필렛 길이 측정
③ 장착된 부품 높이 검사
④ 인쇄 패턴 오차 측정

|해설| 높이 검사 목적
- 부품 높이 과다 · 과소는 리플로우 시 뒤집힘 · 스큐를 유발함
- CPI는 장착 높이를 3D 방식으로 측정함
- 인쇄 패턴 오차는 SPI 또는 AOI에서 측정
- 기판 온도는 별도 온도 관리 장비 대상임   답 ③

361

SMT 공정 중 기판 휨(Warpage)이 발생할 가능성이 가장 큰 공정은?

① 인쇄   ② 마운터
③ 리플로우   ④ 포장

|해설| 기판 휨 발생 원인
- 고온의 리플로우 구간에서 열팽창 차이로 휨 발생
- 두께가 얇고 면적이 클수록 휨이 증가함
- 인쇄 · 마운터 공정은 저온 공정이라 휨 영향이 적음
- 포장은 기계적 충격이 주 요인이며 열과는 무관함   답 ③

362

SMD 패키지에서 'QFN'의 특징은?

① 리드가 외부로 길게 돌출
② 하부(바닥면) 패드로 접합
③ 볼 형태 접합
④ 핀 수가 매우 적음

|해설| QFN 패키지 특징
- Quad Flat No-lead로 외부 리드 없이 바닥면으로 접합함
- 방열 패드가 하부에 있어 열 방출이 우수함
- BGA는 볼 접합, QFP는 외부 리드 구조임
- 핀 수는 설계 따라 다양함   답 ②

363

AOI 검사에서 가장 잘 검출되는 항목은?

① 내부 단선　　② 솔더 필렛 형상
③ BGA 내부 접합　　④ 기판 내부 구리두께

|해설| AOI 검사 특성
- 광학 방식으로 표면 형상 · 솔더 필렛 · 부품 방향 검사에 적합함
- 내부 단선 · BGA 볼 내부는 X-ray 영역임
- 구리두께는 제작 공정 검사임
- AOI는 리플로우 후 외관 검사 장비임　　답 ②

364

SMT에서 '튜닝(Tuning)' 작업의 일반적 목적은?

① 스퀴지 교체
② 좌표 보정
③ 리플로우 온도 증가
④ 스텐실 클리닝

|해설| 튜닝 작업 목적
- 마운터 장비에서 실제 기판과 프로그램 좌표 오차를 보정함
- 픽업 · 배치 중심 오차를 줄여 정밀 장착 보장
- 온도 · 스텐실 문제는 별도 공정에서 관리
- 튜닝은 생산 초기 안정화 핵심 단계임　　답 ②

365

SMT 기판에 플럭스를 추가 도포해야 하는 경우는?

① 솔더 페이스트 인쇄 후
② 리플로우 후
③ 웨이브 솔더링 전
④ 마운터 장착 후

|해설| 플럭스 도포
- 스루홀 웨이브 솔더링에서는 플럭스 도포가 필수임
- SMT 인쇄 후에는 페이스트 내부에 플럭스가 포함됨
- 장착 후 추가 플럭스는 일반적이지 않음
- 리플로우 후 플럭스 도포는 목적에 맞지 않음
　　답 ③

366

솔더 페이스트의 '슬럼핑(Slumping)' 불량은 무엇을 의미하는가?

① 페이스트가 마르게 되는 현상
② 인쇄 패턴이 번져 모양이 무너지는 현상
③ 리플로우에서 솔더가 튀는 현상
④ 솔더볼이 지나치게 큰 현상

|해설| 슬럼핑 정의
- 점도가 낮아 패드 외 영역으로 번지는 현상임
- 쇼트 · 브리지 유발 가능성이 높음
- 건조 · 열화는 다른 용어로 분류됨
- 솔더볼은 별도 불량 유형임　　답 ②

367

마운터 노즐의 마모를 확인할 때 가장 중요한 항목은?

① 무게　　　　② 기판 색상
③ 흡착력　　　④ 리플로우 시간

|해설| 노즐 마모 점검
- 마모되면 흡착력이 떨어져 미장착 · 뒤집힘 발생
- 실제로 진공 레벨 테스트로 확인함
- 무게 · 기판 색상 · 리플로우와는 관계 없음
- 노즐 품질은 장착 안정성의 핵심 요소임　　답 ③

368

SMT에서 가장 많이 사용되는 패키지 형태는?

① DIP　　　　② SOP/TSOP
③ BGA　　　④ SOT/Chip 부품

|해설| 대표 SMT 패키지
- 칩 저항 · 칩 캐패시터 등 SMD 칩류가 가장 많이 사용됨
- SOP · TSOP은 IC 계열로 수량 비중이 적음
- BGA는 고집적용으로 양은 제한됨
- DIP는 관통형(IMT) 실장임　　답 ④

369

스텐실 두께가 과도하게 두꺼우면 발생하기 쉬운 불량은?

① 솔더 과소　　② 솔더 과다
③ 뒤집힘　　　④ 높이 불량

|해설| 스텐실 두께 영향
- 두꺼우면 전사량 증가로 과납 · 브리지 발생
- 얇으면 솔더 과소가 발생
- 뒤집힘 · 높이 문제는 장착 · 좌표 요인임
- 스텐실 두께는 인쇄량 결정의 핵심 요소임　답 ②

370

SMT 공정에서 장착 순서를 결정하는 가장 중요한 기준은?

① 색상　　　　② 부품 크기 · 무게
③ 납 도금 상태　④ 패키지 제조사

|해설| 장착 순서 기준
- 일반적으로 소형 · 경량 부품을 먼저 장착함
- 대형 · 중량 부품은 마지막에 장착해 변위 방지
- 납도금 · 제조사는 영향이 없음
- 순서 결정은 생산 안정성 · 리플로우 영향 고려
　　　　　　　　　　　　　　　답 ②

371

SMT 인쇄 직후 장시간 방치하면 증가하는 불량은?

① 리드 휨　　　② 슬럼핑
③ BGA 손상　　④ 히터 과열

|해설| 인쇄 후 방치 영향
- 점도 감소 · 건조로 인해 패턴이 퍼져 슬럼핑 발생
- 장착 변위 · 브리지가 뒤따라 발생 가능
- BGA 내부 손상 · 히터 과열과는 무관함
- 인쇄→장착 간 지연은 주요 관리 항목임　답 ②

372

인쇄 품질을 높이기 위한 스퀴지 조건이 아닌 것은?

① 적절한 속도　　② 적절한 압력
③ 적절한 각도　　④ 장착 압력 증가

|해설| 스퀴지 조건
- 속도 · 압력 · 각도는 인쇄 품질 핵심 요소임
- 스퀴지는 인쇄 공정이고 장착 압력은 마운터 요소임
- 장착 압력은 인쇄 품질과 무관함
- 스퀴지 관리가 인쇄 불량 방지의 기본임　답 ④

373

IC 리드에 산화막이 생기면 발생하는 대표 불량은?

① 쇼트 증가　　② 젖음성 저하
③ 솔더 과납　　④ PCB 휨

|해설| 산화막 영향
- 산화막은 솔더가 리드에 젖지 않아 접합 불량이 발생함
- 젖음성 불량은 필렛 불량 · 미접합을 유발
- 산화막은 쇼트 · 과납과 직접 연관 없음
- PCB 휨은 기판 재료 · 리플로우 온도 영향임
　　　　　　　　　　　　　　　답 ②

374

SMT에서 소형 칩(1005, 0603 등)의 장착 불량 원인으로 가장 적절한 것은?

① 과도한 리플로우 시간
② 정전기 효과
③ 장착 압력 과대
④ 패드 사이즈 불일치

|해설| 소형 칩 불량 요인
- 작은 패드는 솔더량 · 장착 안정성에 민감함
- 패드 크기 불일치 시 스큐 · 톰플링(뒤집힘) 발생
- 정전기도 영향 있지만 주로 패드 설계가 핵심
- 리플로우 시간 · 압력은 보조 요인임　답 ④

375

QFP 리드 쇼트 발생을 줄이기 위한 설계 대책은?

① 스텐실 두께 증가 ② 리드 피치 감소
③ 패드 간격 확보   ④ 솔더량 증가

|해설| QFP 쇼트 방지
- 리드 피치가 좁을수록 쇼트 위험 증가
- 패드 간격 확보로 솔더 번짐을 방지
- 스텐실 두께 증가 · 솔더량 증가는 쇼트 위험을 오히려 증가
- 설계 단계의 간격 확보가 가장 효과적임   답 ③

376

SMT 장비에서 장착 속도 향상에 가장 크게 기여하는 요소는?

① 노즐 수 증가   ② 스퀴지 각도 증가
③ 솔더 점도 증가   ④ 냉각 속도 증가

|해설| 장착 속도 영향
- 다헤드 · 다노즐 구조는 한 번에 여러 부품을 처리해 속도 향상
- 스퀴지 · 점도는 인쇄 품질 요소임
- 냉각 속도는 리플로우 공정 요소이며 장착 속도와 무관함
- 고속장착기의 핵심은 헤드 · 노즐 구조임   답 ①

377

리플로우 프로파일에서 Soak Zone(예열 · 활성화 구간)의 목적은?

① 기판 완전 냉각
② 솔더의 완전 용융
③ 플럭스 활성화 및 온도 균일화
④ 기판 변형 최소화

|해설| Soak Zone 목적
- 예열 · 활성화 구간으로 온도를 안정적 · 균일하게 만드는 단계임
- 플럭스 활성화로 산화막 제거 효과를 높임
- 용융은 TAL 구간에서 이루어짐
- 기판 변형은 프로파일 전체 품질에 의해 좌우됨
  답 ③

378

솔더 페이스트의 저장 수명에 가장 큰 영향을 주는 요인은?

① 조도(배경 밝기)   ② 온도
③ 진공 레벨   ④ 리플로우 속도

|해설| 저장 수명 영향
- 온도가 높으면 페이스트 산화 · 점도 변화가 빨라짐
- 냉장 보관(0~10℃)이 수명을 유지하는 가장 중요한 요소임
- 진공 레벨은 흡착 관련 요인임
- 리플로우 속도는 저장과 무관함   답 ②

379

SMT 공정에서 '톰플링(Tombstoning)' 불량의 주요 원인은?

① Z압력 부족
② 좌우 패드의 열 불균형
③ 스퀴지 각도 증가
④ 과도한 냉각

|해설| 톰플링 원인
- 좌우 패드가 불균등하게 가열되면 한쪽 먼저 젖음하여 부품이 들림
- 칩 저항 · 캐패시터에서 특히 발생함
- Z압력 · 스퀴지는 인쇄 · 장착 관련 요소임
- 냉각 속도는 톰플링의 직접 원인이 아님   답 ②

380

인쇄 공정에서 '개구부 막힘(Clogging)'이 발생하는 이유는?

① 스퀴지 속도 과저 ② 페이스트 수분 증가
③ 스퀴지 압력 과도 ④ 페이스트 건조

|해설| 개구부 막힘 원인
- 페이스트가 건조되면 입자가 굳어 개구부 안에 남게 됨
- 개구부 막힘은 과소 인쇄 · 쇼트의 원인이 됨
- 수분 증가는 슬럼핑 · 볼 증가와 관련
- 압력 · 속도는 막힘과 상대적 영향이 적음   답 ④

381

마운터에서 '부품 회전(Rotation)' 오차가 크면 나타나는 불량은?

① 쇼트
② 스큐
③ 필렛 크랙
④ 패턴 박리

|해설| 회전 오차 영향
- 각도 오차가 크면 부품이 비틀어진 상태로 장착됨
- 결과적으로 스큐 · 좌표 불량이 발생함
- 쇼트 · 필렛 문제는 솔더 공정 영향
- 패턴 박리는 기판 품질 요인임　　　답 ②

382

SMT 패드 설계에서 'NSMD 패드'가 가지는 장점은?

① 기계적 강도가 높다
② 솔더량 제어가 쉽다
③ 패드 테두리 손상에 강하다
④ 패드 면적이 자동 증가한다

|해설| NSMD 패드 특징
- Non-Solder Mask Defined 패드는 솔더마스크가 패드를 침범하지 않음
- 패드 전체가 노출되어 솔더량 제어가 더 정밀함
- SMD 패드는 마스크가 패드를 감싸 기계적 강도는 강함
- NSMD는 미세피치에서 많이 사용됨　　　답 ②

383

SMT에서 사용되는 '스텝 스텐실(Step Stencil)'의 목적은?

① 인쇄 속도 향상
② 특정 부위 솔더량 증가 또는 감소
③ 리플로우 시간 감소
④ 장착 압력 조절

|해설| 스텝 스텐실 기능
- 특정 패드만 두께를 다르게 하여 솔더량을 조절함
- BGA · 커넥터 등 부품마다 요구 솔더량이 다를 때 사용
- 속도 · 리플로우 · 압력은 관련 없음
- 정밀 인쇄 프로파일 확보에 효과적임　　　답 ②

384

SMT 작업에서 가장 중요한 ESD 보호 방법은?

① 플라스틱 매트
② 면장갑
③ 접지 손목밴드
④ 목재 바닥

|해설| ESD 보호
- 손목밴드 접지는 인체 전하를 안전하게 방출함
- 플라스틱 · 목재는 절연성으로 ESD 위험 증가
- 면장갑은 보호 기능이 거의 없음
- SMT 라인에서는 기본 보호장비임　　　답 ③

385

'솔더 크랙(Solder Crack)'의 주요 원인은?

① 인쇄량 부족
② 냉각 속도 과도 감소
③ 열충격(급랭/급열)
④ 노즐흡착 실패

|해설| 솔더 크랙 원인
- 급속한 온도 변화는 솔더 내부에 응력 집중을 유발
- 특히 대형 패키지 · BGA에서 발생 빈도가 높음
- 인쇄량 부족은 오픈 불량과 관련
- 흡착 실패는 장착 불량 요인임　　　답 ③

386

PCB 표면처리 중 'OSP' 방식의 특징은?

① 금도금과 동일한 접합성
② 무연 솔더와 상성 불량
③ 유기 피막으로 구리 산화를 방지
④ 고온에서 쉽게 변색

|해설| OSP 특징
- Organic Solderability Preservative 방식
- 구리 위에 얇은 유기막을 형성하여 산화를 방지함
- 무연 솔더와도 호환성이 좋음
- 정해진 리플로우 횟수 이상에서는 성능이 저하됨

답 ③

387

SMT 공정에서 '헤드 상승 시간(Release Time)'이 너무 짧으면 생기는 현상은?

① 툼플링 ② 패드 박리
③ 스큐 ④ 솔더 과납

|해설| Release Time 영향
- 헤드가 너무 빨리 상승하면 부품이 흔들려 스큐 발생
- 안정적으로 부품이 페이스트에 고정되도록 시간이 필요
- 패드 박리는 리플로우 · 재작업 요인임
- 과납은 인쇄 단계 문제임

답 ③

388

솔더 페이스트의 '틱소트로피(Thixotropy)'란?

① 온도 증가에 따라 경화하는 특성
② 반복된 전단에서 점도가 감소하는 성질
③ 충격에서 탄성을 회복하는 성질
④ 표면장력이 증가하는 성질

|해설| 틱소트로피 정의
- 전단력(스퀴지 작용 등)을 받을 때 점도가 떨어지는 성질
- 인쇄 후 점도 회복으로 패턴 유지에 유리함
- SMT 인쇄 성능을 결정하는 핵심 레올로지 특성임
- 경화 · 탄성 · 장력과는 다른 개념임

답 ②

389

리플로우에서 '산화막 제거' 기능을 수행하는 요소는?

① 솔더볼 ② 플럭스
③ 스텐실 ④ 냉각팬

|해설| 플럭스 역할
- 금속 표면의 산화막을 제거해 젖음성을 향상
- 리플로우 중 활성화되어 접합 품질을 높임
- 스텐실 · 냉각팬은 인쇄 · 열제어 장비임
- 솔더볼은 불량 유형임

답 ②

390

PCB 제작 공정에서 '포토레지스트'의 주 역할은?

① 리플로우 온도 제어
② 필요한 패턴만 남기기 위한 마스킹
③ 솔더량 증가
④ 패키지 방열

|해설| 포토레지스트 기능
- 감광성 소재로 빛을 받아 패턴을 형성함
- 필요 없는 영역을 식각에서 보호하거나 노출함
- 솔더량 · 방열과는 관련 없음
- PCB 회로 형성의 핵심 단계임

답 ②

391

SMT 장착에서 'Offset(오프셋)' 불량의 주요 원인은?

① 스퀴지 압력 과다
② 좌표 설정 불량
③ 스텐실 변형
④ 냉각 속도 과대

|해설| 오프셋 원인
- 좌표 데이터가 기판 실제 위치와 맞지 않으면 오프셋 발생
- 튜닝 작업으로 보정해야 함
- 스텐실 변형은 인쇄 불량과 관련
- 냉각 속도는 장착 위치와 무관함

답 ②

392

BGA 패키지 접합에서 IMC(금속간화합물)의 두께가 너무 두꺼우면?

① 접합 강도 상승 ② 접합 피로 수명 감소
③ 쇼트 감소 ④ 패턴 보강

|해설| IMC 두께 영향
- IMC는 필수이지만 과도하면 취성이 증가함
- 취성 증가로 충격 · 열사이클에서 피로 수명이 감소함
- 쇼트 · 보강과는 무관함
- 적정 TAL 구간 관리가 중요함　　　　　답 ②

393

SMT 공정 중 패드 위에 솔더가 남지 않는 불량은?

① 오픈
② 피크(Peak) 형상
③ Non-wetting
④ Fillet 감소

|해설| Non-wetting 정의
- 솔더가 패드에 젖지 않아 접합이 전혀 형성되지 않는 상태
- 산화막 · 오염 · 플럭스 문제 등이 원인
- 오픈은 단선 상태와 관련
- 피크 · 필렛 감소는 리플로우 · 솔더량 요인임
　　　　　답 ③

394

SMT에서 '파스팅(Pasting)'에 해당하는 공정은?

① 부품 장착
② 솔더 인쇄
③ 리플로우
④ 세척

|해설| 파스팅 정의
- 솔더 페이스트를 기판에 인쇄하는 공정이 파스팅임
- 스크린 프린터와 스텐실을 사용함
- 장착 · 리플로우 · 세척과 구분됨
- SMT 공정의 첫 단계임　　　　　답 ②

395

마운터에서 '노즐 중앙정렬(Centering)'이 필요한 이유는?

① 리플로우 안정화
② 흡착 중심 일치
③ 스텐실 개구부 보호
④ 패턴 두께 증가

|해설| 중앙정렬 목적
- 부품 중심과 노즐 흡착 중심을 일치시켜 뒤틀림 방지
- 불일치 시 뒤집힘 · 스큐 · 오프셋 발생
- 스텐실 · 두께와는 무관한 마운터 장비 요소
- 안정적 장착 품질 확보에 필수　　　　　답 ④

396

SMT 프로파일에서 'Cooling Zone'이 너무 느리면 발생하는 문제는?

① IMC 과도 증가
② 스퀴지 밀림
③ 좌표 오차
④ 패드 박리 증가

|해설| 냉각 속도 영향
- 느린 냉각은 IMC가 지나치게 성장해 취성 증가
- 취성 증가로 크랙 · 피로 수명 저하 발생
- 스퀴지는 인쇄 공정, 좌표 · 박리는 장착 문제임
- 냉각은 솔더 금속학적 품질에 직결됨　　답 ①

397

솔더 페이스트의 '활성제(Activator)' 역할은?

① 점도 조절
② 금속 표면 산화 제거
③ 솔더 과납 방지
④ 패드 변형 방지

|해설| 활성제 기능
- 솔더가 리드 · 패드에 깨끗하게 퍼질 수 있게 함
- 플럭스 내부 활성제가 산화막을 제거해 젖음성 향상
- 점도 · 변형 · 과납 방지는 다른 요소에 의해 결정
- 리플로우 활성화 구간에서 효과를 발휘함　답 ②

398

SMT 장착에서 '부품 뒤집힘'(Flip) 불량의 주요 원인은?

① 솔더량 과소
② 비정상 흡착(오프센터 픽업)
③ 패턴 손상
④ 과도한 마스크 장력

|해설| 뒤집힘 원인
- 노즐이 중심에서 벗어나 흡착하면 회전하며 뒤집힘 발생
- 픽업 중심 오차가 뒤집힘 · 변위의 가장 큰 요인임
- 솔더량 과소는 오픈과 관련됨
- 마스크 장력은 인쇄 품질 요인임   답 ②

399

SPI 검사에서 가장 먼저 확인해야 하는 항목은?

① 솔더 브리지   ② 솔더 높이
③ 솔더 산화   ④ 필렛 각도

|해설| SPI 주요 항목
- 솔더 높이는 체적 · 면적과 함께 가장 기본적인 점검 요소
- 높이가 기준에서 벗어나면 쇼트 · 오픈 위험 증가
- 산화 · 각도는 리플로우 이후 검사 대상임
- SPI는 인쇄 품질 검사 장비임   답 ②

400

SMT에서 사용되는 '메탈 마스크'의 주요 재질은?

① 구리   ② 알루미늄
③ 스테인리스 스틸   ④ 세라믹

|해설| 메탈 마스크 재질
- 스테인리스 스틸은 내구성 · 정밀도 · 비용 모두 우수
- 레이저 절단 · 전기도금 등 다양한 제조 방식 적용 가능
- 구리 · 알루미늄은 변형 · 내구성 문제로 사용 제한
- 세라믹은 특수 용도에서만 사용됨   답 ③

401

리플로우에서 '냉각 속도'가 너무 빠르면 발생하기 쉬운 불량은?

① 패드 박리   ② 솔더 크랙
③ 스퀴트(Squat)   ④ 산화 증가

|해설| 급랭 영향
- 급격한 냉각은 솔더 내부에 열응력을 집중시켜 크랙 발생
- 취약 패키지(BGA 등)는 특히 민감함
- 산화는 온도 · 환경에 영향받으며 급랭과 직접 연관은 적음
- 패드 박리는 기판 · 열사이클 요인임   답 ②

402

SMT에서 '패드 오염'이 발생하면 나타나는 대표 불량은?

① 젖음성 저하
② 과납 증가
③ 패턴 단락
④ 기판 휨

|해설| 패드 오염 영향
- 오일 · 먼지 · 산화막 등은 젖음성을 크게 저하시킴
- 젖음성 불량은 필렛 불량 · 오픈으로 이어짐
- 과납 · 단락 · 기판휨과 직접적 영향은 적음
- 패드 청결 관리가 필수임   답 ①

403

웨이브 솔더링에서 '미삽입(Skip)' 불량을 방지하는 방법은?

① 플럭스 도포량 감소
② 리드 삽입 깊이 확인
③ 솔더 온도 저하
④ 리플로우 온도 증가

|해설| 미삽입 방지
- 리드가 홀에 충분히 삽입되지 않으면 리플로우 시 접합 불능
- 삽입 깊이 점검은 웨이브 품질의 핵심 요소
- 솔더 온도 · 플럭스량은 브리지 · 젖음성과 연관
- 리플로우는 SMT 공정임   답 ②

404

BGA의 '헤드-인-필로우(HIP)' 불량 주 원인은?

① 과도한 솔더량
② 리플로우 온도 부족
③ 과냉각
④ 패턴 손상

|해설| HIP 불량 원인
- BGA 볼과 페이스트가 동시에 충분히 용융하지 않아 분리됨
- 리플로우 온도 부족 · 프로파일 불량이 핵심 원인
- 과냉각 · 패턴 손상과는 무관함
- 솔더량 과대는 브리지 위험 증가 요소임 　답 ②

405

SMT에서 사용되는 0402 칩의 특징은?

① 크기가 4.0 × 2.0 mm
② 매우 작은 사이즈
③ 고전압 전용
④ 리드가 존재함

|해설| 0402 칩 크기
- 0.04 × 0.02 inch로 매우 작은 SMD 칩임
- 리드가 없는 칩형 부품
- 고전압용이 아니라 일반 회로 전반에 사용
- 정밀 장착 시스템 필요 　답 ②

406

SMT에서 '리플로우 경사(Ramp-up)' 구간의 목적은?

① 젖음성 개선
② 기판 변형 방지
③ 온도 균일 상승
④ 냉각 속도 제어

|해설| Ramp-up 정의
- 전체 PCB의 온도를 균일하게 일정 속도로 올리는 단계
- 과도한 열충격 없이 Soak Zone으로 연결
- 변형 · 젖음성은 전체 프로파일에 의해 결정
- 냉각 제어는 Cooling Zone에서 진행됨 　답 ③

407

SMT에서 '리드 부식(Lead Corrosion)'이 발생하면?

① 접합강도 향상
② 솔더 젖음성 저하
③ 과납 증가
④ 리플로우 안정화

|해설| 리드 부식 영향
- 부식은 표면 산화와 동일 효과로 젖음성 저하
- 솔더가 균일하게 퍼지지 않아 오픈 · 필렛 불량 유발
- 과납 · 안정화와는 무관
- 장기 보관 부품에서 특히 발생 　답 ②

408

패키지 두께 편차가 크면 증가할 수 있는 SMT 불량은?

① 브리지
② Z-height 불량
③ 패턴 단락
④ 스퀴지 밀림

|해설| 두께 편차 영향
- 부품 두께가 일정하지 않으면 장착 높이(Z)가 달라짐
- 결과적으로 압력 · 정렬 변화로 변위 · 미접합 발생
- 브리지 · 단락은 인쇄 · 솔더량 요인
- 스퀴지 밀림은 인쇄 문제임 　답 ②

409

SMT 라인에서 '스텐실 세척 주기'가 너무 길어지면?

① 솔더 점도 증가
② 개구부 막힘
③ 냉각 속도 증가
④ 플럭스 활성 증가

|해설| 세척 주기 영향
- 세척이 늦어지면 페이스트 잔여물이 굳어 개구부 막힘 발생
- 막힘은 과소 인쇄 · 쇼트로 연결
- 점도 · 냉각 · 플럭스 활성과 직접 관련은 적음
- 일정 주기 세척은 필수 관리 항목임 　답 ②

410

적외선(IR) 리플로우의 장점은?

① 솔더 산화 증가
② 빠른 가열 속도
③ 냉각 시간 증가
④ 온도 제어가 어려움

|해설| IR 리플로우 특징
- 직접 복사열로 빠르게 가열됨
- 부품별 열흡수 차이가 단점일 수 있음
- 산화 · 냉각은 별도 요소임
- 온도 제어는 비교적 정밀하게 가능함　　답 ②

411

SMT 공정에서 '흡착 진공(Vacuum)'이 약하면 나타나는 불량은?

① BGA 크랙　　　② 미흡착
③ 필렛 감소　　　④ 브리지 증가

|해설| 진공 부족 영향
- 노즐이 부품을 충분히 잡지 못해 미흡착 발생
- 부품이 흔들리거나 낙하 가능성이 큼
- 브리지 · 필렛 문제는 솔더량 요인
- BGA 크랙은 열 · 기계적 스트레스 요인임　답 ②

412

솔더 페이스트의 '전단응력(Shear Stress)' 값이 너무 낮으면?

① 슬럼핑 증가
② 점도 과상승
③ 패드 박리
④ 인쇄 밀착 증가

|해설| 전단응력 영향
- 전단응력이 낮으면 스퀴지로 밀 때 페이스트가 흐르기 쉬움
- 그 결과 슬럼핑 · 번짐이 증가함
- 점도 · 박리는 별도 물성 요인
- 전단응력은 인쇄 품질을 결정하는 레올로지 요소임
　　　　　　　　　　　　　　　　답 ①

413

SMT에서 사용되는 'SOT 패키지'의 특징은?

① 볼 접합 방식
② 소형 트랜지스터 패키지
③ 리드 없는 패키지
④ 고전력 전용 패키지

|해설| SOT 패키지
- Small Outline Transistor 패키지로 트랜지스터 전용 소형 패키지
- 23~25mil 피치의 소형 리드 구조
- 리드가 존재하며 비리드형은 아님
- 고전력보다는 범용 회로에 사용　　答 ②

414

리플로우에서 솔더가 패드 중앙이 아닌 위쪽으로 치우치는 현상은?

① 스큐　　　　　② 힐링
③ 헤드-인-필로우　④ 솔더 드래그

|해설| 솔더 드래그
- 솔더가 흐르면서 특정 방향으로 끌려가는 현상
- 열 불균형 · 패턴 설계 · 패드 크기 차이 등이 원인
- 스큐는 장착 변위
- HIP는 접합 불완전
- 힐링은 리워크 관련 용어임　　　　답 ④

415

SMT에서 전해콘덴서 장착 시 가장 주의해야 할 사항은?

① 극성　　　　　② 패드 간격
③ 리드 길이　　　④ 마스크 두께

|해설| 전해콘덴서 극성
- 전해콘덴서는 +/- 극성이 명확해 반대로 장착하면 파열 위험
- SMT 콘덴서 중 극성 확인이 가장 중요한 부품
- 패드 간격 · 리드길이 · 마스크는 보조요인
- 극성 오류는 즉시 불량 발생　　　　답 ①

416

SMT에서 기판 고정용 '클램프 압력'이 너무 높으면?

① 인쇄량 증가　　② PCB 휨 발생
③ 패턴 정렬 감소　　④ 솔더 점도 증가

|해설| 클램프 압력 영향
- 과도한 압력은 PCB 변형·휨을 유발
- 기판 변형은 장착·리플로우 품질에도 영향을 줌
- 인쇄량·정렬·점도는 다른 요인임
- 적정한 클램프 압력 설정이 중요함　　답 ②

417

SMT에서 '다층 PCB(Multilayer PCB)' 사용 시 가장 주의할 사항은?

① 비아홀 개수 감소
② 열팽창 계수 차이에 따른 휨
③ 솔더량 과소
④ 스퀴지 압력 증가

|해설| 다층 PCB 주의점
- 층수가 많을수록 재료 간 열팽창 계수 차이로 휨 발생
- 휨은 BGA·QFN 등 패키지 접합 불량의 주요 원인
- 솔더량·스퀴지압력과 직접 연관은 적음
- 기판 구성·예열 조건을 정밀 관리해야 함　답 ②

418

SMT에서 'Over Reflow(과열 리플로우)' 시 나타날 수 있는 현상은?

① 솔더량 증가　　② 패키지 변형
③ 패턴 균일화　　④ 스쿼트 감소

|해설| 과열 영향
- 과열되면 패키지 내부 수분 팽창으로 패키지 변형 발생
- BGA·QFN 등은 팝콘 현상까지 발생 가능
- 솔더량·스쿼트는 인쇄·장착 요인임
- 과열은 접합·패키지 모두에 악영향　　답 ②

419

SMT에서 '패드 리프트(Pad Lift)' 불량의 주요 원인은?

① 과도한 솔더량　　② 기판 과열
③ 스퀴지 속도 저하　　④ 솔더 점도 상승

|해설| 패드 리프트 원인
- 리플로우에서 기판이 과열되면 패드가 들리는 현상 발생
- 열팽창 계수 차이로 접착력이 약해짐
- 솔더량·속도·점도는 직접적 원인이 아님
- 다층 PCB일수록 더 민감함　　답 ②

420

고속 마운터에서 노즐 교체 시간이 긴 경우 나타나는 문제는?

① 브리지 증가
② 장착 속도 저하
③ 리플로우 온도 저하
④ 패턴 손상 감소

|해설| 노즐 교체 영향
- 노즐 자동 교환 시간이 길면 전체 takt time이 증가
- 생산 속도 저하로 생산성이 크게 감소
- 브리지·손상은 공정과 직접 관련 없음
- 리플로우 온도는 별도 장비 영향임　　답 ②

421

SMT에서 '픽업 높이(Pick Height)' 설정이 너무 낮으면?

① 필렛 증가　　② 부품 손상
③ 솔더 경화　　④ 톰플링 감소

|해설| 픽업 높이 영향
- 노즐이 너무 깊이 내려가 부품을 쳐서 손상 가능
- 리드 변형·패키지 파손 등이 발생
- 필렛·경화는 리플로우 공정
- 톰플링은 열 불균형 요인임　　답 ②

422

솔더 페이스트 점도가 너무 낮을 경우 나타나는 현상은?

① 인쇄 패턴 선명도 증가
② 브리지 발생
③ 오픈 증가
④ 필렛 과형성

|해설| 점도 저하 영향
- 점도가 낮으면 페이스트가 흐르면서 브리지 증가
- 패턴 유지력 부족으로 쇼트 위험 증가
- 오픈 · 필렛 문제는 솔더량 또는 젖음성 영향
- 적정 점도는 인쇄 품질 핵심   답 ②

423

SMT 인쇄에서 스퀴지 속도가 너무 빠르면?

① 개구부 막힘 증가
② 솔더량 과다
③ 인쇄 패턴 끊김
④ 리드 휨 증가

|해설| 속도 영향
- 지나치게 빠르면 페이스트 충진 부족 · 패턴 끊김 발생
- 개구부 막힘은 건조 · 세척 문제임
- 과납은 스텐실 두께 영향
- 리드 휨은 장착 공정 요인   답 ③

424

SMT에서 사용되는 Vision 카메라의 역할로 옳은 것은?

① 솔더량 측정   ② 좌표 보정
③ 냉각 속도 제어   ④ 패턴 두께 증가

|해설| 비전 카메라 기능
- 부품 · 패드 위치를 인식해 장착 좌표 보정
- 미세 피치 부품 장착의 핵심 요소
- 솔더량은 SPI 장비에서 측정
- 냉각 · 두께는 다른 장비 요소임   답 ②

425

SMT에서 'No Stuff(미삽입 표시)' 부품이 의미하는 것은?

① 반드시 오프셋 장착
② 장착하지 않는 부품
③ 솔더만 인쇄
④ 리워크 대상

|해설| No Stuff 의미
- 특정 위치에 부품을 장착하지 않는다는 의미임
- 회로 옵션 · 설계 선택에 의해 존재
- 솔더만 인쇄 · 리워크와는 무관
- 라인 설정 시 반드시 제외해야 함   답 ②

426

SMT에서 'Component Shift'가 발생하는 주요 시점은?

① 인쇄 직후   ② 장착 직후
③ 리플로우 용융 시   ④ 냉각 완료 후

|해설| Shift 발생 시점
- 솔더가 용융되는 순간 부동 상태가 되어 이동 가능
- 열류 · 중량 · 표면장력 차이로 이동 발생
- 인쇄 · 장착 직후는 점착력이 있어 이동 제한
- 냉각 후에는 고정 상태가 됨   답 ③

427

SMT 공정에서 마운터 자재(Feeder) 관리를 잘못하면?

① BGA 크랙   ② 솔더 점도 변화
③ 픽업 실패 증가   ④ Cooling 속도 감소

|해설| 피더 관리 영향
- 테이프 끊김 · 피더 마모는 픽업 실패로 직결
- 부품 공급 불안정은 스큐 · 미흡착 유발
- BGA 크랙 · 점은 다른 공정 요인
- 냉각 속도는 리플로우 요인   답 ③

428

SMT에서 'Land Pattern(랜드 패턴)'란?

① BGA 볼 구성
② 부품 장착 패드 형태
③ 스텐실 재질
④ 리드 길이

|해설| 랜드 패턴 정의
- 부품이 기판에 장착되는 패드 형상을 의미함
- 접합 품질 · 젖음성 · 정렬에 큰 영향을 줌
- BGA 볼 · 리드 · 스텐실과 개념이 다름
- PCB 설계 단계에서 결정됨　　　　답 ②

429

SMT에서 양면 실장(Double-sided) 시 주의해야 할 점은?

① 장착 순서 무시
② 스텐실 두께 증가
③ 솔더량 무조건 증가
④ 상 · 하부 부품 중량 고려

|해설| 양면 실장 주의점
- 하부면에는 중량이 크지 않은 부품을 배치해야 함
- 리플로우 시 중량 부품은 떨어질 수 있음
- 스텐실 · 솔더량은 패드 형상에 따라 개별 결정
- 장착 순서는 매우 중요함　　　　답 ④

430

SMT에서 '픽 & 플레이스(Pick & Place)' 장비의 핵심 기능은?

① 솔더 인쇄　　　② 부품 배치
③ 냉각　　　　　④ 플럭스 도포

|해설| Pick & Place 기능
- 노즐로 부품을 픽업하고 정확한 위치에 배치
- 고속 · 고정밀 장착을 수행
- 인쇄 · 냉각 · 플럭스는 다른 장비 기능
- SMT의 중심 설비　　　　답 ②

431

SMT에서 '패드 사이즈'가 너무 작으면?

① 뒤집힘 증가　　② 솔더 과납
③ 필렛 과형성　　④ 리플로우 속도 저하

|해설| 패드 크기 영향
- 패드가 작으면 좌우 젖음력 불균형으로 톰플링 · 뒤집힘 증가
- 과납은 스텐실 · 솔더량 영향
- 필렛 과형성은 과납 시 발생
- 리플로우 속도와 직접 무관　　　　답 ①

432

SMT에서 'Component Damage'가 증가하는 이유는?

① 부품 온도 안정화
② 픽업 압력 과도
③ 솔더량 감소
④ 스텐실 두께 감소

|해설| 부품 손상 원인
- 노즐이 부품을 과도하게 누르면 파손 · 리드 변형 발생
- 압력 · 좌표 · 진공 조정이 중요
- 솔더량 · 스텐실은 인쇄 품질 요인
- 온도 안정화는 손상과 직접 무관　　　　답 ②

433

SMT에서 'Lifted Lead(리드 떠오름)' 불량 원인은?

① 과도한 냉각　　② 솔더 과납
③ 리드 산화　　　④ 흡착력 과소

|해설| 리드 산화 영향
- 산화막이 생기면 젖음이 되지 않아 리드가 떠오르는 현상 발생
- 접합 불완전으로 오픈 · 필렛 불량 발생
- 냉각 · 흡착력 · 과납은 다른 불량 요인임　　답 ③

434

리플로우 프로파일에서 'Soak Zone'이 너무 짧으면?

① 플럭스 활성 부족   ② 냉각 과속
③ 필렛 과형성   ④ 패턴 흐름 감소

|해설| Soak Zone 영향
- Soak Zone은 플럭스 활성화 · 온도 균일화를 위한 단계
- 짧으면 산화막 제거 부족으로 젖음성 저하
- 냉각 · 필렛 · 패턴은 후공정 결과
- 프로파일의 핵심적 안정화 구간임   답 ①

435

SMT 생산라인에서 'Line Balancing(라인 밸런싱)'의 목적은?

① 특정 장비 부하 증가
② 생산 병목 제거
③ 스텐실 개구부 확대
④ 솔더량 증가

|해설| 라인 밸런싱 목적
- 공정별 takt time을 조정해 병목 제거
- 전체 라인 효율 향상
- 스텐실 · 솔더량과 직접 관련 없음
- 생산성 향상 핵심 관리 항목임   답 ②

436

SMT에서 'Lifted Pad'가 발생하면 어떤 문제가 가장 먼저 확인되는가?

① 기판 변색   ② 솔더 젖음성 상실
③ 과열 방지   ④ 필렛 품질 향상

|해설| Lifted Pad 영향
- 패드 자체가 들려 솔더가 젖지 않아 접합 불가능
- 결과적으로 오픈 · 비접합 발생
- 변색 · 과열 · 필렛 향상과는 무관
- 패드 열안정성이 매우 중요함   답 ②

437

리플로우 오븐에서 'Convection(대류)' 방식의 장점은?

① 온도 균일성 우수
② 열충격 증가
③ 부품별 과열
④ 솔더 크랙 증가

|해설| 대류 방식 특징
- 열풍 순환으로 전체 기판의 온도 균일도 확보
- 부품별 온도 편차가 적어 안정적
- 과열 · 열충격은 오히려 감소
- 안정적 프로파일 구성에 가장 많이 사용됨   답 ①

438

SMT 공정에서 'Paste Misalignment(인쇄 오프셋)'의 주요 원인은?

① 마스크 변형   ② 장착 압력 과다
③ 냉각 속도 과대   ④ 솔더 점도 저하

|해설| 인쇄 오프셋 원인
- 마스크 정합(Alignment)이 틀어지면 페이스트 인쇄가 어긋남
- 장비 위치 정렬 · 마스크 장력 문제도 영향
- 점도 저하는 번짐 · 브리지 요인임
- 냉각 속도는 인쇄와 무관   답 ①

439

리플로우에서 'Preheat Zone'이 너무 짧으면?

① 기판 과열   ② 솔더 볼 증가 감소
③ 필렛 과형성   ④ 플럭스 활성 부족

|해설| Preheat Zone 역할
- 온도를 서서히 올리며 플럭스 활성화를 준비하는 단계
- 과도하게 짧으면 플럭스 활성 부족으로 젖음성 저하
- 과열 · 필렛 문제는 주로 TAL · Peak 구간 영향
- 솔더볼은 수분 · 열충격 요인   답 ④

440

SMT에서 0603 칩이 0402보다 장착 안정성이 높은 이유는?

① 패드 재질이 다르기 때문
② 크기가 더 커서 열 균형이 좋기 때문
③ 리드가 존재하기 때문
④ 극성이 존재하기 때문

|해설| 0603 안정성
- 0603은 면적이 커서 양 패드의 열 균형이 좋아 톰 플링 위험 감소
- 0402는 작은 크기 때문에 열 불균형에 민감
- 리드 · 극성은 무관
- 칩 크기는 장착 안정성에 큰 영향   답 ②

441

솔더 젖음 속도(Wetting Speed)가 느릴 때 나타나는 현상은?

① 솔더 과납   ② Non-wetting 증가
③ 브리지 감소   ④ 필렛 과형성

|해설| 젖음 속도 영향
- 젖음이 느리면 패드에 솔더가 확산하지 않아 non-wetting 발생
- 접합 불량 · 오픈 위험이 증가
- 브리지는 인쇄 · 솔더량 문제
- 필렛 과형성은 젖음 빠르고 솔더량 많을 때 발생   답 ②

442

BGA 불량 중 'Void(보이드)' 발생 원인은?

① 냉각 속도 과대   ② 점도 과저
③ 수분 · 용제 잔류   ④ 스퀴지 압력 부족

|해설| 보이드 발생
- 솔더 내부에 기포가 갇힌 현상으로 주 원인은 수분 · 용제 잔류
- 리플로우 예열 부족 시 더욱 증가
- 냉각 속도는 내부 강도 영향
- 스퀴지 압력과 무관함   답 ③

443

IC의 'Coplanarity(동평면성)'이 나쁘면 어떤 불량이 발생하는가?

① 솔더 과납   ② 패드 단락
③ 리드 미접촉   ④ 솔더 점도 상승

|해설| 동평면성 영향
- 리드가 모두 같은 높이에 있어야 장착 시 패드와 접촉
- 동평면성이 나쁘면 일부 리드가 떠서 미접촉(오픈) 발생
- 과납 · 단락은 솔더량 문제
- 점도는 페이스트 물성임   답 ③

444

SMT에서 'Solder Bead(솔더 비드)'가 발생하기 쉬운 조건은?

① 스퀴지 속도 과저
② 페이스트 점도 높음
③ 리드 사이 공간 매우 좁음
④ 기판 온도 과도 상승

|해설| 솔더 비드 특성
- 리드 간격이 매우 좁을 때 용융된 솔더가 작은 구슬 형태로 튀어나옴
- 패드 간격 · 리드 형상 영향 큼
- 점도 · 온도는 보조 요인
- 비드는 미세 피치 패키지에서 자주 발생

445

SMT에서 부품이 장착 전 회전하여 흡착되는 현상은?

① 미삽입
② 오프셋
③ 회전 픽업(Rotation Pick-up)
④ 스퀴트

|해설| 회전 픽업
- 노즐 중심이 어긋나 있으면 부품이 흡착 단계에서 회전됨
- 회전된 상태로 배치되면 스큐 · 변위 발생
- 오프셋은 좌표 문제
- 스쿼트는 리플로우 중 솔더 불균형 요인　　답 ③

446

SMT에서 사용되는 Lot 관리의 핵심 목적은?

① PCB 색상 관리
② 생산 이력 추적
③ 리플로우 속도 일정화
④ 노즐 압력 증가

|해설| Lot 관리 목적
- 생산 이력을 추적해 문제 발생 시 원인 규명 가능
- 바코드 · QR 기반으로 공정별 데이터 연결
- 색상 · 압력 · 속도와 직접 관련 없음
- 품질 시스템의 기본 관리 항목　　답 ②

447

SMT 공정에서 'Offset Error'를 줄이는 보정 방법은?

① 노즐 교체
② 리플로우 온도 증가
③ Fiducial Mark 기반 보정
④ 스텐실 두께 증가

|해설| Offset 보정
- 기판 기준점(Fiducial)을 인식해 좌표 오차 보정
- 모든 마운터에서 사용하는 핵심 기능
- 노즐 · 온도 · 두께는 다른 공정 요인
- 정밀도 확보의 기본 요소　　· 　　답 ③

448

SMT에서 1005 칩 부품의 장착이 어려운 이유는?

① 극성 존재
② 무게가 가벼워 공기 흐름에 민감함

③ 솔더량이 많이 필요
④ 스텐실 충진이 어려움

|해설| 1005 칩 특성
- 매우 가벼워 공정 중 공기 흐름 · 진동에 영향을 받기 쉬움
- 정전기 · 열불균형에도 더 민감
- 극성은 일반 칩에 존재하지 않음
- 스텐실 충진은 개구부 크기 문제임　　답 ②

449

SMT 장착 후 리드가 패드 안쪽으로 당겨지는 현상은?

① 리플로우 드래그　② 스퀴지 밀림
③ 노즐 미흡착　　　④ 쏠림(Shift)

|해설| Reflow Drag
- 용융 솔더가 한쪽 방향으로 흘러 리드를 끌어당기는 현상
- 열 흐름 · 패드 사이즈 불균형 원인이 큼
- 스퀴지 · 흡착 · 시프트와 구분 필요
- 리플로우 단계에서 발생하는 대표 현상　　답 ①

450

SMT에서 'Cycle Time(사이클 타임)'이 증가하는 원인은?

① 장착 속도 향상　② 노즐 교환 시간 증가
③ 솔더량 감소　　　④ 냉각 구간 증가

|해설| 사이클 타임 영향
- 노즐 교환 · 피더 교체 · 좌표 보정 시간이 길면 Cycle Time 증가
- Cycle Time 증가 = 생산량 감소
- 솔더량 · 냉각은 공정 요소
- 속도 향상은 Cycle Time 감소 요소임　　답 ②

451

SMT에서 'Component Floating(부품 부상)'의 원인이 아닌 것은?

① 솔더량 과다　　② 열불균형
③ 점도 저하　　　④ 스텐실 두께 과소

|해설| 부상 원인
- 솔더량 과다 → 용융 시 부품이 떠오름
- 열불균형 → 표면장력 차이로 부상
- 점도 저하 → 인쇄 번짐으로 고르지 않은 솔더량
- 스텐실 두께 과소는 과납이 아니므로 부상 원인이 아님 답 ④

452

SMT에서 'Micro Crack(미세 크랙)'이 주로 발생하는 시점은?

① 리플로우 냉각 시 ② 장착 직후
③ 인쇄 직후   ④ 피더 장착 시

|해설| 미세 크랙 발생 시점
- 급속 냉각 또는 냉각 중 열응력 집중 시 발생
- BGA · QFN 등 취성이 큰 패키지에서 위험
- 장착 · 인쇄와는 무관
- 냉각 프로파일 관리가 중요함 답 ①

453

리플로우에서 'Peak Temperature'가 너무 낮을 때 발생하는 불량은?

① 솔더 과용   ② HIP 불량
③ 브리지 증가   ④ 솔더 비드 감소

|해설| Peak 온도 부족
- BGA · QFN 등에서 솔더볼과 페이스트가 충분히 용융되지 않아 HIP 발생
- 용융 불충분은 젖음성 저하 · 오픈으로 연결
- 브리지는 과납 · 번짐 문제
- Peak 온도가 적정해야 접합 품질 확보 답 ②

454

SMT에서 'Feeder Pitch'가 어긋나면 발생하는 불량은?

① 브리지   ② 픽업 오류
③ 패드 박리   ④ 솔더량 감소

|해설| Feeder Pitch 영향
- 피더 간격이 정확하지 않으면 부품 공급 위치가 틀어짐
- 픽업 실패 · 오프셋 증가
- 브리지 · 솔더량은 인쇄 영향
- 패드 박리는 기판 열 · 기계적 영향 답 ②

455

SMT에서 '판분리 속도(Separation Speed)'가 너무 빠르면?

① 인쇄 패턴 선명   ② 패드 오염 감소
③ 인쇄 패턴 끊김   ④ 솔더 경화 증가

|해설| Separation Speed 영향
- 스텐실과 PCB가 너무 빨리 떨어지면 페이스트 이형이 고르지 못함
- 그 결과 끊김 · 개구부 잔류 발생
- 선명도 향상 · 오염 · 경화와는 관계 없음
- 적정 속도 설정이 중요 답 ③

456

SMT에서 '패키지 수분 흡습'이 심하면 나타나는 불량은?

① 리드 길이 증가   ② 팝콘 현상
③ 솔더 점도 증가   ④ BGA 볼 증가

|해설| 팝콘 현상
- 패키지 내부 수분이 리플로우에서 급팽창하며 패키지 파손
- MSL 등급에 따라 보관 · 건조 관리 필수
- 점도 · 볼 증가와는 무관
- 가장 위험한 패키지 고장 형태 중 하나 답 ②

457

SMT에서 'Inline AOI'를 사용하는 목적은?

① 리플로우 속도 제어
② 실시간 불량 검출 및 즉시 피드백
③ 솔더 점도 조절
④ 패드 크기 조절

|해설| Inline AOI 목적
- 공정 라인에 실시간 설치되어 검사 결과를 즉시 피드백함
- 장착 · 인쇄 · 리플로우 후 불량을 신속 검출
- 점도 · 패드 조절 기능은 없음
- 전체 라인 품질 안정화에 핵심적 역할　　답 ②

458

SMT 인쇄 공정에서 스퀴지 압력이 너무 높을 때 나타나는 현상은?

① 솔더 과납
② 페이스트 번짐
③ 미흡충진 감소
④ 리플로우 온도 저하

|해설| 스퀴지 압력 영향
- 압력이 높으면 페이스트가 양옆으로 번져 패턴이 흐려짐
- 과납은 스텐실 두께 · 개구부 영향
- 충진은 속도 · 점도 영향
- 리플로우 온도는 인쇄와 무관함　　답 ②

459

SMT에서 터미널이 매우 작은 CSP 패키지 장착 시 가장 중요한 요소는?

① 과납 인쇄
② 고정도 비전 정렬
③ 스퀴지 교체 주기
④ 냉각팬 속도

|해설| CSP 장착 포인트
- CSP는 패드 간격이 매우 좁아 비전 정렬 정확도가 핵심
- 고정밀 카메라 · 보정 기능 필요
- 과납 · 스퀴지 · 냉각은 보조 요소
- 미세피치일수록 비전 품질이 중요함　　답 ②

460

SMT에서 "미세 피치(Fine Pitch)" 패키지가 갖는 특징은?

① 패드 간격이 넓다
② 브리지 발생 위험이 크다
③ 솔더량이 적어 불량이 줄어든다.
④ 인쇄 공정이 단순하다

|해설| 미세 피치 특징
- 패드 간격 매우 좁아 과납 · 브리지 위험 증가
- 스텐실 두께 · 개구부 최적화 필요
- 인쇄 · 정렬 모두 난이도 상승
- 공정 난이도가 가장 높은 패키지군　　답 ②

461

SMT에서 피더(FEEDER)의 '피치값(Pitch)'이 잘못 설정되면?

① 과납 발생　　　② 리필렛 증가
③ 공급 위치 오류　④ 냉각 속도 증가

|해설| 피치값 영향
- 피치가 틀어지면 부품 배출 위치 자체가 틀어져 픽업 오류 발생
- 오프셋 · 미흡착 · 스킵 장착 가능
- 과납 · 필렛은 솔더 공정
- 냉각은 리플로우 요소임　　답 ③

462

SMT에서 'Component Pop-off(부품 튀어오름)' 현상의 원인은?

① 솔더량 과소　　　② 솔더 표면장력 급증
③ 솔더경화　　　　④ 플럭스 활성 과대

|해설| Pop-off 원인
- 리플로우 용융 후 냉각 시 표면장력 변화가 급격하면 튀어오름 발생
- 용융 상태 균일성 영향 큼
- 솔더량 과소는 오픈 관련
- 플럭스 활성 · 경화와는 직접 무관　　답 ②

463

SMT에서 사용되는 'Tacky Flux(점착 플럭스)'의 용도는?

① 스텐실 막힘 제거
② 부품 임시 고정
③ 냉각 속도 조절
④ 솔더량 증가

|해설| Tacky Flux 기능
- 점착력이 있어 장착 전 부품이 움직이지 않도록 임시 고정
- 특히 BGA · QFN 리워크 시 중요
- 스텐실 · 냉각 · 솔더량과는 별도 기능
- 솔더 접합을 위한 활성 기능도 포함됨　　답 ②

464

SMT에서 리드가 과도하게 길 경우 나타나는 문제는?

① 스퀴지 마찰 증가
② 브리지 증가
③ 리플로우 온도 감소
④ 패드 휨 감소

|해설| 리드 길이 영향
- 리드가 너무 길면 용융 솔더가 리드 사이에 생성되며 브리지 발생
- 미세 피치 패키지일수록 리드 길이 관리가 중요
- 스퀴지 · 패드 휨과는 관련 낮음
- 리플로우 온도는 별도 요소　　답 ②

465

SMT에서 "Component Skew"의 주요 원인이 아닌 것은?

① 장착 좌표 오차
② 부품 회전
③ 좌우 솔더량 불균형
④ 스탠바이 온도 변화

|해설| Skew 원인
- 스큐는 장착 방향 · 회전 오류 · 솔더량 차이로 발생
- 좌표 보정 불량도 대표 원인
- 스탠바이 온도는 스큐와 직접 관련 없음
- Skew는 장착 · 솔더 불균형의 복합 결과임　답 ④

466

SMT에서 1206 칩이 1005 칩보다 작업성이 좋은 이유는?

① 패드가 없다
② 크기가 커서 열 균일성이 좋다
③ 리드가 있다
④ 극성이 있다

|해설| 1206 칩 장점
- 크기가 커서 양 솔더 패드가 균일하게 가열됨
- 톰플링 · 뒤집힘 위험 낮음
- 리드 · 극성은 칩 부품과 무관
- 작업 안정성이 가장 높은 칩 사이즈 중 하나
　　　　　　　　　　　　　　　　답 ②

467

SMT에서 'Reflow Shadowing(음영효과)'가 잘 발생하는 조건은?

① 대형 부품이 주변을 가릴 때
② 페이스트 점도 상승 시
③ 스퀴지 압력 증가 시
④ 냉각 속도 증가 시

|해설| Shadowing 영향
- 큰 부품이 열을 가려 작은 인접 부품에 열이 충분히 전달되지 않는 현상
- 젖음 불량 · 오픈 발생
- 점도 · 압력 · 냉각과는 무관
- 리플로우 챔버 내 열 분포 설계가 중요　　답 ①

468

SMT에서 솔더 페이스트에 포함된 'Flux Vehicle (용제)'의 기능은?

① 솔더량 증가
② 점도 유지 및 확산 도움
③ 노즐 수명 증가
④ 패드 변색 방지

|해설| Flux Vehicle 기능
- 페이스트가 스크린 인쇄 시 적절히 흐르고 점도 유지되도록 도움
- 플럭스 활성제가 용제 안에서 작용
- 노즐 · 패드 변색과 직접 관련 없음
- 페이스트 레올로지 핵심 구성   답 ②

469

SMT에서 'Pad Pitch(패드 간격)'이 너무 좁을 때 가장 큰 위험은?

① 인쇄 속도 저하   ② 브리지 발생
③ 패턴 절연 향상   ④ 리플로우 시간 감소

|해설| 패드 피치 영향
- 피치가 좁으면 솔더가 양 패드 사이를 연결해 쇼트 발생
- 미세피치 패키지의 핵심 관리 항목
- 속도 · 절연 · 시간과 직접적 관련 없음
- 스텐실 최적화가 필수   답 ②

470

SMT에서 부품이 "Standing"(세워짐) 상태로 리플로우되는 불량은?

① 힐링   ② 힙(HIP)
③ 톰플링   ④ 브리징

|해설| 톰플링 정의
- 칩 저항 · 캐패시터가 한쪽 패드를 중심으로 세워진 상태
- 열 불균형 · 패드 크기 불일치가 주 원인
- HIP는 BGA 접합 불량
- 브리징은 솔더 쇼트 현상   답 ③

471

SMT 공정에서 BGA의 볼 높이가 일정하지 않을 때 나타나는 불량은?

① 과납   ② 리드 휨
③ 오픈   ④ 점도 증가

|해설| 불균일 볼 높이 영향
- 일부 볼이 패드에 닿지 않아 접합 불량(오픈) 발생
- BGA는 볼 균일성이 핵심 품질 요소
- 리드 휨은 리드 부품 관련
- 점도는 인쇄 요소임   답 ③

472

SMT 인쇄에서 스퀴지 각도가 너무 작으면?

① 페이스트 밀림
② 패턴 선명도 증가
③ 솔더 과납
④ 패드 박리

|해설| 스퀴지 각도 영향
- 작은 각도는 페이스트가 밀리면서 충진 불균일
- 패턴 번짐 가능성 증가
- 과납은 스텐실 두께 영향
- 패드 박리는 리플로우 · 기판 영향   답 ①

473

SMT에서 적외선(IR) 난방 방식의 단점은?

① 열흡수 차이 발생
② 온도 균일성이 높다
③ 냉각 속도가 느리다
④ 산화가 줄어든다

|해설| IR 단점
- 부품 · 색상 · 재질에 따라 열흡수량이 달라 온도 편차 발생
- 이로 인해 부품 간 열 불균일성 증가
- 냉각 · 산화는 다른 변수
- 최근에는 대류 방식이 더 보편적임   답 ①

474

SMT에서 'Paste Release(페이스트 이형)'가 잘 안 될 때 원인이 아닌 것은?

① 개구부 벽면 거칠기
② 점도 과상승
③ 스테인리스 두께 감소
④ 스퀴지 압력 적정

|해설| 이형 불량 원인
- 스퀴지 압력 적정은 오히려 품질 향상
- 개구부 거칠기 높으면 페이스트 잔류
- 점도 과상승은 개구부 빠짐성 저하
- 스텐실 두께 감소는 페이스트 양 감소로 이형에 영향 답 ④

475

SMT에서 'Head Touch(헤드 접촉)' 오류가 발생하면?

① 리드 휨
② 스텐실 파손
③ 기판 절연 증가
④ 냉각 속도 증가

|해설| 헤드 접촉 영향
- 헤드가 스텐실 또는 기판을 과도하게 누르면 파손 가능
- 스텐실의 평탄도 · 강성 저하로 인쇄 품질 악화
- 리드 휨은 장착 압력 요인
- 절연 · 냉각은 무관 답 ②

476

SMT에서 BGA 리워크 시 가장 중요한 절차는?

① 노즐 교체
② 적절한 예열
③ 스퀴지 교체
④ 택타임 변경

|해설| 리워크 핵심
- 예열로 기판 · 볼 · 패키지를 고르게 가열해 열충격 방지
- 예열 부족 시 패드 박리 · 볼 크랙 발생
- 노즐 · 스퀴지는 보조 요소
- 택타임은 생산관리 요소 답 ②

477

SMT에서 'Cooling Rate(냉각 속도)'가 너무 낮으면?

① IMC 과성장
② 솔더 산화 감소
③ 뒤집힘 감소
④ 인쇄 패턴 선명

|해설| 냉각 속도 영향
- 느린 냉각은 IMC가 과도하게 성장해 접합 취성 증가
- 취성 증가로 크랙 · 피로수명 저하
- 산화 · 뒤집힘은 다른 영향
- 적정 냉각 속도는 접합 품질 핵심 답 ①

478

SMT에서 '부품 낙하(Drop)' 불량의 주요 원인은?

① 리플로우 과열
② 흡착 진공 부족
③ 스퀴지 각도 과대
④ 냉각 속도 증가

|해설| 부품 낙하 원인
- 진공력이 약하면 노즐이 부품을 제대로 잡지 못해 떨어짐
- 흡착 센서 불량 · 노즐 막힘도 주요 요인
- 인쇄 · 냉각 속도는 낙하 불량과 직접 관련 없음
- 진공 레벨 점검은 필수 작업 답 ②

479

SMT에서 'Paste Voiding(인쇄 보이드)'이 발생하는 원인은?

① 스퀴지 압력 과다
② 페이스트 점도 과상승
③ 스텐실 개구부 내 공기 갇힘
④ 냉각 속도 과대

|해설| 인쇄 보이드 원인
- 개구부에 공기가 빠져나가지 못하면 솔더가 고르게 충전되지 않음
- 점도 변화를 통해서도 발생할 수 있음
- 스퀴지 · 냉각은 보조적 영향
- 보이드는 인쇄 품질 저하의 대표 유형 답 ③

480

SMT에서 "Component Flutter(부품 흔들림)"가 발생하는 주요 공정은?

① SPI 검사　　② 마운터 장착
③ 리플로우 용융　　④ Preheat 예열

|해설| Flutter 원인
- 장착 시 진공 불안정 · Z축 충격으로 부품이 흔들림
- 흔들림은 스큐 · 오프셋 불량 유발
- 리플로우 중 이동은 Shift 현상임
- SPI · 예열에서 발생하지 않음　　답 ②

481

SMT에서 솔더 페이스트의 점도를 가장 안정적으로 유지하는 방법은?

① 높은 습도 유지
② 냉장 보관 후 실온 안정화
③ 스퀴지 압력 감소
④ 스텐실 두께 감소

|해설| 점도 안정 요인
- 페이스트는 보통 0~10℃ 냉장 보관 후 사용 전 실온 안정화
- 급격한 온도 변화는 점도 불안정 유발
- 습도 · 압력 · 두께와는 직접 영향 적음
- 점도는 인쇄 품질의 핵심　　답 ②

482

SMT에서 'Solder Splash(솔더 튐)'가 증가하는 요인은?

① 용제 완전 제거　　② 패드 간격 증가
③ 스퀴지 속도 감소　④ 리플로우 급속 승온

|해설| 솔더 튐 원인
- 급속히 온도가 상승하면 내부 용제 · 수분이 순간 기화하며 튐
- 예열 구간은 이러한 튐을 방지하기 위한 단계
- 스퀴지 · 패드 요소는 영향 적음
- Splash는 BGA에서도 자주 발생　　답 ④

483

SMT에서 AOI가 가장 잘 검출하는 불량 유형은?

① 내부 단선　　　② 리드 산화
③ 방향 불량　　　④ 보이드

|해설| AOI 검출 특성
- 시각 기반 검사로 방향 · 극성 · 정렬 문제를 정확히 검출
- 내부 단선 · 보이드는 X-ray 대상
- 산화는 화학적 문제로 AOI로는 일부만 식별 가능
- 외관 기반 검사에 특화된 장비　　답 ③

484

SMT 인쇄에서 '스퀴지 스트로크(Stroke)'가 너무 짧으면?

① 개구부 충진 부족　② 솔더 과납 증가
③ 브리지 발생　　　④ 스퀴지 수명 감소

|해설| 스트로크 영향
- 스트로크가 짧으면 페이스트가 개구부에 충분히 채워지지 않음
- 이는 충진 부족 → 과소 인쇄를 유발
- 브리지는 과납 문제
- 스퀴지 수명과는 무관　　답 ①

485

SMT에서 '만료된 솔더 페이스트'를 사용하면 가장 먼저 나타나는 문제는?

① 젖음성 저하
② 냉각 속도 증가
③ 스퀴지 마찰 증가
④ 솔더량 과대

|해설| 만료 페이스트 영향
- 산화 · 분리 · 점도 저하 등으로 젖음성이 급격히 떨어짐
- 리플로우 시 필렛 형성 불량 · 오픈 유발
- 마찰 · 속도 · 과납과는 무관
- 사용기한 준수는 필수　　답 ①

486

SMT에서 "Pick-up Error" 방지를 위해 가장 먼저 확인해야 할 것은?

① 스퀴지 각도　② 노즐 막힘 여부
③ 패드 간격　④ 솔더 양 조정

|해설| 픽업 오류 원인
- 노즐 막힘 · 진공력 부족이 가장 큰 원인
- 노즐 정렬 · 마모도 점검
- 패드 · 솔더는 장착 이후 단계
- 픽업 안정성은 노즐이 좌우함　답 ②

487

SMT에서 부품이 스텐실에 달라붙는 원인은?

① Z축 과도 상승
② 스퀴지 압력 과대
③ 흡착력 과도
④ 리플로우 온도 저하

|해설| 스텐실 간섭 원인
- Z축이 너무 높게 올라가면 부품이 스텐실과 접촉하여 달라붙음
- 이는 패드 변형 · 장착 위치 오류로 번짐
- 흡착력 과도는 부품 파손 요인
- 리플로우와는 무관　답 ①

488

SMT에서 "Component Offset"이 가장 쉽게 발생하는 원인은?

① 스퀴지 압력 증가
② 프로그램 좌표 오차
③ 기판 경사 증가
④ 솔더 점도 증가

|해설| Offset 주요 요인
- 장착 프로그램상의 좌표값이 실제 PCB 위치와 다르면 오프셋 발생
- 비전 보정 실패도 원인
- 기판 기울기는 미세 보조 요인
- 솔더 점도는 인쇄 요인임　답 ②

489

SMT에서 'Vacuum Leak(진공 누설)' 시 나타나는 대표 증상은?

① 솔더 산화
② 미흡착
③ 브리지 발생
④ 리플로우 급속 냉각

|해설| 진공 누설 영향
- 진공력이 유지되지 않으면 부품이 들리지 않아 미흡착 발생
- 주기적 진공라인 점검 필요
- 브리지 · 산화는 별도 공정
- 냉각과는 무관　답 ②

790

SMT에서 스텐실 두께가 너무 얇으면?

① 솔더 과납
② 개구부 막힘 증가
③ 솔더 과소 인쇄
④ 리드 산화 증가

|해설| 얇은 스텐실 영향
- 솔더가 충분히 인쇄되지 않아 과소 인쇄 발생
- 과소 인쇄는 오픈 · 불완전 접합으로 이어짐
- 막힘은 주로 건조 영향
- 산화는 리드 · 환경 요인　답 ③

491

SMT에서 'Pad Wetting(패드 젖음성)'이 나쁠 때 예상되는 불량은?

① 필렛 증가　② 솔더 팽윤
③ 오픈　④ 스쿼트 감소

|해설| 젖음성 저하 영향
- 젖음성이 낮으면 솔더가 패드에 퍼지지 않아 오픈 발생
- 필렛 · 팽윤은 젖음성이 좋은 경우 증가
- 스쿼트와는 직접 무관　답 ③

492

SMT에서 IR 리플로우 시 색상에 따라 열흡수율이 달라지는 이유는?

① 반사율 차이　② 패드 간격 변화
③ 플럭스 활성 증가　④ 솔더 점도 변화

|해설| 색상 · IR 영향
- 색상별 반사율 · 흡수율이 달라 동일 조건에서도 온도 편차 발생
- 검정 · 짙은 색일수록 더 많은 열을 흡수
- 플럭스 · 점도 · 간격과는 무관　　답 ①

493

SMT에서 "Non-coplanarity(비동평면성)"가 발생하면?

① 솔더 과납
② 리드 일부 미접촉
③ 스퀴지 속도 증가
④ 냉각 속도 증가

|해설| 비동평면성 영향
- 리드 또는 BGA 볼 높이가 고르지 않아 일부가 패드와 접촉하지 않음
- 오픈 · 필렛 불량 발생
- 솔더량 · 냉각 · 속도는 보조 영향
- 패키지 품질 문제로 분류　　답 ②

494

SMT에서 스퀴지 속도가 너무 느리면?

① 인쇄 품질 저하
② 솔더 과납
③ 패턴 선명도 감소
④ 솔더 점도 영구 증가

|해설| 속도 과저 영향
- 너무 느리면 페이스트가 과도하게 충진되며 패턴이 번지는 경우 발생
- 적절한 속도 유지가 중요
- 과납은 스텐실 · 솔더량 영향
- 점도는 온도 영향　　답 ①

495

SMT에서 리프트 오프(Lift-off)가 발생하는 원인은?

① 솔더가 너무 빨리 굳어서
② 패드에 솔더가 과도하게 젖어서
③ 플럭스 활성 부족으로 젖음성 저하
④ Z축 압력 과대

|해설| Lift-off 원인
- 젖음성이 부족하면 리드 · 패드가 제대로 붙지 않고 떨어짐
- 플럭스 활성 부족 · 산화막 잔존이 주요 요인
- 과납 · 압력은 다른 불량
- 리플로우 프로파일이 중요한 부분　　답 ③

496

SMT에서 'Bump Height(범프 높이)'가 불균일하면?

① 패드 박리　② 다리 형성(브리지)
③ BGA 접합 불량　④ 점도 증가

|해설| 범프 높이 영향
- BGA 볼 높이가 다르면 일부 볼이 접촉되지 않아 오픈 발생
- 접합 강도 불균형 · 열사이클 취약
- 브리지는 패드 간격 · 과납 문제
- 점도와는 무관　　답 ③

497

SMT에서 'Feeder Tension(테이프 장력)'이 너무 낮으면?

① 공급 위치 불안정　② 패드 변형
③ 솔더 과납　④ 리플로우 냉각 문제

|해설| 테이프 장력 영향
- 장력이 약하면 부품 테이프가 불규칙하게 움직여 공급 위치 불안정
- 픽업 실패 · 스킵 장착 발생
- 패드 · 냉각 · 과납과는 무관
- 피더 정비는 생산 안정성 핵심　　답 ①

498

SMT에서 'Paste Cracking(페이스트 균열)'이 발생하는 주요 원인은?

① 점도 과저   ② 페이스트 건조
③ 패드 간격 과대   ④ 냉각 속도 증가

|해설| 페이스트 균열 원인
- 인쇄 후 공기 중에서 페이스트가 건조하면 표면 균열 발생
- 점도 변화도 균열을 유발할 수 있음
- 패드 간격은 균열과 무관
- 냉각 속도는 리플로우 단계 영향

499

SMT 공정에서 부품이 기판에 너무 깊게 눌린 채 장착되는 현상은?

① 리프트 오프   ② 스퀴트
③ 과도한 Z축 압력   ④ 힙(HIP)

|해설| Z축 압력 영향
- Z축 압력이 높으면 부품이 패드에 과도하게 눌림
- 스퀴트 · 리드 변형 발생 가능
- 스퀴트는 솔더 불균형 요인
- HIP는 BGA 리플로우 불량   답 ③

500

SMT에서 'Paste Sliding(페이스트 미끄러짐)'의 원인은?

① 냉각 속도 과대   ② 과도한 스퀴지 압력
③ 패드 간격 증가   ④ 플럭스 건조

|해설| 페이스트 슬라이딩 원인
- 스퀴지 압력이 높으면 페이스트가 옆으로 밀리며 미끄러짐
- 이는 번짐 · 과납 · 패턴 불량 유발
- 패드 간격 · 냉각과는 무관
- 플럭스 건조는 균열 문제   답 ②

전자부품장착기능사 핵심정리 및 기출예상문제집

인쇄	2025년 12월 17일
발행	2025년 12월 24일
편저자	전기전자자격증연구회
펴낸이	노소영
펴낸곳	도서출판마지원
등록번호	제559-2016-000004
전화	031)855-7995
팩스	02)2602-7995
주소	서울 강서구 마곡중앙로 171

ISBN | 979-11-92534-93-0 (13560)

정가 21,000원